会展建筑类型概论

——基于中国城市发展视角

倪阳 著

華南理工大學出版社
SOUTH CHINA UNIVERSITY OF TECHNOLOGY PRESS
·广州·

图书在版编目（CIP）数据

会展建筑类型概论：基于中国城市发展视角 / 倪阳著 .—广州：华南理工大学出版社，2019.6

ISBN 978-7-5623-5942-5

Ⅰ.①会…　Ⅱ.①倪…　Ⅲ.①展览馆－建筑设计－研究－中国　Ⅳ.①TU242.5

中国版本图书馆 CIP 数据核字（2019）第 042479 号

Huizhan Jianzhu Leixing Gailun —— Jiyu Zhongguo Chengshi Fazhan Shijiao

会展建筑类型概论——基于中国城市发展视角

倪阳　著

出 版 人：卢家明

出版发行：华南理工大学出版社

（广州五山华南理工大学 17 号楼，邮编 510640）

http：//www.scutpress.com.cn　E-mail：scutc13@scut.edu.cn

营销部电话：020-87113487　87111048（传真）

责任编辑：周　芹

印 刷 者：广州市新怡印务有限公司

开　　本：787mm × 1092mm　1/16　印张：16.75　字数：407 千

版　　次：2019 年 6 月第 1 版　2019 年 6 月第 1 次印刷

定　　价：58.00 元

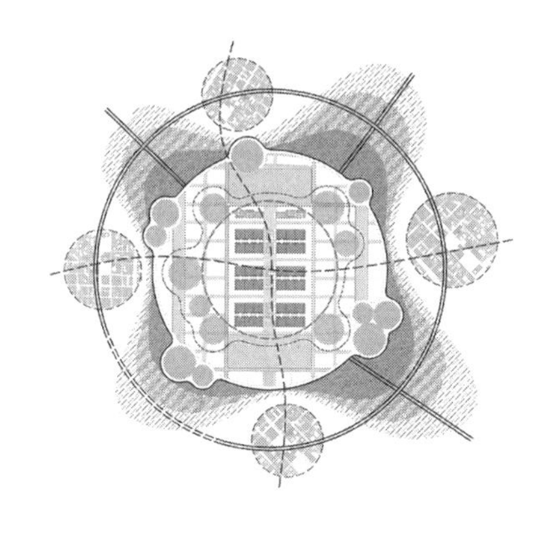

城市是个大建筑，建筑是个小城市

——阿尔多·罗西

序 言

会展不但是城市产业的展示，也是城市竞争力的体现，涉及对建筑功能、流线、人群的高度整合，以及对城市空间、交通、环境、设施等资源的整体调度。近几十年来，我国会展建设对外交流、对内继承，呈跨越式发展势头，完整意义上的现代会展范式已趋于形成。然而，我国会展建筑设计的理论研究与建设实践并未同步，亟待填补。倪阳的这本著作脱胎于其博士阶段的研究成果，在对会展建筑作较完整的基础理论研究的同时，把关注点延伸到了城市维度甚至社会发展层面。从整体上看，他的写作是对会展建筑的一次类型思辨。

可以说，近、当代会展建筑与城市、历史的互动关系是同时期其他建筑所不多见的，会展建筑对城市的介入已超出了其本体功能。这一方面是基于会展建筑与特定城市环境、城市产业之间高度相关的地域性逻辑，另一方面也与会展业的历史形成、中国改革开放政策及经济全球化等时代背景有关。在学术意义上，类型概念有其特定的能指与所指，反映建筑的同构现象并解释城市及其成长，带有清晰的新理性主义的思想烙印。类型概念既包括在特定的文化历史发展进程中人们在特定建筑中的集体无意识行为，又反映了建筑本体功能元空间的组织结构关系，同时也体现了建筑在城市脉络中的定位。在类型研究理念下，传统的建筑评判标准被打破，代之以更注重建筑与城市的关系、关注建筑的历史脉络及建筑的本体价值。研究者敏锐地捕捉到“会展”“城市”“类型”三者之间的概念演绎关系，同时认识到类型学关于审美的时间向度与空间向度划分、关于审美个体性与普遍性并重、关于建筑创新的谨慎务实态度等理念与当前我国会展建筑发展轨迹的内在契合。作者选择以“类型”作为会展建筑研究的理论切入点，匠心独具。

会展是城市发展的触媒，其对城市的带动是全方位、可持续、深层次的。对会展建筑的研究应基于整体观，在“人—建筑—城市—社会”的架构下进行；基于可持续发展观，在整体的时间轴序列上把握我国近代会展建筑发展轨迹与脉络，并对未来会展建筑的模型提出概念构想。建筑因城市、社会而异，因人而异，这本著作以实证研究为中心，以多元价值观为理论导向，充分利用建筑设计、建筑历史、城市规划、城市设计等领域的方法与成果，把研究建立在扎实的学科背景和广泛的案例调研基础之上。作者以类型学为支点对多元复杂的关联性命题作出理论收敛，以建筑的地域性、文化性与时代性为价值准绳，从个案到通则，从具体到抽象，从类型构拟、提取到转译，循序渐进地形成会展建筑类型理论建构。其阐述不但是空间性的，同时也具有一定的时间性及事件性，把理论的外延拓展到 “人”“地”“时” 三大因素在会展建筑设计生成中的作用。

本书的作者倪阳博士是岭南建筑创作的佼佼者，参与主持了国内多项大型会展项目设计，多年的创作实践产生了一批具有影响力的作品。本书是作者亲历建筑设计、建造全过程的实践积累，以及参与主编会展建筑《建筑设计资料集》工作的理论总结。会展建筑是他所领导的科研团队长期坚持的专项研究课题，本书以 “概论” 落笔，反映的是写作者的谦逊人品和厚积薄发的扎实功底。希望该书能为今后中国会展建筑的设计提供有益的借鉴。

何镜堂

（中国工程院院士）

2019 年 2 月

前 言

中国会展建筑经历的是一个从外引到内生的发展过程。针对会展建筑在城市发展中日益举足轻重的角色及其自身发展中逐渐暴露出来的问题，本书采用以类型学方法为主、跨学科多思想综合的研究法，将近现代各时期的会展建筑进行调查研究、分析梳理和类型提取，得出其演变脉络。在此基础上，进一步展望未来，根据会展业在新时期的特征，进行分析推演和类型转译，理论联系实际，提出适合我国国情的会展建筑新概念设计模型，以期为未来会展建筑的设计发展提供建设性策略。

本书围绕三个关键词：城市发展、建筑类型、演变[①]，对会展建筑与中国城市发展进行了创新性分析研究，研究过程中也有一些局限性。

本书的创新点如下：

（1）以时间纵轴为序对中国近现代会展建筑历史进行梳理

至今国内还未有专项研究对中国会展业尤其是近现代会展建筑的历史进行梳理，因此以时间轴为序对会展建筑的演变进行研究就显得尤为重要。通过对有关会展建筑现有资料进行汇编与总结，本书清晰地勾勒出中国近现代会展建筑的发展轨迹，为后续研究构筑了良好的基础。

（2）以类型学理论对会展建筑进行分类研究

类型学是广受关注的成熟理论，其对于城市建筑体的分析归纳研究具有针对性，且能建立城市与建筑之间的本质勾连。本书以类型学思想为落脚点，对纷繁复杂的会展建筑实例进行系统性的研究，从而超越会展建筑的功能流线、立面造型、建造技术、地域特征等具体设计内容，直面选址、总体布局、生成逻辑等能与城市直接勾连的关键范畴，以系统科学、主次分明、多元全面的视角，将中国近现代会展建筑进行类型

① 因发生中间断裂，中国会展建筑发展并不都是连续性的，演变比演进更能描述这一过程。

分类研究。

（3）在时间横轴上探讨城市发展对会展建筑的结构性影响

本书强调了城市发展与会展选址以及城市与会展在其“结构”框架上的互动关系。当代会展进入了“展览＋洽商＋线上销售／宣传”的新模式，表现出对整个城市和全体市民的开放态度。另外，无论是《马丘比丘宪章》的有关倡议、阿尔多·罗西城市建筑学的启发思想，还是触媒理论的实践研究，都共同指出了建筑与城市综合互动的重要性。

因此，本书积极关注会展建筑与城市发展各阶段的互动关系，肯定其问题的复杂性和因素的多元性，强调城市与会展建筑无论是在城市尺度还是功能的匹配，或是在交通上、设计上都有着整体的关联性，并对应城市发展各个阶段会展建筑的发展脉络进行整体梳理。

（4）提出未来会展建筑的新概念模型

如今正是我国会展建筑新一轮建设高潮的兴起之际，本书在对会展建筑进行分类研究、梳理发展脉络的基础上，积极分析推演，根据中国当下会展业存在的问题、发展趋势及对未来城市发展的展望，建设性地提出了两种未来会展建筑设计的新概念模型。这两种概念模型充分运用对会展建筑所提取之类型成果，及其与城市发展之间互动关系的研究分析，尝试对当下和今后会展建筑类型选择和选址提出建设性的应对策略。

本书的局限性如下：

（1）选取案例的局限性

本书对所选城市按以下要求进行了区分：①具有会展历史的地区；②会展发展较好且具有发展连续性的地区；③会展建筑类型齐全的地区；④全国各地区适当平衡。因篇幅有限，所选案例仍不免有局限性。所幸的是，建筑类型学是研究建筑“共性”的理论，从而跨越了对建筑“地域性”和“个性”的关注。

（2）会展业分类的局限性

会展业分专业展和非专业展（综合展）两大类，两种类型展览由于参展人员的构成不同，对城市互动的影响也不同。本书着重于会展建筑类型学上的研究，将会展建筑作为一个承载两种会议展览活动的平台，故未将两者进行区分研究。

（3）文献资料的局限性

虽然笔者从事会展建筑设计已有很长的时间，参观过国内外众多的会展建筑，并与会展业的运营商和国外会展建筑设计团队进行过诸多交流，但由于会展设计图纸均属于国内各设计院或国外事务所的保密内容，故在写作时很难获得充分的案例资料，这给案例的选取和研究带来了一定的影响。另外，由于国内对会展建筑历史的研究资料极少，特别是会展业发展萌芽时期的会展资料，如劝业会和国货展览会方面的图片资料极为匮乏，使得研究存在一定的局限性。

由于会展建筑的研究范围十分宽广，影响其演变发展的因素很多，即便笔者长期从事会展建筑设计，并参加了《建筑设计资料集》会展建筑篇的编写工作，也只能窥其一二。鉴于笔者学识、能力所限，对某些问题的理解还不够全面和深入，本书的研究难免会出现一些不足，敬请专家和同行给予谅解和指正。希望通过各种不同角度的评判，让本书得以充实和完善。书中所展示的一些老照片，由于时间久远，无法找到拍摄者或出处。原拍摄者如若看到本书中的图片，请与作者及时联系。

2019年1月

目　录

目 录

第一章　绪论

第一节　研究源起与现状问题

当前，会展产业已逐步发展成为我国新的经济增长点；大力发展会展产业，全面提升会展经济已上升到国家层面的战略。会展业在当代城市中的地位日益凸显，对调整产业结构、开拓市场、加强合作交流、促进消费、更新市政建设等方面都具有重要作用。在这样的大背景下，无论是在政治、经济、社会、文化等学科领域，还是在城市建筑学领域，对于会展的研究都十分重要。从总体来看，会展业在中国经历了较长的发展历程，会展建筑的类型也随时间的推进而发生巨变。对于会展建筑的研究，除了针对建筑本身的演变之外，还需围绕会展业、会展建筑和城市发展之间的关系来进行；同时，应沿着时间的维度，从多方位梳理出会展建筑类型发展和演变的脉络。

一、会展业对城市发展的推动

在国外，会展产业被称为 MICE，即由 Meeting、Incentives、Conferencing/Conventions、Exhibitions/Exposition 和 Event 的首字母大写组成。会展是会议、展览、节庆、赛事等集体性活动的统称，它不仅包括各类会议活动、展览会，世博会、花博会等在广义上也都可以纳入会展的范畴。会展业在中国是一项发展潜力良好的新兴服务产业，它不仅能建立生产和消费之间的联接，促进供需对接，还能推动其周边产业和城市经济的发展，与城市形成良好的相互促进关系。

1. 社会政治方面

会展对城市社会政治方面的影响是不容忽视的，如提升社会就业率就是其社会效益的表现。这一方面源于其劳动密集型的产业性质，另一方面源于其所带动的诸多产业发展。据英联邦展览联合会统计，每增加1000平方米展览面积，就可以创造100个就业机会。会展业直接或间接地提高了城市就业率，推动了经济发展和促进了社会安定。

会展业能提升城市形象，产生良好的社会影响力。一是会展建筑的体量和特殊形式是城市形象的重要组成部分，对提升城市空间品质和城市辨识度有着积极的意义。二是会展业汇聚了巨大的信息流、技术流、商品流和人才流，不仅能优化行业的配置，还能增强城市综合竞争力；同时，直接与城市公益宣传主题相关的会展，诸如环保、卫生、节能等，对提升城市居民文明意识和整体素质都大有裨益。三是在当今社会会展业本身就是城市形象的最好招牌之一，能体现城市的经济实力、影响力，市政基础设施建设情况，以及良好的发展前景。

2. 经济发展方面

在经济全球化的大环境中，目前国内外各界普遍意识到会展经济对其他行业的带动作用，并公认有极强的联动效应。据亚太会展研究所2009年的统计，亚洲会展业对经济的拉动系数可以达到1∶9。我国学者武晓芳于2006年利用直接统计法得出新国际博览中心上海的会展拉动系数为1∶9.23。由此可见会展产业链下的拉动效应显著，会展经济堪称城市经济发展的推进器。许多城市提出“会展兴市”的口号，将会展业作为继旅游业、房地产业之后第三个“无烟工业”来大力发展[①]。

会展业对全球经济的带动作用日益显著，根据商务部服贸司组织编写的《中国会展行业发展报告2016》，2015年全国展会经济直接产值达4803.1亿元人民币。展览业直接产值在国民经济中的比重增加，经济贡献率提升，并呈现出专业化、市场化、规模化和集中度高等特点。

之所以能产生这样的经济效益，一方面是由于会展业对人口和资源的强大“聚集力量”，除了其自身直接受益外，还能带动城市及周边地区的经济贸易、旅游、地产、制造、餐饮、住宿等多项产业共同发展；另一方面，在市场经济全球大分工的信息社会，会展这种活动形式可以让各参展企业及时进行商务信息交流，促进市场资源往更高效的方向合理配置，提高产

---

① 侯晓. 会展建筑多功能适应性设计研究［D］. 广州：华南理工大学，2013.

品创新力和行业整体竞争力。

3. 文化生活方面

会展是将大量物质产品进行流动展览的活动，具有人流量大、活动时间长的特点，本身就是重要的市民文化活动，是城市特别是其周边地区的活力源。虽然当代会展存在因专业化脱离普通大众的问题，但自其诞生以来，展览和展销活动都一直受到市民的高度关注。国际性的会展活动更促进了各国家、各地区、各民族之间的文化和物质交流。

随着物质生活不断丰富，广大民众对精神文化方面的需求日益提升，会展业也将朝着人性化、多元化和开放性的服务转变，对丰富城市居民的文化生活将起到越来越重要的作用。参展将逐渐成为一种愉悦的文化体验。

4. 城市基础设施方面

会展活动是重大的城市活动，其巨大的人流、物流运转需求对城市而言，并非单纯的经济活动，也涉及城市基础设施建设。会展业的发展需要与之规模相匹配的机场、火车站、高速公路、地铁、城市道路，甚至水运交通等城市基础设施，而会展业的发展反过来也会推动城市基础设施的更新和提升。

二、推动会展建筑发展的因素

会展建筑是会展业得以开展的物质载体，会展业对城市发展产生的推动作用，需要基于会展建筑这一平台而产生。此外，会展建筑也是城市规划的重要组成部分，由于其巨大的体量和聚集作用，在选址、城市交通、城市空间等各方面，都对城市有着不容忽视的巨大影响。会展建筑的发展离不开内、外因的推动作用，此处将会展业的发展对会展建筑产生的推动作用定义为会展建筑发展的内因，而将城市发展对会展建筑产生的推动作用定义为会展建筑发展的外因。

1. 内因——会展业发展

会展业经历了从市集到样品展览会，从综合展览再到如今专业型会展的发展历程，并呈现出快速发展的态势。会展业的发展在多个意义上对会展建筑的发展起到了内因推动作用。

一方面，会展业的发展推动了各产业的发展，如贸易、旅游、酒店、交通、运输、金融、房地产、零售等行业，并在城市发展中日益彰显其巨大的价值。由于行业地位和作用的全面提升，会展业现已引起各地政府的高度重视。作为会展业物质载体的会展建筑，更成为各城市重点推动的发展项目。北京、上海、广州、深圳会展建筑的持续扩展便很好地说明了这一点。

另一方面，会展业的发展意味着会展活动中人的活动模式的演变。在以人为本的当代设计思潮下，建筑是基于人的活动模式而设计的，这也相应地推进了会展建筑的演变。具体来说，会展活动经历了从早期市集时期的纯销售活动，到后来样品展览会时期的展销结合，再到综合性专业型会展的只展不销的发展过程；会展中人的活动经历了从商品的物质交换，到商品信息的简单交流，再到更专业的行业综合商务信息的全面交流与洽商的发展过程。未来的会展活动由于网络平台（特别是线上销售）的介入，又将再次回归大众，朝着更加多元化、综合化的方向发展。会展活动中参与人数的变化、人群性质的变化、活动模式的变化，必然导致建筑规模、整体布局、功能业态、功能流线等多属性的全面演变。

2. 外因——城市发展

城市发展的历史远比会展业发展的历史久远且复杂。城市发展对会展建筑的发展起到了外因推动作用。城市发展既可以通过对会展业的推动而间接推动会展建筑的发展，也可以直接对会展建筑产生重大的推进作用。就其直接推进作用而言，可分为以下两方面：

①从政治、经济、社会、文化等方面来说，城市的发展对会展建筑的选址、定位、规模甚至具体设计产生影响。会展建筑的建设是各大城市的重要发展战略，其定位、选址往往由城市发展的现状和方向决定。会展建筑的设计不可避免地成为城市设计的重要一环，会展建筑不但要体现城市的经济实力，还要体现城市发展的成就与雄心，是城市的形象地标。

②从规划方面来说，城市的空间形态、轴线关系、交通网络，场地周边的城市现状、功能布局，都对会展建筑产生至关重要的影响。会展建筑和其他建筑一样，在设计时都需要考虑与周围环境的和谐。但由于会展建筑体量上的排他性，在处理其与城市整体规划的融合与协调关系时，矛盾显得比其他建筑更为突出。在城市规划上，城市发展带来的规划建筑设计思潮的发展，也一直深刻地影响着会展建筑。从古代淳朴的坚固、

实用、美观，到现代的多元化综合思考，从雅典宪章的城市功能分区再到《马丘比丘宪章》之后对城市多元混合的再认识，人类建筑思潮的更替也推动着会展建筑不断演进。

三、会展业及会展建筑的现状问题

在交互助益的关系下，会展业与会展建筑随着城市发展而不断发展演变。就国内而言，会展业和会展建筑于2000年之后持续迅猛发展。根据中国会展经济研究会编写的《2017年中国展览数据统计报告》中的数据，2011—2017年，以2011年提供统计数据的83个城市为样本，其展览数量由7333场增至8864场，展览总面积由8173万平方米增至12 806万平方米，年均增长率分别为3.21%和7.85%。这说明展览面积的增长快于展览项目的增长，单位项目规模扩大，展览效益更好。但是快速发展的背后，也逐渐暴露出一些问题。

1. 会展建筑的重大投入与城市经济的匹配问题

目前会展业在城市发展中占有举足轻重的地位，许多城市都试图“会展兴市”。但是发展会展业与城市的综合能力关系重大，很多城市由于对其自身的经济能力和在国家区位经济中的定位估计不准确而草率开发，导致过大规模的定位和不适当的类型选取，不仅使会展业难以达到预期的兴旺景象，其有限收入也难以填补前期开发建设的巨大投入和日常维护运营的不菲支出。不少二、三线城市的会展建筑使用率低下，呈现“太空馆”的尴尬局面。

因此，对城市经济发展能力的正确分析，对所匹配会展业的恰当定位和类型选取，是城市兴建会展建筑时首先需要考虑的问题。会展建筑在设计之初就应拟定好项目策划和设计策略。

2. 会展建筑的巨型体量与城市的互动问题

与会展业发展相对应的是会展建筑的巨型体量。会展建筑主要由会议厅和展厅构成，由于展厅的特殊要求，单个展厅的空间尺度都非常巨大（通常为10 000平方米左右），再加上常常有若干同等尺度的展厅空间进行组合，使会展建筑的占地面积远超常规建筑用地，是城市中一个不容忽视的巨构空间。目前国内的会展建筑在设计之初由于缺乏对城市互动的整体性思考，导致普遍成为与城市互动不足的“孤岛”。此外，选址考虑不周，也可能导致会展建筑的用地周边被高速公路、河道、轨道等障碍物分割，从而抑制会展业本身对周围的辐射，严重削弱其经济拉动效果。

会展建筑所具有的聚集力量和多元综合潜力，可以转化为城市发展的助推器，分担诸如节庆空间、停车场地、运动场所、文化活动等城市公共任务，带动周边城市区域的联动发展。

3. 展馆缺乏合理规划的问题

在发达国家和地区，一个城市或地区的相同行业类型的会展较为少有。但在我国，城市与城市之间，即使是在同一个城市也普遍存在重复设展的现象。同时在会展场馆的建设方面，缺乏统一协调规划，常出现重复建设、杂而不全的局面。

4. 会展活动发展新趋势的应对问题

早期的会展活动经历了从销售向展示转变，从综合向专业转变的过程。在当今的信息时代，随着电子商务的日益发达，会展活动有转为“O2O（online to offline）”模式的倾向，即“线下体验，线上交易”。会展实际上是通过样品展示来实现最大效率的信息交流，但是参展者可以当场上线网购下单，完成消费。如此一来，更多的大众消费者有机会参与会展活动，会展活动也将重新回归到大众的生活之中。

基于会展活动新的发展趋势，参展人群中除了专业人士之外，还有更多非专业的参观者。如此一来，会展活动必然会进一步朝着多元化、综合性的方向发展，人们将得到参观、购物、休闲、餐饮、娱乐等全方位体验，推动会展建筑成为城市中的激活点和触媒中心。

面对这样的发展趋势，会展选址布局、建筑设计等问题都应该顺应会展活动新的发展变化而变化，但目前国内的会展建筑设计还没有积极的应对策略。

5. 潮汐人流与交通压力的问题

会展活动具有潮汐人流的显著特点。会展开展阶段，数以万计的人员和大量的车辆从四面八方汇聚而来，这对城市交通所造成的压力是难以想象的，如中国广交会的日人流量有超过10万人次的记录；而闭展时期会展建筑几乎空置。

面对巨大的潮汐人流问题，如何解决会展与城市的接驳？如何利用会展周边城市区域吸引参展客流，对集中客流进行有效分流和交通疏导？如何高效解决城市的交通负荷？等等。这是如今会展业发展最迫切的研究专项之一。

6. 闭展时期的使用率问题

目前，我国的会展建筑存在闭展期间利用率低下的问题，特别是在二、三线城市，造成了极大的资源浪费。会展建筑的展厅具有良好的空间潜质，其本身就是一个“平台”式的建筑，完全可以在闭展期间转换功能，承接各种活动，如转作宴会厅、表演厅、小型体育场馆等。会展建筑在闭展期间呈现了极度富余的公共空间和交通承载力，其商业、餐饮等配套设施实际上也具有营业的潜力。因此，会展建筑在闭展期如能善加利用，可以为展馆运营方和城市经济带来极大的收益。

目前国内会展建筑多呈现为配套功能内置的单一体量，对其闭展期的多元功能转换利用极为不利。重新思考会展建筑的空间类型，是目前亟待解决的问题之一。

7. 配套设施不全的问题

会展是一种人流、车流、货流、信息流等高度集聚且高效率的贸易活动，要求会展场馆有齐全的配套设施和设备以保证会展的顺利进行。我国的会展场馆建设普遍存在功能配套设施不足、重建设轻管理的现象，与国际级会展中心还有较大差距。因此，今后应在市场规范的基础上，充分利用现有会展场馆，完善会展设施配套建设，加快建设具有国际水准的会展中心。

8. 行政干预过大的问题

会展建筑是城市的重要形象工程，其往往被视为政绩的体现和特定政治意图的彰显。过分强调城市形态，过分受制于政治统帅，过分追求建设规模，必然影响会展建筑与城市实际情况的匹配，带来难以避免的问题。

对城市综合情况的误判、选址的失察、地域文脉的忽视以及建筑审美的缺失等，是造成以上这些问题的主要原因。

四、新一轮会展建设正全面展开

2000 年之后是我国会展发展的爆发时期，这股热潮持续了 10 年左右。大多数三线以上的城市都建设了“会展中心”设施，有些城市还建设了专业的“会议中心”。通过这些年的快速发展，我国已成为世界上拥有大面积展览馆的国家之一。

在经历了几年的缓步发展之后，如今我国新一轮会展建设正悄然展开。如，新建的上海虹桥国家会展中心、深圳（宝安）国际会展中心、三亚海棠湾会展中心、晋江会展中心等。很多大城市都将会展视为城市发展的重大项目，甚至将会展经济产业列入当地的城市发展规划当中。根据中国会展经济研究会于2016年提供的《中国会展行业发展报告》，在2015年这个中国“十二五”规划的收官之年，中国会展行业在近几年世界会展经济的疲软中逆势上扬，继续保持较高增速，对国民经济发展贡献增大。中华人民共和国工业和信息化部、中国国际贸易促进委员会联合发文支持中国中小企业参与“一带一路”建设专项行动的国内外展销活动，成为进一步推进改革开放的重要举措。《2017年中国展览数据统计报告》显示，2011—2017年全国展览数量由7333场次上升到10358场次，展览面积由8173万平方米上升到14285万平方米。2015年以后，展览场次增幅明显。具体如图1-1所示。

综上所述，在我国新一轮会展建设全面展开之际，会展在城市发展中的价值日益提升，考虑到如今会展亟待解决的各大问题，对面向我国城市发展的会展建筑类型演变进行研究就显得尤为迫切和重要。

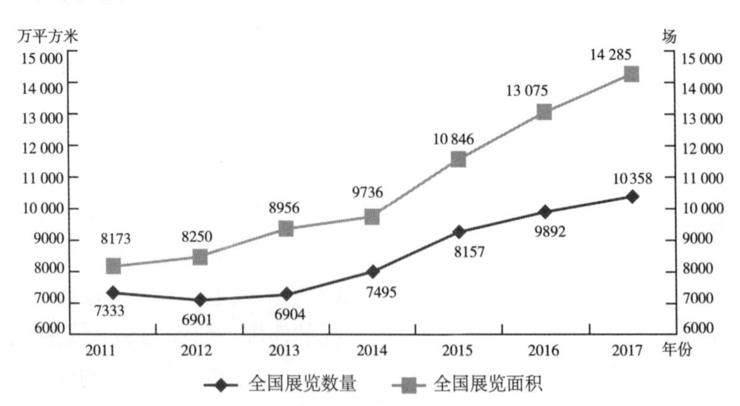

图1-1　2011-2017年全国展览数量、展览面积增长趋势

（资料来源：《2017年中国展览数据统计报告》）

第二节　研究对象的概念界定和范围界定

一、概念界定

1. 发展阶段划分

根据会展建筑类型演变研究的需要，把会展的发展阶段划分成不同的历史时期，该划分与中国重要的历史节点相对应。除了向古代追溯会展的活动模式起源——“市集”之外，将中国现代意义的会展发展按几个重要的时间节点分为萌芽时期（1900—1949年）、调整时期（1950—1979年）、发展时期（1980—1999年）和提升时期（2000年至今）四个阶段，并包含了对未来的展望。以时间轴作为纵向维度对面向城市发展的会展建筑类型进行讨论，有助于结合城市发展各阶段对会展建筑类型的演变脉络进行对应的梳理。每个城市在不同发展阶段都带有其政治、经济、文化等方面的时代烙印，这些都影响着会展建筑的类型演变。

1900—1949年是中国会展的萌芽阶段，此时并没有相对固定的会展建筑，举办劝业会、国货展时的展示空间多是一些在城市公园中自由散布、加建或新建的小展馆。

1950—1979年，中华人民共和国成立不久，百业待兴，这个时期的会展建筑照搬苏联的设计模式和风格，如分别位于北京、上海、广州、武汉的四座中苏友好大厦等，当时填补了中国没有专业展馆的空白。

1980—1999年，改革开放后，中国会展建设开始积极吸收国外的理念与技术，出现了若干具有一定影响力的现代会展建筑，如中国国际展览中心静安庄馆、广州琶洲国际会议展览中心加建工程等。

2000年之后，中国经济飞速发展，政治越发开明，文化交流范围不断扩大，会展发展进入提升时期。大批外国建筑师直接进入中国市场，建设了上海浦东新国际展览中心、广州琶洲国际会议展览中心一期等一大批大型会展建筑。如今，中国城市又将迎来新一轮的会展产业的发展热潮，会展建筑的类型也必将随之朝着新的发展方向演变。

2. 会展建筑

会展建筑是在现代“展中有会，会中有展”的互融模式下形成的一种展览设施和会议设施并存的建筑类型。它一般由展厅、会议厅、登陆厅、中央步道、室外展场等主要元素组成，还往往与宾馆、办公、餐饮、娱乐和文化设施等相结合，其职能已远远超出最初单纯举办展览的范畴，演变为人们相互交流与沟通的公共性活动场所。

现代会展建筑具有以下特征：① 是对会议、展览功能建筑的统称，强调会和展的平行互动；② 强调各展馆的模块化设计，为参展商提供公平的展出环境；③ 采用平台式设计，基本上能容纳各行各业的不同展览需求。

会展建筑的概念在本书中则涉及城市发展各阶段的不同范畴，由早期发展出的展览与销售结合的展销会，到商品经济发展到一定程度后只展不销的“样品展览会”时期的散落式布局展馆，再到现在面向专业化的、集会议和展览功能于一体的当代会展建筑，以及未来面向多元化发展的城市会展综合体。这些不同城市发展阶段的不同建筑体被归纳为会展建筑演变过程中的不同类型。

3. 会展业

会展业全称为会展行业，它是指以策划和组织各种会议、展览及活动为核心的，并提供相关配套服务和业务的社会群体组织。会展业是现代服务业的重要组成部分，是一个极具发展潜力的绿色服务体系。“它通过提供会议、展览及相关配套服务，来促进社会商品、物资、人员、资金、信息的流动，从而对社会进步和经济发展发挥巨大的推动作用。”[①]

会展业的上游主要是展场等基础设施和信息技术平台，下游是会展业所服务的城市经济的各个行业。其中，展馆建设是物质层——承载、满足并定义会展的硬件属性；会展组展则是会展行业的核心层，包括会展创意策划、招商组展、现场运营、数据统计；国民经济各细分行业是其应用层，是会展企业服务的对象。

会展行业的产业链涉及极广，如酒店、餐饮、旅游、交

① 周振宇. 当代会展建筑发展趋势暨我国会展建筑发展探索[D]. 上海：同济大学，2008.

通、广告等方方面面，如图1–2所示。

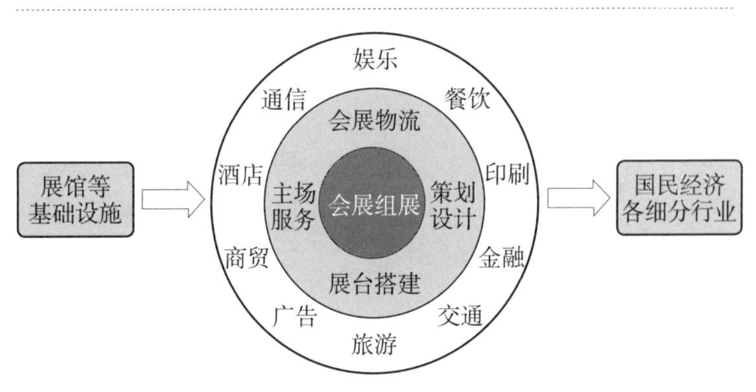

图1–2　会展行业产业链

4. 会展经济

会展经济是指因举办展览和会议活动而产生的社会经济效益的总和。即通过举办大型会议、展览活动，带来源源不断的商流、物流、人流、资金流、信息流，直接推动商贸、旅游业发展，不断创造商机，吸引投资，进而拉动其他产业的发展，并形成以会展活动为核心的经济群体。会展经济的拉动作用巨大，若以会展经济收入为1测算，其对于相关产业具有1∶9的拉动作用。

5. 专业性展览与综合性展览

专业性展览是指对某一行业甚至某一产品进行展示，如汽车展、珠宝展、钟表展、建材展等，通常参观者以专业人士为主。一些以民生为主的专业展同样可以吸引大量的普通参观者。专业性展览是伴随着工业分工的不断细化、新产品的不断丰富而产生并迅速发展起来的。一般认为，第一个现代专业展览会是1898年在德国莱比锡举办的自行车展和汽车展。

与综合性展览会相比，专业性展览会的内容被限制在一定的范围内，更容易做专做强，也更容易产生品牌效应。参展商可以现场与目标客户沟通，及时传递产品特色，短时间内达成商业合作，并准确地了解全行业的状况和发展趋势。

综合性展览是指对多种产品进行集中展示，参观者范围较广，专业与非专业（市民）兼而有之。由于近年来互联网技术的普及，“线下体验＋线上销售”的模式已使越来越多的专业展向非专业人士开放，如汽车展、钟表展、珠宝展等，将展览分成面向专业人士和非专业人士的上下两场。以目前的发展趋势来看，综合性展览会和专业性展览会在参观者属性上的区别已逐渐弱化。

6. 专业人士和非专业人士

这是对会展活动参与者的一种界定。专业人士指的是策展方、展出商、采购商、企业参观团、会展从业人员等。非专业人士指的是市民参观者、旅游人员、媒体记者等。

7. 会展活动

会展活动指的是由专业人士和非专业人士所组成的两大人群，以会展建筑为载体所产生的会议、展览、交流、洽商、休闲、餐饮等一切相关活动。在此引用类型学的观点对会展建筑进行研究，而在类型学观点中，对人的活动模式的关注是本质性的。因此会展活动中各类人群的参观模式和展览运作模式等问题，是研究会展建筑类型演变的关键。

8. 会展建筑类型

类型，指包含由特殊的事物或现象概括出的共通点的抽象概念。依据意大利建筑理论家阿尔多·罗西（Aldo Rossi）的定义，类型即是与特定活动模式相对应的，某种先于形式且构成形式的逻辑原则。会展建筑的类型是对具体会展建筑以生成逻辑为标准进行分类研究后，归纳提炼而得到的概念范畴。这个范畴与会展业的发展模式和参展人的活动模式有直接的对应关系，并能重新转译成新的具体的会展建筑。运用类型学的理论研究会展建筑，可以超越规模、形式、技术等诸多问题，使得会展建筑的类型演变更为直观清晰。

9. 会展建筑规模

根据《展览建筑设计规范》（JCJ 218—2010），展览建筑的规模按总展览建筑面积分为以下四种，如表1–1所示。

表1–1 展览建筑规模分类

建筑规模	总展览建筑面积S/平方米
特大型	S>100 000
大型	30 000<S≤100 000
中型	10 000<S≤30 000
小型	S≤10 000

随着会展业规模的不断扩大，这种分类显然已不能满足目前会展业对规模分类的要求，本书根据当前会展建筑的实际规模情况及组展公司反馈的信息，提出了未来会展建筑规模分类的建议，如表1–2所示（仅供参考）。

表1–2　未来会展建筑规模分类

建筑规模	总展览建筑面积 S/平方米
特大型	$S>200\,000$
大型	$100\,000<S\leqslant 200\,000$
中型	$50\,000<S\leqslant 100\,000$
小型	$S\leqslant 50\,000$

10. 会展建筑选址与城市的关系

会展建筑选址与城市的关系可分为以下三类，如表1–3所示。

表1–3　会展建筑选址与城市的关系

建设地点	城市中心	城市近郊	城市远郊
图例			
特点	交通便利； 可利用既有的配套设施； 受场地限制，拓展难度大	邻近轨道交通； 可持续性发展	与江河等景观结合； 邻近机场，便于大型货运； 可持续性发展

二、研究对象范围界定

本书的研究重点是会展建筑的类型及其与城市发展之间的互动关系。为了在有限的篇幅中对核心问题进行最充分的论证，对所涉及的研究对象，作出以下研究范围界定。

1. 关于城市发展的问题

对于城市发展问题，本书全面考虑了促成当时建设思路的政治、经济、文化等多方面的背景要素，但都不对其进行规划细则、建设程序上的深入探讨。城市问题具有跨学科、多领域的复杂性，这些要素的提出是为了健全完善论证体系，避免出现过于夸大建筑学意义的偏见。至于面向城市发展，则表达了会展业及其建筑类型的演变，以及在各时段里与城市发展的互动关系。

2. 关于类型学等各派思想的问题

本书以类型学为主要研究方法，并统筹兼顾其他学术思想。对于所提及的各派思想中存在争议的观点，本书仅对其关注点进行客观的分析论述，取其相关思想用于研究实践，而不作过深的理论评判。于本书而言，引用类型学思想，是为了对会展建筑的分类问题及其与城市关系的问题进行更好的实践分析研究，而非纯理论的思辨研究。

3. 关于会展建筑的问题

关于会展建筑问题，本研究限定于选址、总体布局、生成逻辑等能与城市建立类型学关联的大层面，以此研究其与城市发展之间的互动关系。对于建筑设计细节层面的功能、形式、流线等问题点到即止。尤其是本书所探究的会展建筑在城市发展中的类型演变问题，也需要超越建筑个体细节，在建立与城市直接勾连的视角下才能被讨论。所以，只有明确这些研究范畴，才能使研究和论证更为清晰。

4. 关于城市与会展建筑的关系问题

对于城市与会展建筑之间的关系问题，本书的题目界定在“基于城市发展视角”，而非“基于城市发展”。即本书充分重视城市发展的历史性问题，也充分重视城市发展对会展建筑类型演变的影响作用，但关于城市与建筑之间的关系研究，仅局限于以下两个方面：一是城市发展过程中，政治、经济、文化等方面的发展对会展业的推动作用，进而改变会展活动模式，影响会展建筑类型的演变；二是城市发展过程中，在形态类型层面直接对会展建筑的选址和布局等造成的影响，也会促进会展建筑类型的演变。

本书并不在于说明各个城市在各个历史阶段的特征与建筑的类型之间有任何明确的对应关系，也不试图明确对应地研究城市与会展建筑本身。总而言之，对城市和会展建筑之间的关系研究固然是本书的研究重点之一，但对于建筑类型的研究才是重中之重。

三、研究案例的选取

近现代中国会展建筑案例众多，时间跨度也很大，因而案例选取尤为关键。对案例地区的选取有以下要求：① 具有会展历史；② 会展业发展较好且具有发展连续性；③ 会展建筑类型比较齐全；④ 全国各地区适当平衡。

基于上述要求，选取了以北京、上海、广州为主线的会展建筑案例作为重点研究，同时适当选取了中西部地区的武汉、西安的若干会展中心，以及会展业发展迅猛的深圳、香港的会展建筑案例作为辅助研究。之所以选取北、上、广作为主线，是由于这三个城市都是中国会展产业发展最为突出的地区，且在各主要的历史时期均有会展建筑的建设，连续性较强。此外，这三个主要城市的会展类型均较为齐全且覆盖面广，而且这三个城市的会展建筑规模占全国同类建筑的一半以上，具有明显的引领性。武汉作为会展的历史名城，虽然其现代会展业的发展相对滞后，建设时间也缺乏连续性，但仍可以作为中部地区的典型代表。深圳作为新兴的会展城市，大有后来居上之势，因此也被纳入研究当中。

此外，现代会展建筑业朝着更加国际化、专业化的方向发展。这种以专业化为导向的展览，强化了展品类型而跨越了展览与城市个性上的联系，使得会展建筑也朝着“通用式”的方向发展，从而大大降低了因城市特征不同而产生不同会展类型的可能性，甚至可以说，会展的类型强调了通用性，超越了地域性特征。

第三节　国内外研究概况

在国外，欧洲在设计研究方面起步较早。法国巴黎在1798—1849年间就出现了展销式的展览及纯宣传性的国家工业展，而英国伦敦于1851年开展的“万国工业博览会”(The Great Exhibition of the Works of Industry of all Nations)则开启了国际性博览会的新篇章。1890年世界上第一个样品展览会在德国莱比锡举行，它以展示作为手段，交换作为目的，是现代贸易展览会和博览会早期形式的重要典范。两次世界大战期间，综合性质的贸易展览会和博览会迅速发展成为主导形式；第二次世界大战后，贸易展览会和博览会朝专业化方向发展；到20世纪60—80年代，会展业在世界范围内急剧发展成为一个庞大的行业，并形成完整的体系，发展至今日益成熟。

在国内，由于从外引到内生的会展建设特点，会展建筑设计长期处于对国外经验实例的分析消化阶段。2000年之后虽然产生了持续近十年的会展开发高潮，但考察其实际建成项目，多数尚缺乏对我国城市发展问题的正确认知以及针对城市实际情况选用恰当会展建筑类型的设计策略。虽然具有一定的研究基础，但是目前的国内研究状况从整体来看，尚没有运用如类型学这样的系统性方法论，按时间顺序对中国会展建筑进行全面的分类研究；也没有综合多学科理论，以多元化的关注点来总结分析其面向城市发展而演变的脉络；更没有在这样的研究基础上，于当下新一轮会展建筑建设高潮开启之际，适时地提出针对未来会展发展的概念模型策略。面向城市发展，我国的会展建筑类型曾发生若干阶段性的演变，如今对其进行创新性研究，诚然具有重要意义。

第四节　契合度分析与研究意义

一、类型学理论与本研究的契合度分析

1. 总体视角层面

基于城市发展的会展建筑类型演变，是研究建筑与城市关系问题的一大重点。但城市和建筑之间毕竟存在着不容忽视的界限，城市问题涉及政治、经济、社会、文化等诸多领域，每个领域都有完全不同的研究视角，跨领域之间难以直接沟通讨论。即使是与建筑学最接近的城市规划专业的理论，其视角与建筑设计依然大有不同，生硬地进行学科交叉研究，既存在理论上的问题，实操起来也难以深入。而类型学思想很好地解决了这个问题。阿尔多·罗西在其著作《城市建筑学》中，通过

对规模尺度的消解，城市形态和建筑类型的对比研究，提出了城市建筑体的概念——“城市是个大建筑，建筑是个小城市”[①]。罗西建立了城市与建筑的直接勾连，其理论契合了城市与建筑关系问题的研究。

2. 观念导向层面

类型学思想重视时间的意义，肯定历史、地域等多元因素对建筑的影响，并将这些影响落在人的活动模式之上，研究人的活动模式与建筑类型之间的对应关系。这些观念导向在现代主义之后的设计大反思中是先进而有价值的。

在梳理会展建筑的演变脉络时，充分认可时间和历史的意义，认识到会展建筑如今的呈现必有其历史渊源，且对各时期的会展建筑进行分析和整体脉络的梳理，将有助于当代和未来会展建筑设计研究。建筑设计应当以人为本，充分重视会展活动中各类人群的活动模式。因此，在观念导向层面，对于时间、历史和人的活动模式的重视，使类型学理论与本文观点产生了很高的契合度。

3. 实际操作层面

类型学理论擅长对城市建筑体进行分析、归纳和推演研究，且能直接指向其场所因素、布局关系、生成逻辑等关键范畴，并能够超越构造细节、功能技术等其他因素。

面对整个会展发展历史中数量庞大、细节繁杂的建筑案例，本书对其类型演变脉络进行归纳梳理，并推演出新的概念模型。如果没有科学明确的方法论指导，缺少主次分明的归类标准，就无法对这些繁杂的案例进行归纳研究，也无法从中得出未来会展建筑新的概念模型。因此，类型学理论在实际研究操作层面也与本书有很好的契合度。

二、研究意义

1. 会展建筑需要系统性的脉络梳理

我国城市发展历程悠久而宏大，会展建筑的演变也随时间段的不同而异彩纷呈。针对城市发展问题，对中国近现代会展建筑的发展史，特别是对会展建筑的类型演变脉络进行系统性

① ［意］阿尔多 . 罗西 . 城市建筑学［M］. 黄士钧，译. 北京：中国建筑工业出版社，2006.

的梳理，有助于更深入地研究会展建筑，也有助于进一步了解会展建筑与城市之间长期存在的互动关系，还可以指导今后会展建筑的设计实践。学古可以鉴今，对会展建筑进行系统性的脉络梳理，是会展理论研究领域重要的认知研究基础。

2. 会展建筑是一种对城市有巨大影响力的建筑类型

近年来会展业在我国蓬勃发展，许多城市都孕育并发展了会展产业，使得会展建筑的建设量增长迅速。会展业对城市发展的极大的拉动效应众所周知。会展建筑作为会展产业的物质载体，对城市的影响更加不容忽视：政治上常作为展示一座城市雄心与抱负的“地标”，经济上则可谓城市发展的动力“引擎”，文化上作为“城市窗口”，是城市对外交流的重要平台。会展建筑对城市发展的方方面面都有巨大的影响力，对其进行类型学研究，对今后的会展建筑设计极具现实意义。

3. 会展建筑设计需要处理好会展自身与城市的关系

会展建筑需要在城市发展到一定程度之后才能萌芽诞生，其背后隐含的是城市政治、经济、文化等多方面的实力。城市的发展促成了会展建筑的建设，反过来，会展建筑的建设也会极大地影响城市发展布局。然而，其影响并非永远正面。投资大、体量大、汇聚人流多的会展建筑，如若设计处理不当，对城市所产生的负面影响将是巨大而深远的。因此，研究会展建筑与城市发展的关系，以提出更好的设计策略来应对当下和未来的城市问题，是具有紧迫性和战略意义的。

4. 类型学研究法的应用与会展建筑的分类研究

在综合研讨的各家思想当中，意大利建筑理论家阿尔多·罗西的类型学方法论是本书选取的主要研究方法。类型学研究法分为“类型提取”和“类型转译”两大步骤，它尝试剥离研究对象的表面形式和细节，而去发掘其本质的生成逻辑。会展建筑的具体实例种类繁多，情况复杂，但运用类型学的观念对其进行类比分析、类型提取之后，可归纳出几种具有本质特征的会展类型。这些被提取的类型可以再次被设计转译，重新生成可实施的建筑设计。类型学研究法具有以下几方面的意义。

（1）对比研究的意义

横向来看，将国内外城市发展与会展建筑建设进行对比研究，分析其自身发展规律的异同，从较为先进发达的国外吸取经验与教训，有助于结合国内具体国情制定应对策略。纵向来看，对应国内城市发展的不同历史阶段，将不同时期的会展建筑进行对比研究，分析其演变历程及与城市发展之间的脉络关系，有助于以古鉴今，寻求现实问题的应对策略和对未来发展的展望。

（2）归纳总结的意义

类型学方法可以超越纷繁的建筑具体形式和复杂的建筑设计细节特色，直接对与本书研究目的相关的关键范畴进行研究。根据特定标准对会展建筑进行对比分析和类型提取之后，具有特定共性的众多研究样本可被归纳为同一类型，这有助于对种类繁多的研究样本进行提炼与总结，得出会展建筑演变的清晰脉络。

（3）分析推演的意义

类型学方法还可以从所总结得出的抽象类型出发，再结合新的城市条件，分析推演出新的建筑类型。本书对会展建筑进行类型提取，归纳总结出其面向城市发展的演变脉络之后，分析总结出其与城市发展之间的互动关系，再根据会展业在互联网时代发展趋势的展望，结合所归纳之会展类型和演变脉络，进行类推分析和演绎生成，得出适应未来城市发展的会展建筑概念模型，为未来的会展建筑设计实践提出可行的策略建议。

（4）建立城市与建筑之间的直接勾连意义

类型学方法论的一大贡献在于建立了建筑与城市之间的直接勾连。城市和建筑具有同构性，在对尺度进行消解之后，就可以在生成逻辑等类型学层面，建立二者之间的直接勾连。这是将城市看作一个大建筑，将建筑看作一个小城市，而直接进行的关联研究。在这样的思想基础上，城市建筑体的概念被提出。城市和建筑被当作一个整体来看待，有助于探求城市发展与会展建筑类型演变之间的直接互动关系，建立研究城市与建筑问题的新型整体视角。

第二章

城市发展理论及类型学理论的构建

本章掠影

在城市发展的理论方面，本章既重视了政治、经济等方面思想对城市问题的关键作用，又对比分析了本专业的两大主流思潮，即区域功能方面与形态类型方面。在相对肯定形态类型方面思想的基础上，对其中典型的类似性城市理论和城市触媒理论进行深入剖析。

在形态类型理论方面，本章较为系统地介绍了类型学的思想根源，详细分析了阿尔多·罗西的新理性主义类型学思想，并总结了场所因素、活动模式、生成逻辑和其他因素作为类型的四大概念范畴，为后文对会展建筑的类型提取和转译奠定了分析基础。

阿尔多·罗西的类似性城市思想，尤其对城市与建筑同构性的理解和对主要元素与区域的划分，是本书的重要理论支撑。当会展建筑尺度大到一定程度时，应该以城市设计的眼光来看待，会展建筑是一个可以承接各种城市活动的平台，其本身也就是一个“小城市”。在此基础上，正确研究会展建筑与城市之间的互动关系。

触媒理论是研究“会展对城市发展之影响”问题的一个最直接的方法论，其综合了对政治经济、区域功能、形态类型等方面城市问题的关注。它和分析会展建筑问题的类型学理论在综合实践的层面串联了起来——将会展定义为城市发展的触媒，可以构建会展与城市之间全面关系的研究桥梁。

第一节　城市发展理论

针对会展建筑与城市发展等问题，本章在设计理念的层面上展开分析。因此，对于整体理论架构的论述梳理，将控制在综述与浅析的程度内，旨在为重点选取的理论提供背景参考。首先，在学科与学派的高度上，对城市发展与城市化的众家思想进行整体梳理，分为“政治经济”“区域功能”和“形态类型”三个方面。这形成了理论的大背景，且其中的形态类型方面思想，被认可为更适用于当代的城市研究。其次，在这样的大背景下，阿尔多·罗西的类似性城市理论是形态类型方面的典型，也是当代备受关注的成熟理论，可以建立城市与建筑类型之间研究的直接桥梁。最后，触媒理论则从实践的层面，研究了城市与其中关键建筑之间的互相影响。

一、城市发展与城市化

城市发展与城市化问题极为复杂。现代主义产生以来，各方面思想对其进行过激烈的反思与讨论。对这些纷繁的思想进行简单而整体的梳理，将形成有理论支撑的思想大背景。这些思想分别从不同学科、不同角度对城市问题提出了不同的看法，其中有明显的观点碰撞。虽然各家在论述本派核心问题时，都不时表达了自己对其他问题的统筹兼顾，但时至今日，多少会给人有失偏颇的印象，这诚然是难以避免的——在现代主义之后出现的设计大反思中，每一派新兴的理论都需要鲜明地表达自己的立场，这样才能对从战后就一直统治世界的现代主义给予一定力量的反击。此外，对思想流派的分类一直是一个容易引起争议的难题。很多建筑理论家都曾抵制将自己归入某些主义的标签当中，因为任何主义的归纳都难以完全严谨地概括其下若干不同的思想。建筑设计师们则在实践中更多地体现出无主义而有概念的倾向，因为从实践者的角度来看，自己博采众长所凝练的具体概念可能更容易表达特定的设计意图，也免于陷入缥缈又严苛的理论立场思辨当中。

基于以上考虑，在此将避免以明确的主义来划分理论，而是对其核心关注点进行对比分析，将这些理论归纳为对城市的三个方面——政治经济方面、区域功能方面和形态类型方面进行关注的思想。

1. 政治经济方面思想

城市是一个复杂的整体，其发展受到自然地理、政治经济、科学技术、文化艺术、社会心理等多方面因素的共同影响。自古以来，“都”代表的是政治权利，“市”指的是经济活动，而“城”则是对两者的军事防卫。城市之所以能区别于乡村而形成，其主导力量就是政治经济方面的。早期的乡村聚落因贸易发达而形成墟市，因政治选择而获得特定的发展，又因防卫需要而建立城池。中国的城市发展是从农业时代到工业时代再到信息时代的逐步转化历程，经历了政治、经济和其他多元因素的轮番影响。

（1）政治因素

政治因素是最直接而强有力的城市发展主导因素。在中国古代，自农耕时代开始就是中央集权的封建国家，政治因素长期处于城市发展的主导地位。中华人民共和国成立至今，政治因素在城市的建设发展中仍处于重要地位，城市发展符合政治中心优先的发展规律。

马克思指出：“城市本身表明了人口、生产工具、资本、享乐和需求的集中；而在乡村里所看到的却是完全相反的情况：孤立和分散。”① 对城市发展动力机制的研究说到底是对城市元素“聚集效应”的研究。“在人类文明的第一次大发展过程中，向内聚合（implosion）的社会权利对于城市形态的形成起了至关重要的作用。”②

处于封建时期的古代中国，“以国家政治为内核的聚集效应超过了小农业与家庭手工业相结合的自然经济的聚集效应，因而城市的聚集效应突出表现为政治功能的主导性和空间形态的内聚性。”③ 具体表现为两方面：秩序方面，中国古代城市采用以国都为中心的金字塔式的城市网络体系，森严而不可僭越的城市等级制度；形态方面，采用以政治建筑为中心、棋盘布局、

①③ 中共中央马克思恩格斯列宁斯大林著作编译局．马克思恩格斯选集（第一卷）[M]．北京：人民出版社，1972.

② 何一民．从政治中心优先发展到经济中心优先发展——农业时代到工业时代中国城市发展动机机制的转变 [J]．西南民族大学学报（人文社科版），2004（1）：28.

中轴对称等强烈的规划定式。

改革开放前的中国，虽然经历了政治体制和意识形态的几番变革，但行政力量的聚集效应一直不可撼动，行政管理因素长期保持着影响城市发展的主导地位。城市的形象工程建设占据了大量的发展资源，且具有明显的意识形态象征和隐喻性质；城市的各项产业、基础设施等的发展建设，极大地受到行政干预。形象工程、计划经济、宏观调控等政治方面的力量，对城市发展的推动与导向是直接而明显的，同时也可能是片面而不系统的。

“设治而城兴，撤治而城衰”的命定轮回，等级城市之间不可僭越的交流限制；政治中心片面消费而弱于生产的经济不平衡；城市规划重意识形态而轻科学发展的设计观念等，这些问题都严重制约了城市的发展。

在当代中国，行政因素仍然对城市发展产生着重大的影响。过度关注和片面依赖行政因素，会导致对城市问题复杂性的认知缺失，从而影响城市的良性发展。因此，从中国国情出发，对行政因素的充分重视和正确运用，对城市的发展至关重要。

（2）经济因素

相比政治因素对城市发展的直接性和孤立性导向，经济因素对城市发展所产生的导向作用相对基础且系统。发达的经济常伴随着各产业的发展和基础设施的完善，城市是一个具有众多现代产业与基础设施的综合体与多功能中心。[①]

经济因素推动城市发展的机制，也在于其对生产要素的聚集。在古代中国，一些受政治影响相对较小、自治度相对较高的聚落中，也能看到经济因素主导发展的情况。到了商品经济高度发达的唐宋时期，则开始形成有别于传统政治军事城市的新型经济都市——镇市[②]，但由于国家层面政治因素导致的聚集性仍为主导，所以其结果也无非两种，或是因政治形势的转变而逐渐衰落，或是因统治者对市场等关键性经济机构的重视而并入新的政治格局当中，成为“治所”[③]。

---

① 黎仕明．政治・经济・文化——中国城市发展动力的三重变奏［J］．现代城市研究，2006（6）：23-29.

② 郭正宗．唐宋城市类型与新型经济都市——镇市［J］．天津社会科学，1986（2）：54-60.

③ 施坚雅．中华帝国晚期的城市［M］．叶光庭、徐自立、王嗣钧，等译．北京：中华书局，2000.

在行政因素主导下的城市发展，往往呈现政治中心与经济中心重合的情况。在经济因素的主导下，则会出现部分区域政治、经济双中心分离并立的城市格局，如上海、重庆、青岛、深圳等一批在工业时代脱颖而出的非省会城市。城市不再是单纯的消费中心，而首先是一个生产中心，整个社会的重要生产力和主要财富不是分散在乡村，而是集中在城市[①]。经济因素以其相对基础而系统的发展机制切实促进了中国的城市发展。根据《中国城市发展报告》的数据，我国城市化水平1978年为17.92%，2000年迅速提升为36.2%，2016年底则增长到57.4%，足见经济因素的巨大聚集效应及其影响下城市发展之迅猛。

经济因素对城市发展的重要性毋庸置疑，但在此仍需强调城市问题的复杂性。近年来，一方面城市的经济日益发达，另一方面一味地追求经济发展而忽视多元因素所带来的城市问题也日益明显。越来越多的其他因素相继进入到城市发展问题的研究探讨当中。

（3）多元因素

20世纪末，世界范围内出现了对经济发展之外的，包括环境生态、文化地域性、民族个性等方面的重视热潮。中国工业化和经济发展到一定程度，又受到信息时代的冲击，在政治、经济、科技、文化、社会、生活等各方面都有广泛的影响。城市发展不再单纯由政治或经济因素主导，而成为受多元因素共同影响的产物。城市的聚集效应不再单纯体现在政治的重视和经济的发达两个方面，地域气候、生态环境、发展前景、交通条件、城市形象、文化氛围、文明程度、宜居程度、生活模式等各项指标都可能成为人们选择其作为发展城市时综合考虑的因素。

政治学、经济学、城市地理学、城市生态学等多个学科的研究成果虽然难以在此逐一详述，但可以明确的是，对政治经济方面的关注是各学科研究城市化与城市发展时都十分重视的问题。中国的城市化和城市发展，是由政治经济方面主导型向多元因素导向型过渡的进程，体现了政治经济之外的多元因素在当今城市

① 何一民．从政治中心优先发展到经济中心优先发展——农业时代到工业时代中国城市发展动机机制的转变［J］．西南民族大学学报（人文社科版），2004（1）：28.

发展过程中所具有的重要意义。在共同认可政治经济因素重要性的前提下，建筑规划类学科领域产生了诸多理论，对城市化和城市发展等问题进行了多元化的讨论和研究。

2. 区域功能方面思想

（1）革新的态度与功能决定论

以区域与功能方面的要素为主导研究城市，是由现代主义建筑运动中的功能主义支持者首先提出的革新性立场。20世纪初，当人们对装饰无度的洛可可已生厌弃，对立场不定的折中主义也开始反思时，现代主义思潮应运而生。两次世界大战造成的世界政治经济格局巨变，进一步为现代主义运动的盛行提供了一个最合适的契机。

“功能决定形式（Form Follows Function）”是芝加哥学派沙利文为功能主义打造的名言。这样的口号对于当时刚摆脱古典权贵的人们来说，无疑是一股清流。包豪斯学派和柯布西耶等人的作品与思想对功能主义作出了重要贡献，而1933年国际现代建筑协会（Congrès International d' Architecture Modern，CIAM）第4次会议出台的《雅典宪章》（*Athens Charter*）提出了“功能城市”的理论。在城市领域，功能主义的立场同建筑领域一样具有革新性。

相比之前服务权贵阶级的城市格局，功能主义讲求公平与效率，希望每一位市民都能在城市中平等地享受充足的阳光、新鲜的空气、怡人的绿地、便利的交通和开放的公共空间；相比之前专制主观的城市发展动机，功能主义理性地考虑自然、社会、政治、经济等各方面因素，按照实际需要客观理性地进行规划设计；相比之前被动反应式的决策模式，功能主义在严谨完善的研究基础上，运用草图描绘，主动设计分析可预见性的城市未来发展。正是凭借这些立场鲜明的革新观点，功能主义对世界城市发展产生了重要的影响，且延续至今。

正如前面所提及的，众家思潮在其诞生之初，都难免因革新或反思的需要而过度强化自己的核心论点。即便在当时是恰当的观点，随着社会变革和城市发展，如今回看，也暴露出一定的历史局限性。

相比之前的古典复兴运动，功能主义对历史的态度也是革新性的：承认历史保护的价值，但并不认为这些遗存应对现代城市发展造成任何导向性的影响。相比之前过度关注权贵阶层的奢靡享受，功能主义只愿意满足正常市民最简单的物质需求。为了与华丽精美的古典时期划清界限，也为了在战后有限的物质条件下实现最经济有效的建设，早期的功能主义不愿意给形式主义任何主导设计的机会，而只是让其以最简单一致的面貌被绑定着呈现。对地域、文化、多样性、感知、精神等方面的矫枉过正，在现代主义之后成为功能主义被批判和自我修正的主要问题。

（2）机械的尺度与分区研究法

功能主义与工业革命所带来的标准化生产效率观念和机械美学都具有相当大的思想交织。早期的功能主义者将城市和建筑都比作居住的机器，而后期修正的想法将其定义为复杂的有机体。功能分区理论建立在这样的判定之上：在城市中，同一种土地利用方式，即同一种功能，对空间、位置、资源等的需求往往是相同的，因此将同一类功能分在同一个区内，能产生聚集效应和扩散效应，这会为城市发展带来社会和经济上的利益。

在《雅典宪章》中，城市按不同使用功能，被分为居住、工作、游憩和交通四大基本活动区，这些分区彼此独立，以保证互不干扰和高效运作。城市规划被认为是解决这四大功能之间关系和发展问题的活动，而城市就是承载这些功能的巨大容器。在城市机体设计的尺度方面，功能主义方案往往以大尺度和车行交通为主导，以求实现高效的城市系统。在功能主义主导的城市规划方案中，能看到十分理性的几何划分，边界平直，且通常以矩形呈现。这对于20世纪上半叶城市规模较小、政治动荡、经济萧条、规划混乱的世界城市环境来说，也许是一个有效的策略。

城市发展带来的城市化问题在20世纪后期变得十分显著，“自从《雅典宪章》问世以来，世界人口已经翻了一番……由于城市增长率大大超过了世界人口的自然增加，城市衰退已经变得特别严重……”[①]针对《雅典宪章》功能分区的做法，1977年现代建筑国际会议通过了著名的《马丘比丘宪章》，明确指出《雅典宪章》为了追求分区清楚却牺牲了城市的有机构成，没有考虑到城市居民之间的关系，结果使城市生活患了“贫血症”，在那些城市里建筑物成了孤立的单元，否认了人类的

① 1979年，中国城市规划学者陈占祥将《马丘比丘宪章》全文译出，发表在《城市规划研究》杂志上。此段话出自《马丘比丘宪章》第三节。

活动要求流动的、连续的空间这一事实。世界性的公众参与（public participation）运动的兴起，标志着城市设计的方案从主观到客观、从一元到多元、从理想到现实迈出了决定性的一步。相应地，城镇形态从单一到复合性、从同质到异质、从总体到局部发生了一个重要转折。[①]

《马丘比丘宪章》肯定了城市发展的动态过程及其组织结构的连续性，认为不需要再严守过分明确的功能分区，而应该打造多功能综合的城市化环境。同时，它也开始关注人与人之间的生活联系层面，并承认了历史遗迹对城市个性方面的价值，主张将这些非区域功能方面的元素适当列入城市发展的整体考虑之中。

总之，以功能主义为代表的对城市区域功能问题的关注思想，是城市发展历程中具有革新意义的重要思想，对现代城市设计思想有奠基作用。它所构架的城市设计学科体系，与所体现的思维理性，一直影响着当代的城市研究和设计。尽管功能分区的研究方法和功能至上的设计理念都存在着一定的历史局限性，但对区域和功能的关注无疑是研究城市问题时不能忽视的。

3. 形态类型方面思想

（1）反思的态度与综合的范畴

随着世界城市发展和城市化进程的不断推进，在现代主义已经为世界城市的经济、功能、效率等方面带来了足够好处的20世纪下半叶，人类社会开始了又一股新的反思思潮。一方面，逐步从战后恢复过来的人们开始不满足于温饱程度的物质需要，而产生了精神方面的追求。战后的集体主义淡化，个体意识再度觉醒，第三世界国家的迅速崛起也伴随着其地域性与民族性的伸张，导致个性化与人性化的需求产生。另一方面，城市发展和城市化加剧造成的人口增加、环境污染等问题，让功能技术至上的现代主义理论受到了质疑，这些都成为对上一个时代进行反思的动力。人们不再接受冰冷的现代主义对人性关怀的缺失，千城一面的国际风格对地域个性的漠视和效率至上对城市发展带来的负面影响。与《马丘比丘宪章》的修订精神相似，在城市发展和城市化问题中，对地域、历史、文化和人的关注成为各派思想反思的主要问题。

---

① 陈占祥. 雅典宪章与马丘比丘宪章［J］. 建筑师，1980（4）：246-257.

“形式唤起功能（Form Evokes Function）”这句与现代主义几乎针锋相对的口号由路易斯·康[①]提出，由此可见现代主义之后世界设计理论的大反思的激烈程度。事实上，从1947年国际现代建筑协会召开的第六次会议开始，对“功能城市”的单纯信仰就开始被新一代的建筑师讨论、扩充，甚至质疑；于1953年和1956年召开的第九、第十次会议上，以史密森夫妇[②]和艾德·范艾克[③]为首的新一代中青年建筑师对《雅典宪章》和第一代现代主义大师们的观点，即对城市问题的功能主义进行了公开的批评，并提出了对城市的可识别性——归属感、场所感等问题的关注。“显然，年轻一代更关心的是城市的具体形态同社会心理学之间的关系。”[④]

在现代主义之后的众多反思思潮中，特别是对城市的形态类型方面进行关注的思想中，意大利建筑理论家阿尔多·罗西所提出的类似性城市思想，是较典型的代表。罗西在立场鲜明之余不忘兼顾的综合主张需要在此被强调——形态类型问题不是一个纯形式的问题，而是一个复杂的逻辑、原则方面的综合问题，这个逻辑或原则不光涉及空间、形态等直接设计对象，还包含了与之密切相关的地域文脉、历史记忆、生活模式等范畴。

在这样的范畴界定之下，同时为了与后文详解的类型学理论保持理论体系的一致性和连贯性，在此不妨将现代主义之后的这些相关反思思潮归纳为形态类型方面的思想。这与区域功能方面的思想具有较大的思辨对立性，但在现代主义自我修正和类型学等理论的兼顾表达后，两者也能体现出一定的相互包容性。两者共同建立了城市发展问题在设计层面的两大关注点，而政治经济方面的思想又对其进行了非设计层面的补充，三者共同形成了涵盖城市发展复杂问题的三大角度。

（2）人性的尺度与多元的关注

在形态类型方面的理论研究法中，城市问题被看作与人的

---

① 路易斯·康（1901—1974），美国现代建筑师，1971年获美国建筑师学会金质奖章，同年被评为美国文艺学院院士。代表设计作品是宾夕法尼亚大学理查德医学研究中心。

② 史密森夫妇，皮特·史密森（1923—2003）和艾莉森·史密森（1928—1993），著名建筑设计师，是“粗野主义”的主要代表人物，代表设计作品是英国诺福克郡的亨斯坦顿中学。

③ 阿尔多·范·艾克（1918—1999），荷兰结构主义建筑的创始人，代表作品是阿姆斯特丹市区孤儿院 Arskerk 牧师教堂，1990年获英国皇家金奖。

④ 罗小未. 外国近现代建筑史［M］. 北京：中国建筑工业出版社，2003.

立场更为一致的问题，这体现在维度、尺度等多个方面。相比功能主义从二维平面出发对城市进行主观的确定性描绘，形态类型方面思想的出发点更为全面，态度更为客观亲和。它把对城市空间和形态的关注建立在三维的视角下，而对历史信息的关注和城市动态发展的认可则增加了时间的维度。相比功能主义的机械尺度，对城市空间和形态的关注必然是建立在人的尺度层面上的，对空间尺度的适当关注是连接设计与人们实际生活的桥梁。

柯布西耶规划的昌迪加尔暴露了功能主义的问题，“这是一座为小汽车设计的城市，却建造于一个许多人尚未拥有自行车的国家中。”[①] 功能主义主导的城市规划方案是自上而下的上帝视角，主观而英雄主义地“将西方文化强加在一个古老的东方民族身上”[②]。过于理性以至有些冰冷的机械分区线条中，没有考虑过人的生活尺度和情感，也抓不住历史文脉和地域国情。

相比功能主义单一、明确、严格的功能分区法，形态类型方面的思想则会给城市区域更为多元的关注。形态空间、地域文脉、历史记忆、生活模式等方面的整体连续性都被给予很大程度的关注。这种综合化和多元化也正是目前城市发展的趋势。

从20世纪60年代以来的城市发展概况中可以明确地总结出以下几种倾向：①国土整治的重点从发展产业转向环境质量和生活质量，这体现了战后几十年来城市化和城市发展的现状及人民生活需求的提高；②为应对城市中心不堪重负的问题，各大城市开始了“多中心”的城市总体规划，这体现了关键城市节点激活新城市中心的重要意义；③土地使用与交通紧密结合、城市无严格功能分区，以及工作居住综合区的全面建设，都体现了城市区域综合化的倾向；④具有田园生态气息或个性吸引力的新区建设要求，体现了对城市生态、文脉、个性特征等的追求；⑤以《威尼斯宪章》[③] 为标志的，对古城和古建筑的积极保护利用风潮，体现了对功能主义消极历史态度的改变；⑥各大城市中心、广场、步行街和地下街市等城市中心环境的重点打造，体现了在

① Kenneth F. Modern Architecture: A Critical History [M]. 4ed. London: Thames and Hudson, 2007.

② 罗小未. 外国近现代建筑史 [M]. 北京：中国建筑工业出版社，2003.

③ 全称《保护文物建筑及历史地段的国际宪章》，于1964年5月31日在威尼斯通过。宪章肯定了历史文物建筑的重要价值和作用，将其作为人类的共同遗产和历史见证。

形态类型观念下，对人性尺度、环境品质、场所精神的理解，扩展了传统功能分区理论下的空间的概念。

总之，对形态类型方面的关注是众家思想对功能主义进行反思的一个共同倾向，其出发点在于对人的重视和对城市多元问题的理解。针对这个倾向，各派理论的立足点和侧重点有所不同，然而为了理论的简明性，本书以罗西类型学理论中有关类型的定义范畴来统领，将其总结为对形态类型方面的关注。

二、类似性城市思想

类似性城市思想是意大利建筑师兼理论家阿尔多·罗西于1966年在其著作《城市建筑学》(*The Architecture of the City*)中提出的。作为意大利新理性主义和类型学的重要人物，罗西将类型学思想运用于建筑与城市关系的研究中，提出了“城市建筑体”的概念。

“城市是本书的研究对象，它在此被理解为建筑”，罗西在开篇第一句中这样说道。罗西所说的城市建筑并非只指其物质性存在或者其给人们的视觉形象，而是包括了城市的历时性建设。在后文将要详细论述的类型学理论中，类型的范畴还包括与特定形式相对应的人类群体的生活模式和集体记忆。这些内容也都被纳入了罗西对城市建筑的理解之中。

在上文所对比讨论的城市发展问题的三大方面中，罗西是形态类型方面的代表。与新理性主义类型学阵营当中的其他理论家一样，罗西对其所称的“幼稚的功能主义”进行了批判。但他也反复在文中声明功能并非没有意义，而只是认为相比之下，“类型”中所具有的意义更接近建筑本身。罗西对政治经济方面的思想也较为关注，通过评述莫里斯·阿尔布瓦什(Motris Arbois)的观点，他探讨了在城市发展过程中政治和经济因素所起到的复杂作用，但更强调其自身存在独立性和局限性。综合来看，面对城市发展问题，罗西在兼顾讨论政治经济、区域功能等方面的同时，对城市建筑发展的独立性和自主性存在明显的倾向；而城市建筑体相对于政治经济和功能规划的自主性又是建立在其对历史、场所、生活模式等问题的密切联系之下的。

《城市建筑学》全书可以分为三大主要内容，首先论述了类型学与形态学思想下对城市建筑体的个性、艺术品质、集合属性、复杂性、经久性等特质的理解；摆明立场之后，对城市建筑体的结构进行了剖析，提出主要元素和区域的概念；最后综合讨论了城市生态学、心理学、经济学、政治学等问题对城市建筑体之个性及其演变的解释。由于城市发展中政治经济、区域功能、形态类型等方面的各家思想已在上文中进行了综合论述，因而在此将只重点讨论罗西《城市建筑学》中前两部分的内容。综合城市形态学理论与建筑类型学理论的类似性城市思想，是研究建筑类型与城市关系的重要桥梁。

1. 城市与建筑的同构性

（1）规模与尺度的消解

在《城市建筑学》中，罗西探讨了“规模”的问题。他认为人口、住房等城市问题并非是伴随着城市规模的扩大而产生的，这些问题自古有之。罗西引用恩格斯（Friedrich Engels）的论述“大城市使得社会机能的弊病更为尖锐（而这在乡村则是慢性的），这样便揭示了问题的真正实质和解决的办法”，[①]并以此来佐证自己对城市发展本身独立性和自主性的笃定。同对政治经济等元素的看法一样，罗西认为规模也只不过是对城市本身的自主发展趋势起到放大或影响的作用，并不会主动引发或是扭转这个趋势。规模上的变化会以某种方式改变一个城市建筑体，但却改变不了它的质量。美国地理学家拉特克利夫也认为将大城市问题简化为规模问题忽视了城市的实际结构及其演变状况。

因此，罗西提出，尽管城市和建筑存在规模与尺度上的巨大差异，但这并不是本质上的问题。只要能把规模和尺度进行消解，便会有助于我们将城市看作一个巨大的建筑体来理解分析。城市的生成原则、内在逻辑等问题都可以与建筑层面上的问题进行类比，继而将建筑与城市进行形态类型层面的直接勾连。这为理解城市与建筑的交互问题提供了全新的维度。

总之，对于规模和尺度问题的判定是罗西下一步能够实现城市与建筑类比的逻辑前提，而之所以能作出这个判定，也是基于他在类型学与形态学影响下对城市本身内在的自为发展原则与逻辑的笃定。

---

① ［意］阿尔多·罗西. 城市建筑学［M］. 黄士钧，译. 北京：中国建筑工业出版社，2006：155。

（2）城市建筑体的定义

罗西在《城市建筑学》中对“城市建筑体”的定义既是在描述一个客体，又是在描述一种自主的结构。同时，分别给出了两个解释。

其一，表明城市是一个巨型的人造物体，一种庞大而复杂且历时很长的工程和建筑作品，他曾形容其为“艺术品”。这从客观存在的物质形式层面对城市作出了解释，提出了城市与建筑的类比意图，并表明其具有人造性、复杂性、历时性等特征，以及其作为工程建筑体的物质存在本质。言下之意在于，城市与建筑仅有尺度等程度上的区别，而在某种角度的定义下没有本质的不同，因而可以进行类比。

其二，提出城市某些至关重要的方面即城市建筑体，其特征和城市本身一样，是由它们自身的历史和形式来决定的。这从内在结构与生成机制层面对城市和建筑共同作出了解释，是在类型学思想下表达的一个判定：建筑是基于历史文脉、场所因素、集体记忆和生活模式等因素而自主生成的，并且上升到城市层面时，这样的内在自主逻辑依然存在，城市与建筑都是借此主动决定自身发展的。

（3）城市是个大建筑

罗西将城市类比为一个“大建筑”，而同理认为建筑是个“小城市”。类比设计的思想是罗西的重要理念，他借此从类型学角度直接研究城市的发展态势。这样的思想与结构主义、分形学理论、微型城市理论等思想也存在诸多相通之处。以城市与建筑的同构性为基础，罗西构建了研究建筑类型与城市发展之间关系的桥梁。在研究会展建筑的过程中，本书亦可按照罗西的思想将其类比为一个“小城市”进行关系研究，它诚然与城市具有内在的同构性和密切联系。

2. 城市元素的组分及其关系

（1）时间的意义

罗西运用类比方法对主客体进行分析研究时，引用了一个重要的时间概念联系两者：主体（人）之于客体（城市建筑体）的过程。这个过程可以分为两个部分：一是营造过程，即人建造城市/建筑的生产过程；二是生长过程，即建成之后城市/建筑这个物质存在于时间中不断与人发生联系，不断发展更新的过程。这两个过程中都涉及段时间和点时间的双重概念。

段时间是指对人而言确定的某段时长，虽然不存在历史坐标的意义，但却可以承载人的活动，因而能够产生集体记忆、生活模式和场所精神。点时间指的是停顿于历史长轴中的特定时间节点，虽然不具有时长，却因其在历史长轴中特定的坐标信息而承载着时代的意义。

营造过程显性地具有段时间，其意义在西方已深入人心——中世纪的各大教堂营建时间动辄百年，建造和使用时间相互交叠渗透，由建造而产生的庆典活动等生活模式也被封存其中。由这些历时建造的建筑物所规定的城市发展，敞开了很多的可能性，包含了尚未开发的潜力。罗西还举出米兰人的例子，这个城市的居民至今都将自己的主教堂称为“穹顶的建造”。由此进一步讨论，营造过程的确还存在点时间的范畴：奠基（仪式）、材料、吊装（大型屋架）等无不在营造过程中给建筑烙下了点时间的印记。

生长过程的点时间更容易理解：营造完成后，人与城市建筑体正式开始发生交互联系，各种活动、记忆的发生，城市建筑体自身物质层面的变化，使得每一个点时间都承载着城市建筑体所具有的独特性（场所感、时代性等）。对此，罗西以雅典卫城、罗马广场的城市建筑体为例，指出它们至今还在凝固着各自辉煌的历史记忆。成长过程的段时间则与营造过程大不相同，它并非一段具有既定时长的段时间，而是指从过去到未来具有延展可能性的段时间。这个段时间也是城市建筑体自主自为生成，以及产生各种可能性的容器。例如北京、上海的中苏友好大厦，虽然其设计已不符合目前发展的需要，但仍能积极调整自身的“结构”去适应新的要求。

这样的概念界定意味着罗西将人参与其中的、城市建筑体从过去到未来的整个发展历程列为一个整体研究对象，其范畴包括对人类的集体无意识与生活模式、城市建筑体的场所因素和历史记忆，以及由它们所导向的更具体的形态类型和空间格局等问题的关注。所有这些，都建立在对时间的意义理解之上。

（2）主要元素与区域

在城市问题的研究理论当中，不同的思想派别曾使用各种层面的分类方法。区域功能理论对城市持有分区研究的思想，其与形态类型理论的差异在前文已提出。当时间的概念明晰后，罗西批判功能主义之城市分区的逻辑变得更容易理解。如果城市建筑物仅仅只有组织和分类的问题，就不存在连续性，也没有个性。类似性城市理论对时间意义下城市发展进程的“连续性”及其所包含的历史印记、场所记忆等所构成的“个性”，都给予了极大的关注。

社会地理学研究者简·特里卡尔致力于将城市的社会内容与城市所根植的地理形势结合起来进行研究。他按规模将城市分为街道、地区、城市三级尺度上的元素。通过对规模尺度消解的讨论，不难理解罗西为何反对这样的分类方法，因其会导致对城市建筑的整体有机联系的理解障碍。罗西还引用了启蒙运动中米利齐亚的观点，视城市为一种综合的结构，认为城市建筑体可以简化和归纳为类型实质，而类型实质在原型的构成中能起到作用。

罗西对城市进行分类研究时一直坚持时间上的历程连续性与空间上的结构整体性，这与现代主义之后众家反思思潮的大趋势是一致的。在这样的思想下，罗西将城市建筑体分为了“主要元素”和“区域”两大研究对象，并称它们为两大重要的城市建筑体。

罗西提出的“区域”在概念上与功能主义定义的区域显然有所不同，它应当是模糊的和无边界的，包括了历史印记、场所记忆、生活模式等类型学相关概念。罗西认为建筑类型学与城市形态学之间存在着某种具有揭示意义的双重关系，这种关系可以用来帮助我们理解城市建筑体的结构。从城市形态学的角度来看，研究区域包括所有具有形式和社会特征同质的城市地区。罗西认为这种“同质性”不是功能层面的，但也不是形式层面的，而应是类型层面的。拥有同质性的城市建筑体会共同体现一贯的生活方式。

居住区域是罗西研究的一个主要区域，这当然要与住宅的概念有所区分。单体住宅是没有“经久性”的，不能体现与城市建筑体层面恒定关联的类型个性（即场所因素，集体无意识方面的范畴），而整个住宅区作为一个“研究区域”时，则可以排除风格形式、寿命周期等问题，成为参与城市发展历程的一个研究对象。

罗西认为“区域”概念划分还不足以用来解释城市的形成与发展历程，继而划分了“主要元素”概念。他认为主要元素在城市发展过程中扮演了重要角色，并且等同于构成城市的主要建筑体。城市建筑体是一个自主性的构架，可以在时间中自为地生成。罗西将那些能在一定程度上对城市的自主发展趋势起到阻碍或推进作用的元素定义为“主要元素”。同时，肯定了主要元素在城市发展中的动力，并以米兰、罗马、巴黎等城市为例，论述了主要元素影响城市发展的历程。主要元素可以比作城市发展的催化剂，影响但并不决定城市发展的趋势。

他还特别提到，产生于区域和主要元素之间以及城市不同部分之间的张力，目前仍然是所有城市和城市美学的一个独有特征。

在运用类似性城市理论对城市与会展问题进行研究的过程中，会展应作为城市发展中的一个“主要元素”来分析，而与它互动的城市其他部分则可以用“区域”的概念来理解。

三、城市触媒理论

罗西1966年在他的著作《城市建筑学》中将“主要元素”比作城市发展的“催化剂”；而1989年，美国建筑师韦恩·奥图（Wayne Atton）和唐·洛干（Donn Logan）在他们的合著《美国都市建筑——城市设计的触媒》中，将“触媒”这个化学名词直接用作了他们理论的名字——城市触媒（Urban Catalysts）。触媒理论以城市中的重要节点为出发点，综合了政治经济、区域功能、空间形态、历史文脉、环境心理等诸多理论，对触媒点对周围的辐射作用进行专项研究。

1. 态度与立场的辨析

《美国都市建筑——城市设计的触媒》并不是像《城市建筑学》一样以建构完整的上层理论为目的，而是凝练（以欧洲为主的）世界各大理论流派之长，提出自己的概念（城市触媒），以期对（以美国为例的）本土城市设计提供切实有效的指导。作者在开篇第一章“都市设计理论，欧式风格”的第一段即摆明了自己的态度：“我们可以将20世纪欧洲的都市设计理论归纳为以下四种立场：功能主义、人文主义、系统主义与形式主义。在本书中与其试图去一一分析和找出这四种立场彼此的差异，倒不如对每种立场做一般性的讨论来得有意义。”[①]

① 韦恩·奥图，唐·洛干．美国都市建筑——城市设计的触媒［M］．王劭方，译．台北：创兴出版社，1994：14.

这样的态度对本书来说也是适宜的。为了能全面客观地对会展建筑所处的中国城市进行研究，的确需要在客观全面地论述与之相关的各派理论的基础上，取其价值体系相一致的部分加以综合运用；将研究重点放在设计理念层面，而非上层理论甚至主义的层面。

城市发展的诸多理论从不同学科、不同角度，对城市问题进行了全面系统的研究；而触媒理论将城市发展各方面的理论综合提炼，更具实践性和可操作性。

罗西提出的类似性城市理论，在新理性主义类型学的理论高度上，建立了城市发展与建筑类型之间的直接桥梁，是本书用以研究城市发展与会展建筑类型之间关系的整体理论架构的基础，内容上则偏重于对城市历史文脉和形态类型方面的研究，对政治经济和区域功能等方面则关注不足或存在争议；而触媒理论则更接近设计实践，全面吸收城市发展各方面的理论基础，建立了城市发展与关键建筑与其他业态的直接桥梁。

城市触媒点又被比作稳定器、助推器、城市引擎等，其定义与罗西的主要元素定义有相似之处。但罗西强调城市的自主生成过程，坚持主要元素只有催化剂的作用，并不能主导城市发展的方向。相比之下，触媒理论没有提及这样明确的思想。触媒理论的提出者没有像罗西那样坚持与现代主义或其他学说进行严格的理论思辨，而是在更接近实践的层面博采众长、专项突破。两者虽然在角度、广度、深度上有差异，但在对城市发展起到重要作用的重视和研究方面，都是一致的，它们从不同层面共同建构了本书的理论基础。

2. 城市触媒概念

城市触媒指的是能对城市发展产生重要动力的关键元素。韦恩·奥图和唐·洛干综合各家思想，将触媒分为非物质性触媒和物质性触媒两种。

（1）非物质性触媒

非物质性触媒指的是政治、经济、社会、文化等各方面的关键举措。如一项政令、一项投资、一项大事件、一派思潮等，都能对城市发展产生重要影响。罗西也曾将诸如“一项规划政策”这类非物质元素纳入他的“主要元素”定义中。

（2）物质性触媒

物质性触媒指的是于城市而言的一片重要区域、一幢重要建筑，诸如购物区、博物馆、开放空间，或是会展。值得一提的是，韦恩·奥图和唐·洛干声明城市规模与触媒作用无关，认为触媒理论同时适用于宏观城市到微观建筑等各个层面。这样的思想与罗西的“类似性城市”思想十分一致。

城市问题是一个多层面的复杂问题，城市的发展过程必然包含着非物质性和物质性触媒的综合作用。对此韦恩·奥图和唐·洛干从城市建筑学科的角度作出总结：虽然大都将触媒当成是经济性的（投资引起投资的）反应，但它也可能是社会的、法律的、政治的或建筑的反应。这种以一幢建筑物来影响其他建筑物进而领导城市设计的潜力是相当庞大的。

3. 触媒反应的特点

韦恩·奥图和唐·洛干认为，在城市中应有一系列有限的但可及的理想，彼此都能相互刺激，起协调作用，这就是城市触媒作用。城市触媒发挥其作用，与城市发生的相互塑造过程，就是触媒的反应。触媒反应的机制具有链式反应、逐级递减、保值转换、干涉叠加、策略控制等特点。

（1）链式反应

链式反应指城市触媒发挥效应的连环反应过程。城市触媒并非单一的最终产品，而是一个可以刺激与引导后续开发的元素，当触媒点被植入一片新的城市区域时，会由近及远地与周围的城市元素发生反应——它先影响并改变周围区域元素之间的反应，继而和周边元素形成一个新的整体，作为一个更大或更多的新触媒对更广的城市区域进行链式反应。

（2）逐级递减

逐级递减是链式反应中所呈现的总体趋势。随着反应的进行，触媒点对周围元素的影响力随距离的增加而逐级递减。每个触媒元素因其触媒效应的强弱不同而具有不同的辐射范围。

（3）保值转换

保值转换是针对触媒反应的微观层面作出的解释。正如催化剂在化学反应前后质量不变一样，在触媒反应过程中不需要消耗触媒，它仍然是可以辨认的。当触媒成为整体的一部分时，并不需牺牲它的自明性。韦恩·奥图和唐·洛干认为，触媒可提升现存都市元素的价值或做有利的转换，新元素不需摧毁或贬低旧元素，反而可以补救它们。

（4）干涉叠加

韦恩·奥图和唐·洛干借用光学原理对多个触媒反应之间的叠加效应进行描述，认为触媒机理与物理学中光波的干涉作用原理类似，即频率相同的两列波叠加，使某些区域的振动加强，某些区域的振动减弱。这里一方面提示触媒作用需要被谨慎地设计，以免触媒反应向相反的方向发生；另一方面则解释了应对逐级递减规律的策略，触媒会与其他区域元素，甚至其他触媒产生反应，增益性的干涉叠加可以导致整个触媒反应大系统的良性循环。

（5）策略控制

触媒反应的机制具有普遍性、可预测性和可控性，但没有单一的公式适用于所有的环境状况。因此为了保证触媒反应朝着正面的方向发生，设计者需要根据实际情况，仔细地考量、理解触媒元素及其反应机制，并对其进行策略性的设计。

4. 会展触媒效应

会展是城市发展中重要的触媒元素。对会展触媒效应的研究，可以从物质性的触媒即会展建筑和非物质性的触媒即会展业两个方面进行。

就会展建筑而言，作为城市中的大型公共建筑，对城市具有重大的触媒意义。首先，会展建筑形态本身具有地标性，是贯彻政府政策的重要载体，体现了城市未来的发展前景和方向[①]。具体体现为两方面，一是会展建筑曾作为政治意图的标杆，用以标榜国力的强盛或是特定的意识形态；二是会展建筑都能引发其周边土地开发价值的提升，具有重要的经济参考价值。其次，会展建筑的类型特点，具有发生综合公共活动的场所性，能辐射影响周边城市的形态类型。

就会展业而言，作为现代都市的重要业态，对城市也产生重要的触媒效应。首先，会展业具有对各类相关产业的带动作用，对城市发展具有重要的推动意义。这一点可以从会展业植入后周边产业的变化中看出，如房地产业不但会增长，其产业内容还会往会展配套方面转变，有的会成为会展活动的“馆外馆”，有的则转为酒店和会议租赁等业态。其次，会展活动还

① 罗秋菊，卢仕智．会展中心对城市房地产的触媒效应研究——以广州国际会展中心为例［J］．人文地理，2010，2（4）：45-49.

具有对大量人流的聚散效应。目前国内会展的开展和闭展时间人流量具有极大的差值，这样大量的人流效应对城市具有复杂的影响。

由此可见，会展业和会展建筑从政治经济、区域功能和形态类型方面对城市发展产生重要的触媒效应。对此效应的反应机制，可以分为中心扩散型和多点共振型两种。

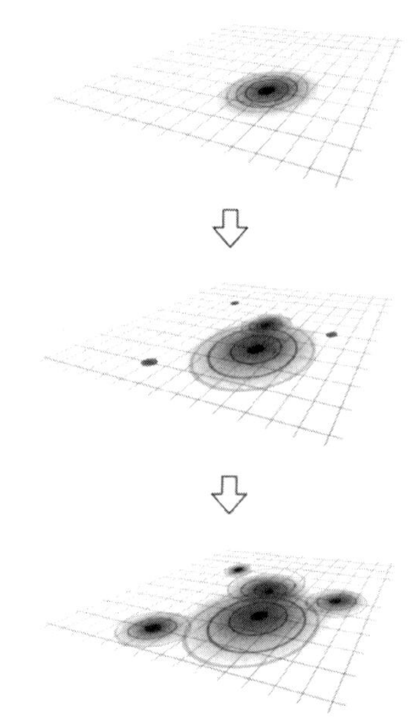

图 2–1　中心扩散型城市触媒示意图

（1）中心扩散型

中心扩散型是会展建筑和会展业作为城市触媒本身与其周边区域直接发生触媒反应的机制类型，如图 2–1 所示。会展作为城市触媒，一旦植入即会对物质性的城市建筑区域和非物质性的资金流、业态等产生影响。其影响力符合触媒机制的逐级递减规律，具体而言，受会展影响的城市地价、经济收益等都呈现距离会展越近价值越高的倾向。

如果会展周边产生了增益性的干涉叠加，就能使得整个链式反应更为良性，更为持续，辐射更广。具体而言，会展周边的公共配套设施可能因匹配会展本身的需求而与之组成一个新的大型城市综合体，作为一个新的触媒，对周边产生更大的带动作用。

中心扩散型是触媒反应的基本类型，也是会展与城市发生触媒反应的重要类型。尽管其可能因共振叠加而产生新的子触媒进一步反应，但就每一个触媒反应本身而言，都属于中心扩散型。

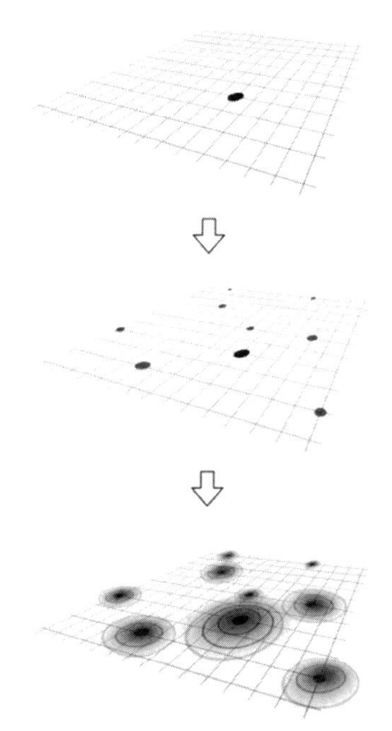

图 2–2　多点共振型城市触媒示意图

（2）多点共振型

多点共振型是会展等具有较强信息性能的城市触媒才能发生的特色反应机制。与中心扩散型不同，在当代扁平化的信息社会中，多点共振型触媒植入城市后，首先会在很大范围内进行即时的信息传播，城市乃至更大范围内的各元素区域几乎能同时接收到触媒信息，第一时间与触媒信息反应，产生跨空间的干涉叠加预判。相关的元素能直接发现这个共振增益的机会，城市乃至更大范围内将同步出现多个子触媒点，如图 2–2 所示。多个触媒点同时出现后遥相呼应，各自的触媒效应开始进行，由中心向周围扩散，当它们实际交汇之时，整个城市的良性触媒生态已然产生，进一步影响更大的范围。

具体而言，会展活动在一个城市区域内出现，甚至是即将出现的信息同步扩散后，其他各区域的相关产业和参观者都会马上作出反应，良性的共振增益使得整个城市得到发展动力。投资商将窥见城市发展的方向而制定投资策略，参展行业将得到激励而加强产品投入，这些反应都会在各地朝着相关联的产业方向汇聚并同步进行；游客将被展品甚至建筑本身吸引而从各地前来，沿线各地也都能分享人流；政府得到整体的税收利益又将促进片区的统筹开发。遍布各地的子触媒点产生后直接对其周边产生影响，最后交叉共振形成良性的整体触媒效应。

对于城市触媒效应，一个极好的例子是美国建筑师弗兰克·盖里设计的西班牙毕尔巴鄂古根海姆美术馆。毕尔巴鄂曾是西班牙北部巴斯克地区一个衰败的工业港口，20世纪90年代以古根海姆博物馆为代表的一批改造项目植入后，整个地区完全被激活，其中对游客的吸引是最直接的：巴斯克地区观光人数增长了28%，为巴斯克地区带来超过1.6亿美元经济收益；美术馆参观人数从最开始的26万人增加到每年100万人，并创造了开馆五年吸引550万人次的访客纪录，直接门票收入即占全市税收的4%，带动的旅游、住宿、服务、商业等相关收入则占到20%以上，这是业界从未有过的奇迹。[①]美术馆带来的不只是观光客，还有投资者。毕尔巴鄂古根海姆美术馆自对外开放以来，巴斯克地区的工业产品净值因此增长了五倍之多，为该地区累计了相当可观的经济效益，其中包括税收、工作机会与媒体传播效应等。

第二节　建筑类型理论构建

一、类型学理论概述

类型学思想虽可以看作一个设计理念，但从本质上来说是一种认知方法。前文所提到的对城市形态类型方面的关注，阿尔多·罗西的类似性城市理论等，可以说都是建立在建筑类型学思想的基石之上的。关于类型学的讨论在建筑层面比城市层面更加鲜明，然而人们对类型学的理解通常容易进入两个误

① 方振宁．一座建筑激活一座城市［J］．跨界，2010（5）：143-145．

区：其一，认为类型学是一种原样复制的守旧思想；其二，认为类型是一个主要关于形式的浅显范畴。本节将针对这两个主要问题进行辨析，并论述类型学思想在会展建筑上的应用方法。

1. 归类的思想

归类的思想自古有之，许慎《说文解字》：“类，种类相似唯犬为甚，从犬类声”；“型，铸器之法也，从土型声”。《易·乾文言》中亦有万物“各从其类”之说。很早以前人们就发现了用模具进行复制的生产方法，而由此产生的一模一样的产品也很自然地被人类进行归类认知，这种一模一样的情况可以用哲学术语中的普遍性来定义。随着认知升级，人类发现那些并不一模一样的事物中也会存在一定的普遍性，这就是类特征。

人们将自然科学领域的归类研究法称为分类学，而将人文社科领域的归类研究法称为类型学。分类学和类型学有着相似的思维模式，即依据特定的元素特征，建立具有排他性和概全性（诸元素或诸类之间互不交叉，而它们的集合却可能完整地表明一种更高一级的类属性）的元素集合，以便对纷繁复杂的现象进行归纳认知和演绎创造。但相比分类学对自然科学领域清晰明确的界定，类型学对人文社科领域的研究更为综合与模糊。分类学以单一明确的条件对元素进行实证的质性研究和量化研究，虽然具有简明、严谨的逻辑和广泛的初级适应性，但是在深入解决动态发展的复杂问题时，常常不能胜任甚至会产生误导[①]。类型学则可以在多维模糊的条件下对元素进行归类分析，其成果形式也相应为抽象的概念体系，通常难以量化和实证。在现代主义之后的大反思中讨论，也越来越认同城市建筑的问题为动态、多元、复杂的综合问题。建筑学上通常以功能、形式、结构、地域等进行归类分析，由此可见，建筑学中讨论的归类分析研究法应该是类型学的而不是分类学的。[②]

2. 类型的思辨

根据狄·莫洛（Tullio De Mauro）的考证，希腊语从史前文字中继承了“typto”这个词，意指打、击、标记。类型（Typology）一词，在希腊文中原意是指铸造用的模子、印记。在现代词汇中，与“type”有关的 typological、prototype、archetype、stereotype、

---

① 汪丽君. 建筑类型学［M］. 天津：天津大学出版社，2005.

② 汪丽君，舒平. 类型学建筑［M］. 天津：天津大学出版社，2004：2.

model、structure、genre、species、system 等词汇，都从侧面体现了类型的相关意思。在类型学的发展过程中，曾有三大思潮次第发生，即原型类型学、范型类型学、第三种类型学，它们之间的继承与批判，正是对类型本质的思辨过程。

（1）原型类型学

真正意义上的建筑类型学概念的提出是在18世纪法国启蒙运动时期，此时“自然科学积累了庞大数量实证的知识材料，以致在每一个研究领域中有系统地依据材料的内在联系，把这些材料加以整理成为必要”[①]。而建筑领域，劳吉埃尔（Laugier M A）在其著作《论建筑》中，提出了“原始茅舍”理论。

如图2-3所示，劳吉埃尔描述了一种最初的建筑形式：“他（初民）渴望着给自己建造一个住所来保护而不是埋葬自己……他选择了四根结实的树干，向上举起并安置在方形的四个角上，在其上放四根水平树枝，再在两边搭四根棍并使它们两两在顶端相交。他在这样形成的顶上铺上树叶遮风避雨，于是，有了房子。”[②]劳吉埃尔认为原始茅舍是如今所有建筑的原型，梁柱的搭接、水平的檐口、山墙与坡顶，一切都出于营建的需要而出现，这样的原型体现着最基本的完美性。

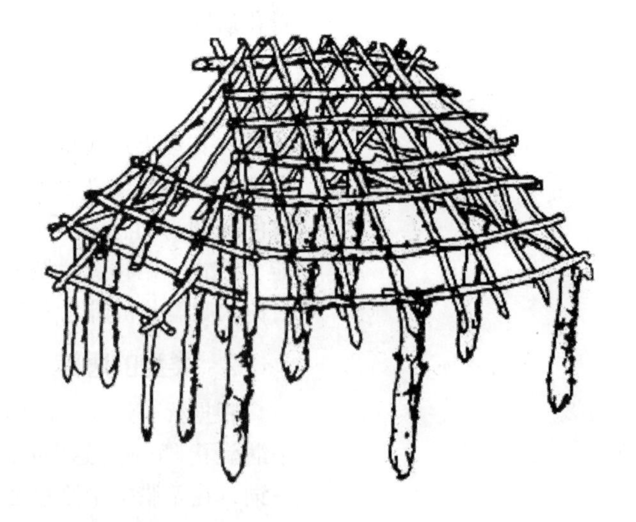

图2-3　劳吉埃尔描述的原始茅舍

（图片来源：汪丽君，《建筑类型学》）

① 中共中央马克思恩格斯列宁斯大林著作编译局．马克思恩格斯选集（第三卷）[M]．北京：人民出版社，1972：465.

② Laugier M A．A Essay on Architecture [M]．Los Angeles：Hennessey & Ingalls，1997.

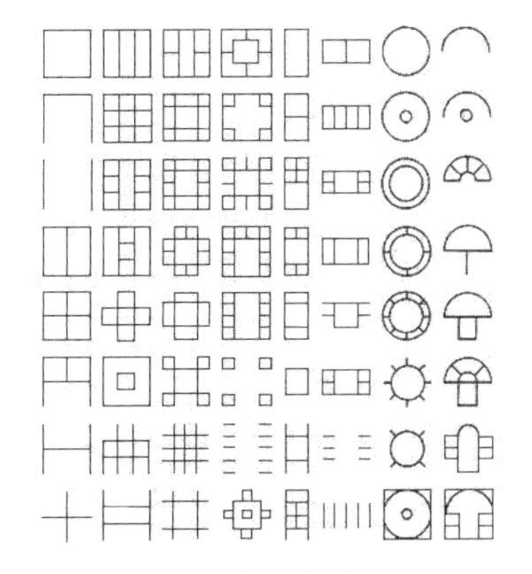
图2-4　72种建筑类型
（图片来源：汪丽君，《建筑类型学》）

其后，被誉为建筑类型学创立者的法国建筑师让·尼古拉斯·路易·迪朗（Jean-Nicolas-Louis Durand）在其著作《古代与现代诸相似建筑物的类型手册》中分析研究了各文明最重要的建筑物，并以轴线和网格为构成依据，将其总结为72种类型（见图2-4）。迪朗在其为巴黎理工大学编制的《建筑课程讲义》中，还提出建筑物是构成城市的元素，如同墙壁、柱子是构成建筑的元素一样。这一类型同构的思想与上文所提的罗西的类似性城市思想十分一致，可见类型学在建立之初就着眼于城市和建筑两大设计领域。

就其本质来说，原型类型学都是对自然界最原初形式的质朴追求，并意图从中找出足以概括衍生所有形式可能性的原型。此时的类型学与自然科学领域的分类学有雷同，即以明确单一的形式准则对建筑进行分类。

（2）范型类型学

19世纪末20世纪初，在第二次工业革命的历史背景和效率至上的时代背景下，产生了被德维勒称为第二种类型学的“范型类型学”。第二次工业革命给予人类足够改造自然界（第一自然）的力量，而两次世界大战的破坏又使得建造人工自然（第二自然）成为当时迫切的需求，范型类型学应运而生。原型类型学以第一自然为背景，而范型类型学以第二自然为背景。范型类型学打破了对原始人及其生活的偶像崇拜，敢于用纯净的几何形式作为第二自然的原型，并以此展开建筑的创作演绎。

边沁（Bentham）的“圆形监狱”理论就是范型类型学的典型代表（见图2-5）。这个范型不存在于第一自然当中，也不以形式的类似为准则来思考分类，而是在功能效率的准则下，求得一种存在于第二自然中的原初类型——这个最佳效率体在圆的几何属性中原初地存在——圆形监狱中，所有禁闭者在任何时间地点，都能在外侧窗明亮的阳光照射下，经由内侧窗被中心塔内的监视者清晰且单独地看到，他们却看不到监视者和自己的同伴。禁闭者失去了传统监狱下黑暗的保护和监视者的盲点与空隙，这样的建筑范型如同一部高效到极致的机器，即使监视者不在，也一样可以发挥全部的监视功能，对监狱建筑的设计而言，无疑是一个范例。

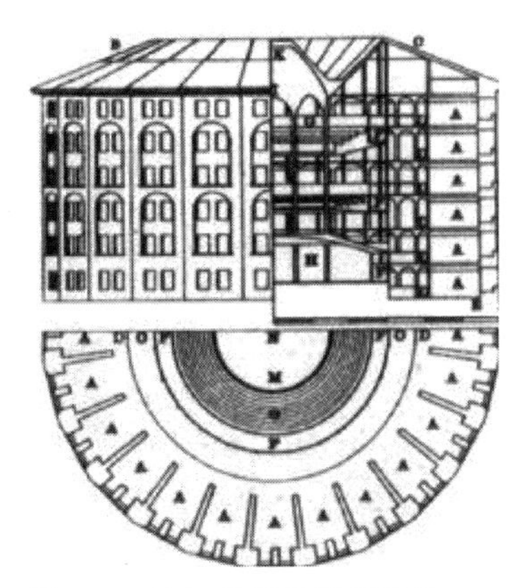
图2-5　边沁描述的圆形监狱
（图片来源：汪丽君，《建筑类型学》）

（3）第三种类型学

如今提到的类型学，即第三种类型学，指作为现代主义之后大反思中主力的新理性主义类型学思想。它与范型类型学之间的相对关系，同形态类型理论与区域功能理论之间的相对关系如出一辙。第三种类型学批判地吸收了原型类型学的历史态度和范型类型学的分析方法，将地域、历史、文脉、记忆等多种复杂元素综合纳入分类标准中，不再企图将建筑类比为自然生物或是人工机械，而是直面建筑本身。

伊格纳西·德索拉·莫拉莱斯（Ignasi de Sola-Morales）曾定义："建筑类型是可以对各时各地的所有建筑进行分类和描述的形式常数。"[①] 他也将其描述为一种建筑自身的构成逻辑，并且认为城市和城市中建筑的物质结构可以在整体分析中联系起来。

阿尔多·罗西是新理性主义类型学的代表人物，他不但重视城市与建筑的类型学联系，而且对于类型的范畴定义更为全面。他在《城市建筑学》中将类型的概念定义为某种经久和复杂的事物，某种先于形式且构成形式的逻辑原则……尽管它是预先决定的，但却与技术、功能、风格以及建筑物的集合特征和个性有着某种辩证的关系。

本书即以第三种类型学中的新理性主义类型学思想为基本方法论，来研究与城市层面有关的会展建筑类型问题。类型学的方法论将设计实践分为"类型提取"和"类型转译"两个步骤。类型提取，简单地说是对现存纷繁具体的建筑形式，按其内部主要元素的关联进行分类、归纳、提炼，从而得到简明抽象的生成逻辑，即提取类型的过程。类型转译，是以既定的类型作为指导，结合具体设计情况对新的素材进行类比衍生、演绎创新，再次生成各种可能的具体建筑设计的过程。在类型学方法论中，正是这两个看似循环往复，实则滚动前行的过程，推动着城市建筑的研究传承和创新发展。当然，需要再次强调的是，这个过程虽然显性地表现在形式与类型之间的穿梭进行，但其中是统筹兼顾了城市建筑中的多元因素的。

二、类型提取

类型学方法论的第一步"类型提取"是一个认知分析的过程。所谓的认知分析正是知觉和思维共同运作的过程。对设计领域认知分析的研究自20世纪70年代以来越发深入，这些研究成

---

① Ignasi de Sola-Morales. Ne-Rationalism and Figuration // Dr Andreas C Papadakis & Harriet Watson. New Classicism. London: Academy Group Ltd, 1990.

果为包括类型学在内的现代主义反思思潮提供了有力的支持。它们涉及心理学的领域，探讨了人们的综合感官如何接收到外界的信息，以及神经与大脑又是如何对这些信息进行加工处理的。

本书旨在引用类型学理论对会展建筑进行认知分析和设计指导，当代第三种类型学对城市建筑的历史文脉、场地因素、功能流线、活动模式等多方面都进行了统筹分析且轻重分明。因此，本节先分四点对类型的范畴进行归纳解析，再分四个步骤介绍了类型提取的操作方法。

1. 类型的范畴

本书根据以罗西为代表的新理性主义类型学观点，将类型的范畴概括为场所因素、活动模式、生成逻辑和其他因素四个方面，它们分别是类型的基础、核心、本质和兼顾范畴。

（1）场所因素

场所是某一特定地点与其中建筑物之间的某种关系。由此可见，场所因素至少包含两方面的内容：一是物质方面，场所是某个地点与坐落其中的城市建筑所共同组成的一个整体，其中也包括了地理景观等物质要素；二是非物质层面，场所因素是以人类的集体记忆为媒介，于某个地点上，具有发生性的一种精神气氛。

场所的物质意义与类型的生成逻辑直接关联，而场所的精神意义又与人的活动模式和群体记忆密切相关。因此，某个地点的场所因素，是该地点其他因素得以存在的基石。

在场所的物质层面，本书主要涉及对会展建筑选址问题的讨论。不同城市，不同区域，不同地形，各个层级的不同选址都会与坐落其中的会展建筑的不同类型相对应。在场所的精神层面，本书主要是对地域文脉和集体记忆进行探讨。因为作为城市的地标，其选址常常能直接体现城市发展的方向、政治选择的意图，甚至意识形态的宣扬。

（2）活动模式

罗西认为类型是一种活动模式与一种形式的结合。现象学理论大师诺伯格·舒尔茨也曾提出人栖居于类型之中。对人的关注是现代主义之后各领域大反思中最本质的态度，而类型学反复强调的类型并非单纯的形式，其最大论据也在于对人之活动模式的关注。类型学认为某种类型的产生与特定的活动模式直接对应：认为人的活动模式决定了其适合的建筑类型，这是类型学对历史、文脉、集体记忆等人本关注的体现；而又认为特定的建筑类型能引发其所对应的活动模式，这是类型学对场所精神的发生性、形式唤起功能及城市建筑本质意义等问题的解释。

人之活动模式是类型的其他因素得以具有意义的核心枢纽，其他因素都与之直接联系以构建整个类型系统。因人类集体无意识下感知、行为和记忆的存在，场址才具有氛围而成为场所，生成逻辑才具有意义而成为类型，功能、流线、形态、风格等其他因素才得以耦合发生。

因此，本书在以生成逻辑为标准对会展建筑类型进行提取之后，最重要的匹配分析范畴即其所对应之活动模式。人在会展建筑中的活动模式，一方面指各类专业人士组织、运营会展的活动，另一方面指各种人士观看、交流、体验会展的活动。不同人群在会展建筑中所发生的活动模式诚然有所区别，会展建筑发展过程中对不同人群活动模式的侧重也有所变化。

对活动模式进行分析的建筑学参数主要涉及会展业的运营模式、各类人群的组织流线、集散节点、平面布局、使用评价、氛围感知和行为倾向等。对个体人之活动模式的研究其实只能在行为心理学等领域深入，但是对人群集体的感知、行为、活动模式的研究在建筑学领域又是可行且关键的。建筑类型的其他因素，都是随人的活动模式改变而改变的，因此对这些范畴的分析，都应围绕人这个核心来进行。

（3）生成逻辑

罗西定义过，类型是某种先于形式且构成形式的逻辑原则，这个逻辑原则可以用一种抽象而模糊的几何图示表达。就本质而言，类型——这种“与特定活动模式相对应的形式”，这种“先于形式且构成形式的逻辑原则”——可以理解为一种生成逻辑。这种生成逻辑与其所对应之活动模式，是类型范畴中相对并重、相互影响的两大根本要素。

生成逻辑是本书研究会展建筑类型的分类准则，这个准则显性地体现为会展建筑之整体布局。以此为标准进行类型提取时，功能关系、空间关系和流线等是其中的重要参数。以此标准进行类型提取可以较为清晰地绘制类型图示，具有较强的直观性和可操作性，但不能因此而忽略非直观呈现的其他重要范畴。

于本书而言，生成逻辑主要是对会展建筑的总体布局、空间序列、会议和展厅组合关系、中央步道等公共区域的流线和空间内在联系等方面的讨论。这既涉及单个空间的尺度、品质，也涉及空间之间的序列节奏和渗透关系。一方面是以人为标准评价空间的硬件品质，另一方面又与空间类型所触发的集体记忆直至场所感密切相关。

（4）其他因素

罗西在反思现代主义之时，依然不断声明类型与技术、功能、风格以及建筑物的集合特征和个性有着某种辩证的关系。在建筑规模较小和处于初始阶段的设计研究中，功能分类法也被认为是清晰简明且合理可行的。对某个城市建筑体而言，以所呈现之生成逻辑作为标准提取类型后，再以所在地的场所因素为基石，以所对应之活动模式为核心对其进行多方面的研究，这其中就包括了形式和功能等其他兼顾的因素。

这些因素的提出对类型的范畴起到了充实完善的作用，但不是类型学研究的本质问题。具体而言，会展建筑的总体布局问题、空间序列问题、参观模式问题等，是本书对会展建筑类型研究的本质问题；而选址问题和与城市产生的相互关系问题等，是本书研究面向城市发展的会展建筑时需要解决的重要问题。总之，类型所兼顾的包括功能和形式等因素，在研究小规模建筑体时，以功能作为标准来进行分类会更为清晰有效；但在研究相对复杂或较大规模的建筑类型，特别是研究与城市层面的互动关系时，功能和形式等就只应当被统筹兼顾而不适合被当作主要因素进行研究。

2. 提取的步骤

针对本书以所呈现之生成逻辑为标准的类型提取方法，可以将提取的过程分为标准范畴的抽离、元素组织的提炼、抽象图示的生成、兼顾范畴的重置四大步骤。

第一步，标准范畴的抽离。指的是在确定以生成逻辑作为提取标准后，将其他配套范畴进行暂时的简化与删除，只保留生成逻辑这一标准范畴的过程。例如针对某会展建筑，需先将其表面材质、开窗开洞、标志符号等形式细节全部抹去，其所在场址环境、历史记忆、地域人文、功能流线等复杂问题也都暂时悬置不讨论，只得到一个纯净的体量模型。这个体量模型纯净到只含有生成逻辑这一标准范畴，以便进行元素组织的提炼。

第二步，是对元素组织的提炼。这一步实际上包括了对研究对象（所呈现之生成逻辑）进行元素类型和组织类型两大要素[①]提炼的过程，因研究对象的不同而有所不同。针对简单的集中式单体建筑，往往可以直接进行元素提炼；而针对复杂的组合建筑，则需要在元素提炼的分析基础上，提炼它们整体的组织关系。

元素提炼，指的是将体量模型中的各部分元素进行分类提取，以便分析类型范畴的过程。例如对某会展建筑的体量模型，可将其会议中心、标准展厅、登陆厅、中央步道、配套功能区块等进行分类提取，以便确定每个元素的类型学范畴。

组织提炼，指的是在理解各部分元素类型范畴的基础上，对元素之间的内在组织关系进行整体提炼的过程。例如对相对复杂的大型会展建筑，确定其展厅、中央步道或辅助配套等元素的类型后，还需要将它们之间的空间关系和组织结构视为一个系统性的研究对象，对其进行整体提取，才能正确分析其类型学范畴。

第三步，抽象图示的生成。这是完成元素组织的提炼后对其进行抽象分析和图示生成的过程，该图示即是类型提取的成果。这个过程主要运用的是规模简化和拓扑完形的方法。

关于简化和完形，两者被格式塔心理学称为人类知觉的两大重要倾向，是人们认知混沌而复杂的客观世界的基本方法。让·皮亚杰[②]认为世界万物的关系能根据类似性原则归纳为不同的模式，反映到人脑中形成不同的图示。

关于规模，类型学、分形学等结构主义的理论所提出的同构性都需要建立在规模消解的逻辑前提下。关于拓扑，拓扑几何对接近、分离、连续、闭合等关系的关注，完善了欧几里得几何仅仅对形状、尺度等问题的关注，共同成为形态类型研究的几何基础。因此抽象图示的生成方法可定义为规模简化和拓扑完形。

规模简化指的是在不改变组织关系的基础上，对数量、尺

---

① 美国建筑理论家、哈佛大学设计学院院长彼得·罗厄（Peter Rowe）曾将设计实践中的类型分为模型类型（building models types）、组织类型（organizational type）和元素类型（elements types）三种。对于第一种模型类型而言，指的是直接能作为类型的建筑模型，它们往往因其经典性和唯一性而没有经过抽象的类型提取，就直接以具体建筑模型的形式成为类型，例如雅典卫城、水晶宫等。对于后两种类型，才是以抽象生成逻辑图示的形式呈现的，才具有进行提取步骤讨论的必要。

② 让·皮亚杰（Jean Piaget，1896—1980），瑞士儿童心理学家、认知心理学家。

度等规模问题的消解。例如5个展厅排列或是7个展厅排列，每个展厅的大小，都不影响其“梳式布局”的组织类型，因此展厅的数量和尺度都可以在此被简化。拓扑完形则可以理解为利用某些特定的几何属性来对几何关系进行简化归纳。例如展厅呈三角形环绕的会展建筑，与展厅呈圆形环绕的会展建筑，在拓扑完形的理解下都是同一种，即展厅呈集中环绕态势的会展建筑类型。

第四步，兼顾范畴的重置。这指在得到类型提取的图示成果之后，将之前悬置删减的各项因素重新还原的过程。前三步对相关因素的悬置与删减是为了分类的明晰可行，而这一步则是为了确保所提取的类型范畴之完整性，贯彻罗西所说的类型与技术、功能、风格等之间的辩证关系，避免陷入对城市建筑体片面理解的误区。

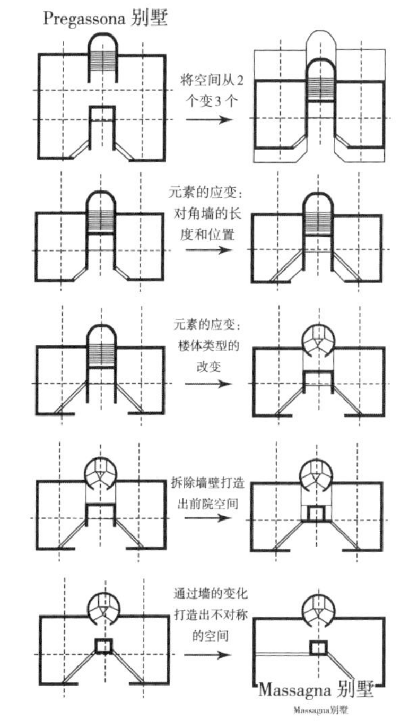

图2-6　类型转译示意图

（图片来源：汪丽君，《建筑类型学》）

三、类型转译

类型学方法论的第二步“类型转译”，是一个演绎设计的过程。这是指当某种类型被选择后，根据特定的现实条件，采取相应的设计手法，将类型再次变为具体建筑的过程。“类型仿佛是无形的骨架，将其置于一定历史的涵构环境中，给予血和肉（真实的环境组成因素）就会产生出类似于以往已有建筑而又绝不同于以往任何建筑，既保持了人们所需要的视觉连贯性，又取得了情感上一致的新建筑。”① 如图2-6所示。

阿甘（Argan G C）曾解释道：“如果，类型是还原过程（reductive process）的最终产品，那么其结果不能仅仅看作一种模式，而必须当作一个具有某种原理的内部结构。这种内部结构不仅包含所引出的全部形态表现，而且还包括从中导出的未来的形制。”② 由此可见，类型不但对既有城市建筑体具有提炼分类的意义，还对未来城市建筑体具有指导生发的意义。贯穿于这两种意义之中的，是类型共同的范畴和看似互逆实则滚动前行的方法步骤。

1. 场所活动的对比分析

类型转译的第一步，是将所选取之类型和当下设计条件中

① 汪丽君．建筑类型学［M］．天津：天津大学出版社，2005：204.

② 魏春雨．建筑类型学研究［J］．华中建筑，1900（2）：81-96.

的相关范畴进行对比分析。所在地的场所因素和所对应之活动模式，是设计前就存在的两大范畴，也是类型中最重要的两大匹配范畴。类型本质的产生与之密切相关，因此对其分析的准确性和全面性，是类型转译的前提。功能流线和其他因素则是转译时的补充和丰富。

将会展建筑类型的研究与城市发展问题密切联系起来，就是对场所因素重视的体现。在城市发展过程中，从宏观的城市层面，到中观的区域层面，再到微观的场地层面，会展建筑的场所因素一直在变化。因此对场所因素的对比分析实际上是分析场所现有条件，为在特定场所中植入所选类型而做的前期准备。

活动模式这个范畴则与场所因素有所不同，虽然二者都是当下设计条件中应当被分析的重要范畴，但是活动模式还直接存在于既定类型中。对城市发展的关注固然包括了对其所影响之活动模式的关注，但用类型学来研究会展建筑，本身就体现了对活动模式的关注。在所选取的既定类型中，直接能读出其所对应之活动模式，将其与当下人们的活动模式进行对比分析，是进行类型转译的重要前提。如果活动模式没有发生变化，则可以直接使用所选取的类型进行下一步转换；但如果活动模式发生了变化，甚至产生了新的活动模式，那么很可能先前所有的类型都需要进行调整，从而推演出新的类型来与之匹配。

2. 生成逻辑的转译完形

类型转译的第二步，是对类型的本质——生成逻辑进行转译完形。在完成了前期范畴的分析之后，需要将所呈现之生成逻辑这一本质范畴置入场所和人们的活动中，以便生成一个实际落地的城市建筑体。这个过程与类型提取中从元素组织提取到抽象图示生成的过程互逆，是将抽象类型图示进行规模赋值和拓扑变换，以重新得到某个具体的生成逻辑即纯体量模型的过程，即从类型到模型的过程。

就生成逻辑转译完形的方法而言，规模赋值与类型提取相对简化的过程，是指在确定组织元素类型的情况下，根据具体场所和活动条件，将具体规模量值赋给特定元素的过程。假设选择梳式布局的会展类型进行转译设计，则需要根据实际设计条件确定梳式排列的展厅尺度和数量等具体规模值，才能将抽象的“梳式布局”类型图示变为具体的体量模型。拓扑变化则是拓扑完形的互逆过程，是指利用特定的几何属性，将抽象普遍的拓扑关系具体化为明确的几何关系的过程。例如集中式的会展类型，可能被变现为具体的三角或椭圆形集中式模型。

在生成逻辑的转译完形过程中，另一个重要的问题是对条件差异的内化处理。之前所对比分析的场所及活动等设计条件，如果出现不一致，甚至新条件在原类型中没有体现的情况下，需要将这些条件差异内化入新的生成逻辑体量模型中进行弥合处理。换言之，这种情况下，需要在实践中综合完善已有类型，以构建新的概念模型。这个模型本身又可以作为一种新类型去指导以后的设计实践——创新型类型转译的成果，同时也成为彼得·罗厄所谓的"模型类型"的提取成果。

由此可见，生成逻辑的转译完形，实际上是从类型到模型的具体化过程。一般情况下，所得到的模型从属于所转译之类型，这体现了类型的抽象性和概括性；同一种类型可以在不同的场所活动条件下转译为多种不同的模型，这又体现了类型的原初性和生发性。特殊情况下，模型能直接作为新的类型出现，这体现了类型提取和类型转译之间的互逆关系和可相互转换性。正是类型的这些特性，使得类型学方法论对设计分析和实践活动都具有相当的指导作用。

3. 兼顾范畴的配套选取

类型转译的最后一步，是对类型的其他因素进行配套选取。一个模型能实际落地成为真正的城市建筑体，需要对类型学中处于兼顾地位的风格形式、材料肌理、构造细节、功能流线等多项范畴进行配套选取。同一个纯体量模型完全可以根据具体情况选择不同的配套范畴，而生成不同的城市建筑体。

总之，类型的范畴中兼顾了对形式功能等问题的讨论，类型转译也需要通过对这些兼顾范畴的配套选取来使类型真正成为实际的城市建筑体。

第三章

世界会展建筑的发展概述

本章掠影

展览业的活动模式可追溯到古代的商贸集市活动。随着经济的发展出现了商品展销会和后来的会展活动。不论是集市、商品展销会还是会展，都有一个共同的要求——需要参与者和展示货物能方便快捷地到达，所以它们无不选择定位在城市或交通便利的区位。因而不同时期不同的交通方式成了选址的决定性因素。

早期的集市设在城市中心的教堂广场上，是市民交流互动的一种生活方式。当商业交流扩大到城市与城市之间时，拥有码头、关隘或者地处交通要道上的城市就拥有了举办商品展会的优势。更大范围的商品交流要求有专门的商品展销场馆，展会顺应产生。

随着会展规模化、多元化、专业化的深入发展，展厅呈梳式布局更能满足各方面的要求。梳式布局解决了现代会展对功能、流线、组织、服务等方面的需求，其类型和变形成为当代大型会展中心规划首先考虑的因素。

会展业的专业化进程往往伴随着商品展销模式的升级。交通方式的进步也使会展中心与城市的联系越来越依赖地铁、城轨、高速路和航空港，会展规模的扩大和土地成本的升值，也使新的会展中心选址在城市边缘或更远的郊区，这些都将导致现代会展中心与城市的互动逐渐被弱化。为了使会展中心重新融入城市发展的动态体系当中，会展类型需要结合新的经济交易模式、提升展示的科技含量、增加与城市连接的交通方式、与城市发展轴线对接等，在新因素的刺激下，演进出新的会展类型。

第一节　世界会展业的发展

欧洲是现代会展业的发源地，1895 年世界上第一个样品展览会在德国莱比锡举办。经过一百多年的积累和发展，其会展实力已引领世界会展业风向，其专业性、国际性的展览会数量多、规模大、影响面广。随着社会发展和科技进步，会展业作为一种经济存在形式，其内容、功能和办展模式等各个方面都在不断演变和进化。德国、意大利、法国、英国都是世界级的会展大国，美国是会展业的后起之秀，就单一展览和展馆数量来说，都名列世界前茅。亚洲会展的规模和水平仅次于欧美，东亚的日本、中国香港地区，东南亚的新加坡和西亚的阿联酋，凭着较高的国际开放度、良好的地理区位优势、巨大的经济发展潜力、完善的基础设施和发达的服务产业，逐渐成为新兴的高水平会展城市或国家。

经济强国一般也是会展强国，会展业与经济有巨大互促作用。

中国现代会展业经历了从外引到内生的发展过程。对世界范围内特别是一些会展强国有关城市与会展发展案例的简析，可为国内城市与会展类型研究提供参考、借鉴和对比。

一、世界会展业发展历史采撷

为了商业交换的需要，贸易集市一般在城市中人口易于集中的地方产生。集市虽然不是现代会展的直接起源，但它是展销会最早的雏形，它表明了展销会从一开始就是社会经贸向市场化发展的产物[①]。展销会的产生，一要有商品交换的需要，二要方便人流集散，三要有足够的场地。在西方语境里，集市和展销会还有宗教意味和节日的含义。譬如德语中泛指商贸展览的词 Messe，就源于一种宗教活动 Mass（弥撒）。在商品展销活动中，宗教组织拥有特权，在商品交易中确保能获得利益。这反映了欧洲中世纪政教合一政治制度下的经济活动状况。这

① 周振宇．当代会展建筑发展趋势暨我国会展建筑发展探索［D］．上海：同济大学，2008：13.

图3-1 教堂外的集市

（图片来源：克莱门斯·库施，《会展建筑设计与建造手册》，卞秉义，译）

时候的商品展销会通常就在当地的核心地带教堂广场进行，教堂提供活动场地和商品仓库，政府提供活动的保障。图3-1所展示的就是教堂广场上热闹的集市。

欧洲中世纪的城市主要分为三种类型：要塞型、城堡型和商业交通型[①]。第三种类型的城市凭借其优越的地理位置，汇聚了大量的手工业者和商人，商品经济迅速发展，相应的展销会不断增加，这类城市很容易成为区域的展销中心。从整个欧洲来看，地理区位成为决定展销会是否成功和可持续的重要因素。法国东北部的圣丹尼省，俗称香槟地区，位于法、德的贸易线中心，历史悠久。公元710年，此地成功举办了一次大型的展销会，展销商超过700家。这次商业活动被认为是早期商品展销会的滥觞。此后每年举办数次，在12世纪达到顶峰。

随着欧洲经济活动中心的转移，展销中心亦发生了变化。德国地处欧洲的中心地带，许多城市都位于商贸流线的交汇点。如东部的莱比锡，它将莱茵地区与欧洲东部连接起来，同时还连通意大利北海。据记载，1190年在莱比锡首次举办了一届商品展销会，并且在1497年，德国皇帝马克西米利安一世还确定了莱比锡展会的皇家地位，在其周边地区禁止举办类似的展销会。于是，莱比锡成为欧洲商品展销会的重镇，直到1895年，举办世界上第一届商品样品展览会，成为现代展览业的发祥地[②]。

① 王建国．城市设计［M］．南京：东南大学出版社，2011：105.

② 周振宇．当代会展建筑发展趋势暨我国会展建筑发展探索［D］．上海：同济大学，2008：15.

在第一次工业革命之前，展会并没有固定的举办场所，展台也是临时搭建的，并在展会结束后拆除。即使在专门的市场区域，展示商品的建筑也都是半永久性的。在这种模式下，参观者与参展商之间的交流原始而自然，展会与城市的互动简单而直接。第二次工业革命之后，西方国家生产力迅速提高，商业活动也日益频繁，商品展销会越来越成为集展示、宣传创新科技和新产品于一身的场所，于是以国家为展示单位的博览会应运而生。首届世界博览会于1851年在伦敦举行，1857—1889年法国巴黎举行了3次世界博览会。世界博览会在这个时候达到了一个高峰。

随着商品经济的发展，社会分工越来越细，商品生产也越来越标准化和多样化。交通运输手段的多元化也为纯粹商品样品的展示会提供了基础条件。在第一次世界大战之前，德国已经发展成为欧洲会展业的中心，法兰克福、慕尼黑、柏林和科隆都建有大型的展览中心。与一个世纪之前相比，这个时候的展览中心已经呈现出很大的不同：不同的展览活动在专门的建筑里面进行，展览地点也摆脱了教堂的束缚，取而代之的是在与现代交通枢纽联系便捷的城市区位。

20世纪上半叶，经历了两次世界大战的欧洲，经济遭到极大的破坏，出现严重倒退，致使会展业受到冲击而停滞不前。随着战后欧洲经济逐步恢复并高速发展，会展业亦随之复苏。欧洲各国为了振兴本国经济，争相发展展览市场。以德国为例，随着法兰克福等地会展中心的恢复和壮大发展，德国逐步建立起全面均衡的展览业态结构，并最终奠定其在当代世界会展中心的鳌头地位。如今，世界著名国际性、专业性贸易展会约有2/3在德国定期举行，而世界十大展览公司中，有6间是德国公司[①]。与此同时，欧洲其他资本主义国家也大力发展会展业，会展业随着经济的起飞和政府的推动迅猛发展。多数欧洲国家本来就具有悠久的展览历史和丰富的展览经验，所以至今欧洲仍然是世界展览与会展业的中心。

美国早期展览业得益于与整体经济繁荣的欧洲的交流，其首个展览会在1765年于温索尔市举办，之后很长一段时间其展览业一直不温不火，直到二战后，美国的展览业才开始突破

---

① 周振宇. 当代会展建筑发展趋势暨我国会展建筑发展探索［D］. 上海：同济大学，2008.

表3-1 各国会展场馆面积及占比

国家	总面积/平方米	占世界总面积的百分比/%
美国	6 712 342	21
中国	4 755 102	15
德国	3 377 821	10
意大利	2 227 304	7
法国	2 094 554	6
西班牙	1 548 057	5
荷兰	960 530	3
巴西	701 882	2
英国	701 857	2
加拿大	684 175	2
俄罗斯	566 777	2
瑞士	500 570	2
比利时	448 265	1
土耳其	433 904	1
墨西哥	431 761	1

性发展。如今，美国与加拿大每年举办的世界性展会接近上万场。芝加哥、拉斯维加斯、新奥尔良、旧金山、波士顿、多伦多和温哥华等都是世界性的知名会展城市[①]。毋庸置疑，北美地区已发展为世界会展业的另一个核心地区。

与欧洲和北美国家相比，亚洲国家的现代展览业起步较晚。第二次世界大战后，亚洲地区受到北美资本输出的影响，商业经济迅速发展起来，展览业也随之蓬勃展开。经过二三十年的积累，日本、新加坡、阿联酋，以及中国的香港、澳门等也兴建了世界性的会展中心，逐步在世界展览业中占据一席之地。

表3-1 为各国会展场馆面积及占世界总面积的百分比情况。

二、世界会展业对会展建筑发展的促进作用

早期的集市为露天进行，无论是商品展示还是参观人群都会受到季节和气候的限制。随着商业活动的发展和升级，商人们对自己商品的推销有了进一步的要求，露天的、混杂性的大集市显然达不到商品展示和交流的更高标准（稳定的、长时间的展位），于是位于建筑内的商品展销会应运而生。为了追求更大的商品展示场地和容纳更多参观人流，展览建筑逐渐强化了对大空间的追求，而构筑室内大空间又是建筑材料和营造技术的前沿科技，代表着建筑的发展方向和潮流。一栋大型高端的展览建筑，往往反映了其所在城市的财力和技术成就，从而造就了19 世纪工业革命时期集中式展览会的形象（见图3-2）。

图3-2 早期集中式会展建筑形象（巴黎大皇宫）

（图片来源：Magnolia Box 官网 http://www.magnoliabox.com）

① 欧美展览会的历史渊源与特点［N］. 国际商报，2005-10-19.

商人参加商品展销会不仅是为了亲身感受新展示的商品，还要与同行讨论业务、交换信息。渐渐地，展销会不再局限于产品展示，还包括各种交流、会议活动，甚至开始提供额外的如酒店、饮食、休憩、娱乐等配套服务设施。于是，综合性的会展就出现了。随着会展规模的壮大以及对当地经济产生的巨大推动作用，发展会展事业成为当地政府发展经济的重要手段之一。

目前，会展中心已然成为各大城市促进商业交流活动、展示自我特质、推动城市经济发展和城市基础设施建设的重要城市要素。会展建筑与其他城市标志性建筑一起，共同展示城市的风貌，成为城市文化不可分割的组成部分。

第二节　世界会展建筑的发展脉络

一、早期的发展状况

会展的展览模式可追溯到古代的商贸集市，当时并没有专门的展览建筑，而是由临街建筑临时充当了这个角色。囿于当时的技术，建筑基本为1 ~ 2层的砖木混合结构，其中首层用于展示销售，第二层用于生活和储存。建筑的长边往往朝外，有时还搭建简易展棚以获得更多的展示面积。这时期的展示空间多为街道式的，而现代会展中展厅内的标准展位排列仍沿用了这种模式。如1176年在巴黎举办的圣日耳曼展会，如图3-3所示。

图3-3　圣日耳曼展会版画

（图片来源：克莱门斯·库施，《会展建筑设计与建造手册》，卞秉义，译）

中世纪的展销会多为临时场所，结束后拆除。在沙皇俄国，下诺夫哥罗德市的马卡里耶夫村庄是重要的零售市场，1807年一场大火将其大半摧毁，于是市政府决定对市场进行扩建升级，建成永久性的商品展销会场地。场地坐落在奥卡河一条支流的一座人造半岛上，展区有宽阔广场，展厅与中轴线平行排列，室内室外场地结合。近200个展馆，大小相同，彼此通过规则的网格连接。轴线的一端是一座大教堂，其中有8座建筑采用了钢缆网格制成的屋顶。展厅的观景塔是世界上第一个半壳双曲面体建筑，这样设计是为了用当时最经济、最新的科技手段来获得庞大的室内展览空间。另外，展区还包括一座纪念式展览建筑（见图3–4），两座行政大楼。这个展销会场地已经有了建筑群的规划模样，该扩建被视为之后分散式会展建筑设计的先驱。

图3–4　下诺夫哥罗德展会的主要建筑

（图片来源：克莱门斯·库施《会展建筑设计与建造手册》，卞秉义，译）

19世纪中叶以前，传统展会的目的是销售，但随着交通、通信技术的进步以及批量生产的普及，展会的主要目的已从产品销售转为产品宣传，现场销售已经退为其次。这时以展示为主要目的的世界博览会应运而生，在19世纪中叶以后越来越蓬勃兴旺。

这一时期博览会并没有定期举行，举办地点也经常更换，但是由于展会已成为展示举办地点技术力量、经济地位的窗口，所以展览建筑都强调宏伟壮丽这一特征。建筑与展品一样，本身也成为最新科技与艺术发展的风向标。第二次工业革命之后，伴随着钢筋混凝土和钢结构等现代意义上的建筑材料和技术的诞生，使得建造巨大的展览空间成为可能。1851年，著名的水晶宫展馆在伦敦首届世界博览会上大放异彩，图3–5所示为伦敦水晶宫立面图和平面图。

为了方便民众参加，水晶宫被设置在伦敦的海德公园展馆，由擅长建造温室的建筑师约瑟夫·帕克斯顿设计。水晶宫总宽124.4米，总长564米，总高达56.3米（1851英尺）。它的空间特点是中央有一条高33米的走廊，作为两侧共75 000平方米展览空间的交通枢纽。整座建筑采用了铁、木、玻璃三种材料。1850年8月动工，1851年5月1日竣工，建筑全部装配完毕前后不到9个月，堪称建造史上的奇迹。伦敦世博会结束后，水晶宫被移至伦敦南部的西汉姆。1854年6月10日在英女王维多利亚主持下，作为娱乐中心再次开放。1936年11月30日，因火灾被焚毁。

图3–5 伦敦水晶宫立面图和平面图

（图片来源：克莱门斯·库施，《会展建筑设计与建造手册》，卞秉义，译）

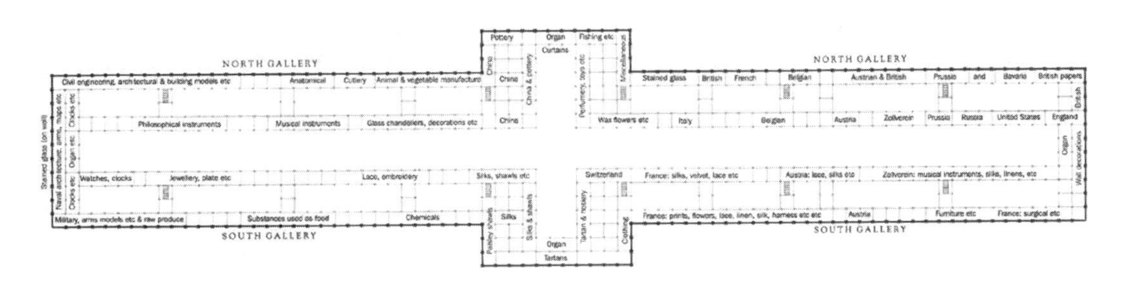

（a）二层平面图

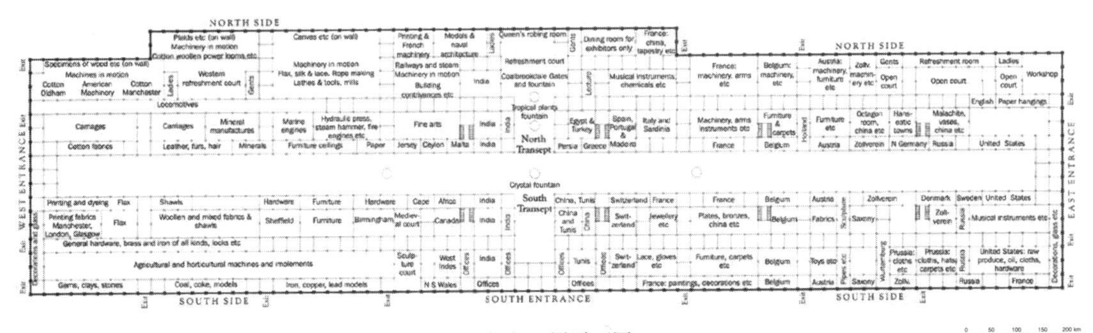

（b）一层平面图

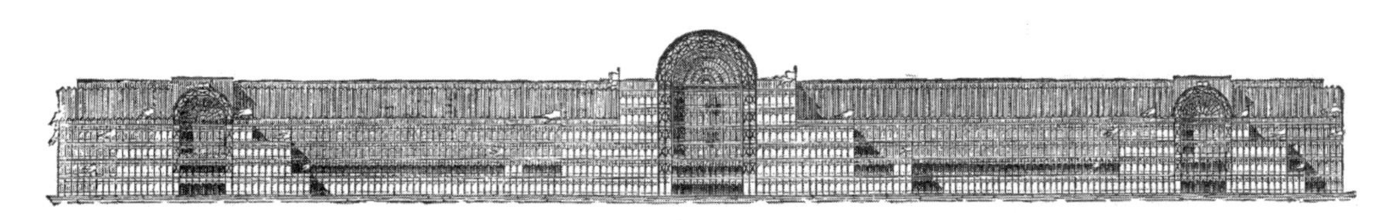

（c）立面图

作为博览中心，水晶宫里所有展品都安排在一个巨大的空间下展出，并没有专门的分类，整个展场就像是在传统的露天集市上盖了一个巨大的玻璃屋（见图3-6a）。水晶宫展示了第二次工业革命时期的各种机器，包括开槽机、钻孔机、拉线机、纺织机、抽水机等，让民众欣喜地感受到科技新世界的到来。最与众不同的地方是其建造材料和施工方法，由于施工中采用了预制部件，因此安装组建快捷简单；没有石头建筑雕刻装饰的纯玻璃体的外貌显得干净利落、晶莹剔透，体现了工业革命下新时代的审美取向。本来水晶宫只是世博会的展示场馆，却成为当届世博会最成功的展品（见图3-6b）。该建筑的建成不仅是建筑现代主义潮流的标志性事件，而且成为后续集中式展览建筑规划设计的参照对象，具有深远的历史意义。

（a）室内场景

（b）全景图

图3-6　伦敦水晶宫

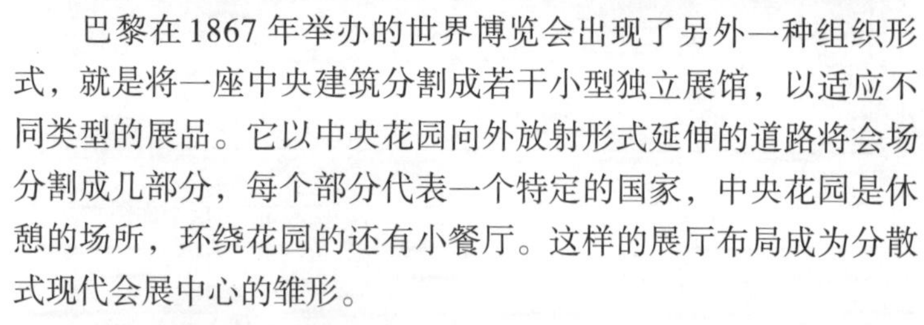

巴黎在1867年举办的世界博览会出现了另外一种组织形式，就是将一座中央建筑分割成若干小型独立展馆，以适应不同类型的展品。它以中央花园向外放射形式延伸的道路将会场分割成几部分，每个部分代表一个特定的国家，中央花园是休憩的场所，环绕花园的还有小餐厅。这样的展厅布局成为分散式现代会展中心的雏形。

图3-7　普拉特博览会展馆鸟瞰图

（图片来源：Library and Archives Canada）

1873年，为了挽回普奥战争失败后的国家形象，奥地利政府在维也纳的普拉特公园举办了一届世界博览会。普拉特公园是维也纳的城市中心公园，位于风光秀丽的多瑙河边，面积达233万平方米（见图3-7）。这届世博会共有35个国家、4万多个参展商应邀参加，有725万人次参观了此次维也纳世博会。作为欧洲的音乐之都，博览会期间，公园内每天都举办音乐会，不仅吸引了大量民众，奥地利皇室成员也在此举行聚会活动。

维也纳的世博会设机械馆、艺术馆、农业馆和工业馆，展示了直流发动机、电动机和汽油机汽车等新科技产品。其主建筑群——工业宫，面积达7万平方米。展厅第一次采用了类梳式布局，中央与圆顶大厅相连，展厅沿着900米长的东西轴线梳式排列，两侧留有宽25米的主廊，主廊与长145米、宽15米的侧廊相交。侧廊之间有多个宽45米、长75米的庭院，所有建筑均建设坡屋顶，观众入口处建造了凯旋门和不同历史风格的大门。工业宫建筑开创了世博会历史中建造大型联体展览建筑物的先例。展厅这样的安排具有相当的灵活性，不同的展厅展示了不同国家的展品，其开放式的庭院点缀分布在室外，也可作为室外布展之用；轴线的两端分别设有入口，主入口直通中央大厅；车站位于会场北面，仓储分别在会场的东西两侧，会场都有交通通道与两者连接。这样的布局不仅具有很高的导向识别性，易于参观人群出入，而且有专门的货物出入口，运输布置换展与人流互不干扰。这样的类梳式布局，在后来的发展中演进成一种主要的会展建筑类型，并成为会展中心规划布置的模式与参考。

中央圆形大厅，顶高83米，直径约110米，是当时世界上最大的圆顶大厅建筑（见图3-8），远远超出罗马圣·皮耶尔大教堂的48米圆顶和伦敦圣保罗大教堂37米的穹顶尺寸。金

图3-8　普拉特博览会的中央圆形大厅

（图片来源：克莱门斯·库施，《会展建筑设计与建造手册》，卞秉义，译）

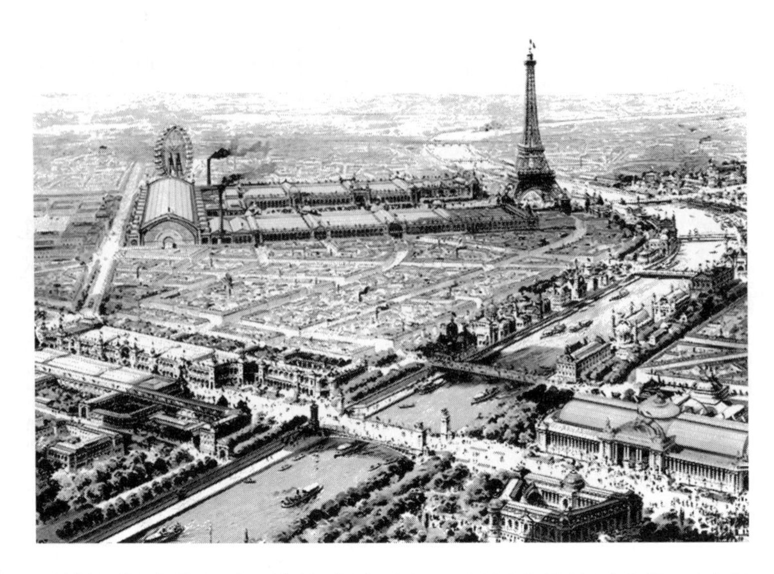

（a）展馆全景图

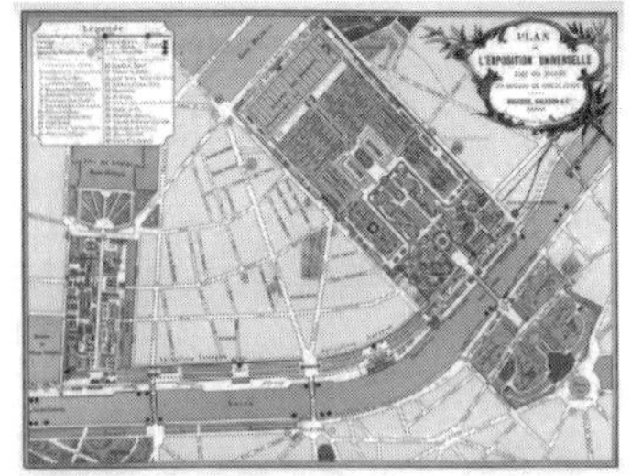

（b）展馆平面图

（c）机械馆

图3-9　1889年巴黎世博会展馆

（图片来源：Magnolia Box官网 http://www.Magnoliabox.com）

属结构的圆形大厅，其锥形屋顶由32根粗大的柱子支撑，圆顶之上有一个直径为28米的穹隆塔顶，再上面是一个直径为7米的小型穹隆灯塔，最高处是奥地利皇冠的巨大复制品，由皇冠珠宝的仿制品装饰。中央圆形大厅在1937年毁于一场大火。

为了举办这次世博会，奥地利政府对多瑙河和维也纳城市进行了大规模的改造和建设，至今仍是世界城市改造成功的典范。此后，博览会都会选择在城市公园内举行，一方面是因为城市公园有充足的场地，另一方面也是为了方便民众参与。

1889年，为了庆祝法国大革命100周年，法国在巴黎举办了第三届世界博览会，会期是1889年5月5日至10月31日，有35个国家参加，3200万多人次参观，展馆总占地面积96000平方米，如图3-9a所示。此次展会建筑中就有至今仍蜚声中外的埃菲尔铁塔，展览场地沿着矗立着埃菲尔铁塔的轴线扩展（见图3-9b）。展览会上展出了梅德赛斯汽车、爱迪生发明的白炽灯和留声机等一批影响后世的产品（见图3-9c）。但是由于埃菲尔铁塔的形象深入人心，光芒掩盖了展会的其他划时代新科技产品。展会结束后铁塔被永久地保留下来，成为巴黎乃至于整个法国的象征。

从会展展厅的规划布局来讲，巴黎世博会展厅沿着城市轴线布置，与城市的关系更加直接和开放，对如何解决大型会展与城市的矛盾提供了一个成功的案例。

这一时期除了维也纳世博会，其他展会的展馆多数属于单一大型建筑，都是独栋和临时性的，展会结束后，展馆会被拆除或者异址重建。展品的展示并没有特别的分类，还是传统集市的展示模式。

进入20世纪后，随着经济和商贸的繁荣，展馆的临时性已经不合时宜，展览中心逐步发展成为固定的实体。20世纪早期的大型会展中心均集中在德国。

1901年，德国莱比锡新会展中心在城市的边缘地块上落成，新会展中心与铁路直接相连，展厅规模较大且采用单层无柱的形式，是现代会展展厅的雏形。莱比锡新会展中心是建立在固定地点的永久性会展建筑，它标志着新型的现代化会展中心的开始（见图3-10）。从1895年举办第一个世界样品展览会至今，莱比锡在现代会展业中始终占据着重要的一席。

1909年法兰克福会展中心落成第一座现代化展厅，在此后一百年间，会馆不断扩建；1928年柏林会展中心计划建设成为一个巨大的革新性项目，但由于第二次世界大战爆发，规划并没有如期实施，最后变成了一个有不同建筑风格的大杂烩。

反观第一次世界大战之前会展建筑的发展，是从传统的砖木建筑发展成以钢和玻璃为主要材料的现代化建筑。展馆建筑原本只是一个供商品展示、销售的平台，后来发展成为与展出的展品一样令人赞叹、夺人耳目的艺术品。另外，由于展示需要庞大的室内空间，因而会展中心的建筑都追求宏伟壮丽，这正好配合了当时新材料和新技术的发展潮流。一些典型展览建筑和构筑物，如水晶宫和巴黎铁塔，成为新建筑思潮的标志性建筑。

图3-10　莱比锡早期的展览馆

（图片来源：周振宇，《当代会展建筑发展趋势暨我国会展建筑发展探索》）

从会展建筑的平面布置来看，梳式布局渐渐成为一种新类型，其布局方式的灵活性及交通流线的合理性更能适应不同展览类型和规模的展销会，这对此后现代会展中心设计生产了重大影响。受传统的马车和步行交通方式的限制，第二次工业革命之前的展场大都位于城市中心地带。但随着展场面积越来越大，展览性质从临时性向固定性转变，位于城市中心的展场越来越受到制约。伴随着机械化交通工具的蓬勃发展，展场的选址开始向城市边缘转移。郊区的新展馆在宽松的条件下逐步发展成为现代的无柱、大跨度的单层式建筑空间。

二、第二次世界大战后欧洲会展业发展状况

两次世界大战之后，欧洲经济慢慢恢复过来，会展也迎来第二次发展浪潮。战后的会展中心可以分为两种情况：一种是原来已经存在的，经过扩建最终发展成现在的规模；第二种是根据城市总体发展规划择地新建。与其经济地位相匹配，会展的发展在战后主要集中在德国、意大利、英国等国家，而德国始终位居会展发展的领先地位。

1. 德国

1947 年开始建设的慕尼黑会展中心虽然规模不大，但规划却是经过精心设计的（见图3–11）。其规划包括位于中轴线两侧的模块化展厅；展厅侧边建有可供汽车出入的庭院，兼用于在举办活动时开展搭建和拆卸工作；展厅安装了窗户以引入自然光，改变了此前展厅都是“黑盒子”的模式。

图3–11　慕尼黑会展中心

（图片来源：慕尼黑会展中心官网 https://www.Messe-Muenchen.de/en/）

慕尼黑会展中心规划布局被应用于斯图加特会展中心的设计。其展厅固定为10000平方米大小的模式化单元，展厅之间夹着庭院，用于展品的运输、调整和拆卸。开展时，它既可以作临时运输、堆场使用，也可以用作参观者休憩、饮食的场地，亦可以作为服务人员的临时休息场地。自斯图加特会展中心之后，这样的规划模式和展厅模块几乎被所有新建的会展中心采用。

2. 意大利

伦佐·皮亚诺 (Renzo Piano) 于1980 年设计的米兰会展中心率先采用了双梳式布局，这成为后来会展中心设计争相模仿的布局模式。2005 年，福克萨斯（Uksas）设计的米兰新国际展

览中心（RHO FIERA）（见图3-12）就沿用了双梳式布局。米兰新国际展览中心总面积达40.5万平方米，其中室内展览面积34.5万平方米，室外展览面积6万平方米。展览中心共有8个大型展馆（见图3-13），被分为20个展区，每个展区都有接待、餐饮、会议等配套设施，都可以独立举办展览会。双梳式布局完美地解决了现代会展中心所承载的复杂功能的分布安排问题。它的主要特点是展厅模块化，参观者和参展商拥有各自的路径，独立展厅位于主轴线两侧，其间有服务庭院，车辆可以进入卸货。这样的规划模式拥有以下优点：

① 通过模块化的展厅组合，不同类型和规模的展览活动可以同时举行；

② 展厅独立，互不干扰；

③ 展厅与服务配套设施灵活配合，展览空间更具吸引力；

④ 交通导向性明确且便捷合理，中央步道功能丰富、空间舒适；

⑤ 参观与运货交通分流，互不交叉；

图3-12 米兰新国际展览中心

（图片来源：克莱门斯·库施，《会展建筑设计与建造手册》，卞秉义，译）

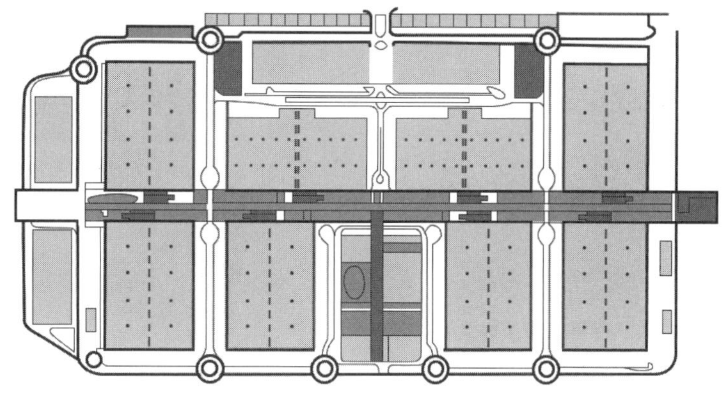

图3-13 米兰新国际展览中心展厅布置平面图

⑥ 展厅双向布置，总平面利用率高；

⑦ 展厅之间的庭院可作为卸货、休息和餐饮的配套服务区。

对于现代会展中心来说，双梳式布局体现了其需求的绝佳应对策略，模块化的处理体现了布展的灵活性，交通的分流又大大提高了参观和货运的便捷程度，可以说，这是一种现代会展经过长期演进而形成的新类型。此后，双梳式布局类型及其变形被广泛采用于新建的大型会展中心。在意大利，除了米兰之外，还有罗马、博洛尼亚及里米尼会展中心（见图3–14）都是采用双梳式布局。这样的布局已成为会展中心的典型模式。

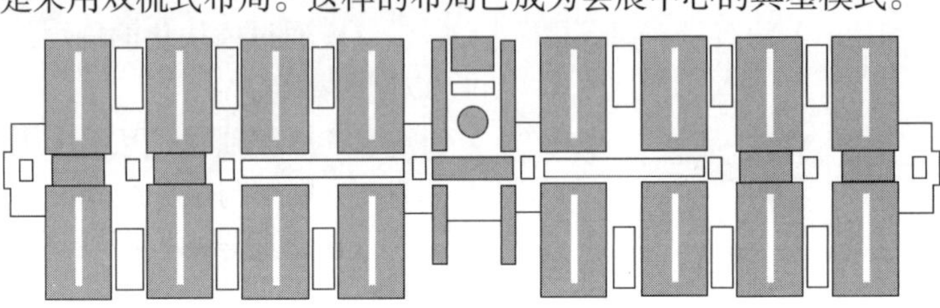

图3–14　里米尼会展中心展厅布置平面图

（图片来源：克莱门斯·库施，《会展建筑设计与建造手册》，卞秉义，译）

3. 英国

老牌的资本主义国家英国在21世纪初期拥有两座展览空间超过10万平方米的会展中心，分别是伦敦的Excel国际会展中心和伯明翰的国家会展中心（National Exhibition Centre，NEC）。NEC与主城区相距较远，但交通便利，是欧洲唯一同时靠近国际机场和火车站的展览中心。它被称作“展览村”（见图3–15），占地面积2.54平方千米，拥有4家酒店、1个人工湖、21 000个停车位。每年在此举办的会展超过180场，

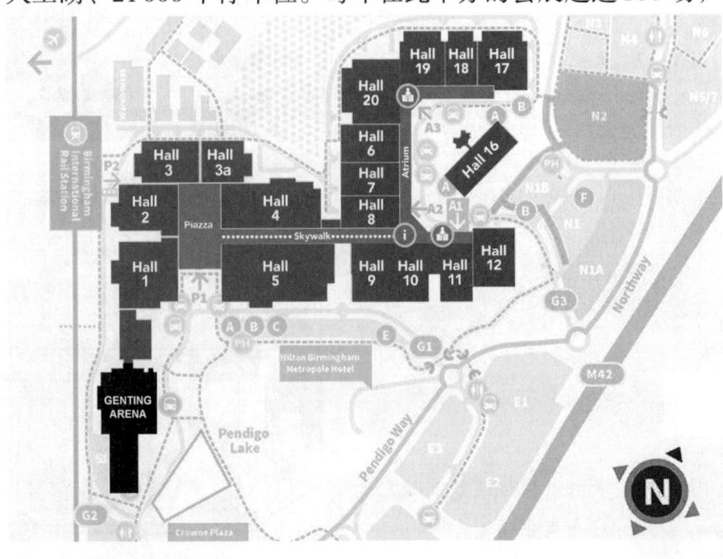

图3–15　伯明翰国家会展中心展厅平面图

吸引了超过4万家参展公司和300万名参观者。目前，NEC举办的展会60%是交易展，40%是公共展；另外，不定期举行大小会议和文体娱乐活动。整个展区一共有21个相邻的展示厅，提供20万平方米的展览面积，单个展厅面积以5000平方米和10 000平方米为主。展览厅由中间一条主要的交通通道串联起来，各展厅之间可分可合，能够举办各种类型和规模的展览。在夏季和秋季会展高峰期，可以实现多个展览会同时举行。

伯明翰作为逐渐没落的老工业城市，曾经是英国工业革命的摇篮，重工业十分发达，这也导致城市污染严重。但其铁路、公路、国际机场、水路运输纵横交错，四通八达，拥有发展会展事业的优越条件。NEC运营后很快成为欧洲最繁忙的会展中心之一，成功使伯明翰由工矿业城市向新型商务旅游城市转变，为城市树立了崭新的国际形象。

4. 俄罗斯

从下诺夫哥罗德会展开始，举办会展已经成为俄罗斯的一项传统。目前，莫斯科有3个大型会展中心，其中两个超过了10万平方米，分别是克洛库斯展览中心（Crocus Expo International Exhibition Centre）和全俄展览中心（All-Russian Exhibition Centre）。全俄展览中心于1939年建成开幕，二战前是全苏农业展览馆，1958年5月28日，农业、工业和科技等方面的展览综合于此，改称为国民经济成果展览馆，1992年6月23日又更名为全俄展览中心，逐渐发展成为现代化会展中心（见图3-16）。它位于莫斯科公园内，占地面积2 386 000平方米，有68个展馆，其中实际用作展览场地的有十几个，是俄罗斯最早最大的展览中心。内有250多座雄伟秀丽的各式建筑作为展厅，独立分散在公园里。很多外国公司和俄罗斯本国的企业都在这里举办展销活动。展馆建筑具有独特的社会主义风格，带有浓厚的时代烙印。

图3-16　全俄展览中心主馆正面

三、欧洲以外的会展中心发展情况

第二次世界大战后，经济的全球化倾向和发达国家资本的外溢效应，令会展中心在欧洲以外的北美地区和其他地域蓬勃发展起来。

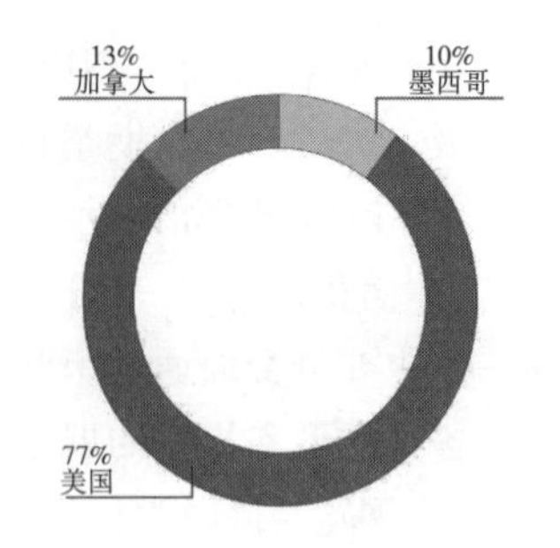

图3-17 北美地区超大型会展中心分布情况

（图片来源：Carri Jesen，TSX-ConvCenter）

1. 北美地区

以美国为主的北美会展业发展态势良好。《北美超大型会展中心》调查报告称，在北美展厅面积超过32 500平方米的超大型会展中心有52家，一共提供约3 560 000平方米的展览（厅）面积，占整个北美地区会展中心的17%。这些超大型会展中心有40家在美国，7家在加拿大，5家在墨西哥。其中，美国就占近77%（见图3-17）。

尽管这些超大型会展中心已经体量巨大，但依然没有停止继续扩充的脚步，有至少12家在2016—2020年间都有扩展和改建的项目。例如，曼德勒湾度假村（Mandalay Bay Resort & Casino）新增约10 270平方米。位于圣安东尼市的亨利·B·冈萨雷斯会议中心（The Henry B. Gonzalez Convention Center）在2016年初也新增了6 950平方米，使其展览面积达到了47 800平方米，同时还增加了会议厅、宴会厅及分会场。会展中心呈现出 “大者更大”的趋势。

在美国，校园式（社区式）会展中心也得到了快速发展。当前一些大型会展中心正在研究在人的步行范围内，将会展中心与相关配套设施整合起来的方案。例如，芝加哥、圣地亚哥和拉斯维加斯等城市已经着手将会展中心发展成具有校园特征的社区综合体。美国最大会展中心——芝加哥麦考密克会展中心，位于麦考密克（McCormick）地区，早在2013年启动了一项耗资6亿美元的McCormick娱乐社区计划，并通过人行桥打通西岸和会展中心的联系。

麦考密克会展中心于1955年建成（见图3-18）。该会展

图3-18 麦考密克会展中心外景

（图片来源：Brochure官网http：//www.Mccormick.it/us/brochure）

地理位置优越，是北美洲水陆交通枢纽，原是农产品期货交易中心。随着展览业务的剧增，新扩建的北展馆于1986年建成使用。新展馆由SOM事务所设计，这次扩建完成后，麦考密克会展中心成为当时全美最大的会议展览建筑。麦考密克广场距离芝加哥市中心仅数分钟车程，每年吸引近300万游客前往参观。如今，麦考密克会议展览中心建筑面积约20万平方米，由四栋主要建筑构成，分别是北展馆、南展馆、西展馆和湖滨中心。北展馆的面积约60000平方米，设有29个会议室，并有服务区和配套设施。南展馆的面积约80000平方米，其中会议厅面积接近16000平方米。湖滨中心有70000多平方米。其他便利设施包括礼品店、按摩室、保险室、残疾人服务设施、参观者信息中心等。餐饮服务设施，如酒吧、咖啡厅及餐馆遍布整个麦考密克会展中心，具体功能分区如图3-19所示。

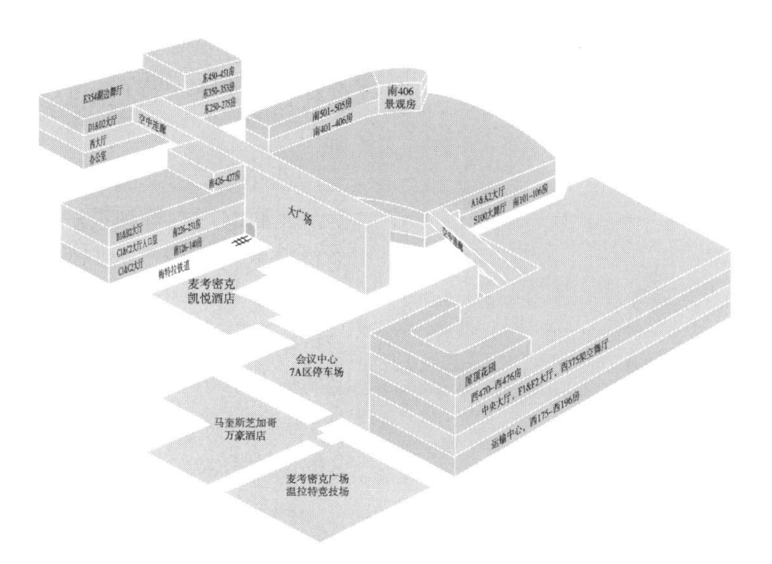

图3-19 麦考密克会展中心功能分区图

与此同时，拉斯维加斯展现出更为宏大的决心，将会展中心整合成全球商业区，打造一个与城市中心和商业街为一体的会展综合体，并将其命名为“拉斯维加斯会展中心街区”。拉斯维加斯金沙会展中心于1990年建成并投入使用，当时是世界第二大会展中心。金沙会展中心与周边毗邻的威尼斯人酒店、广场酒店及赌场共同由拉斯维加斯金沙集团所有和经营。2008年，金沙会展中心扩建，一座很长的人行天桥将原展馆与新建展馆相连。

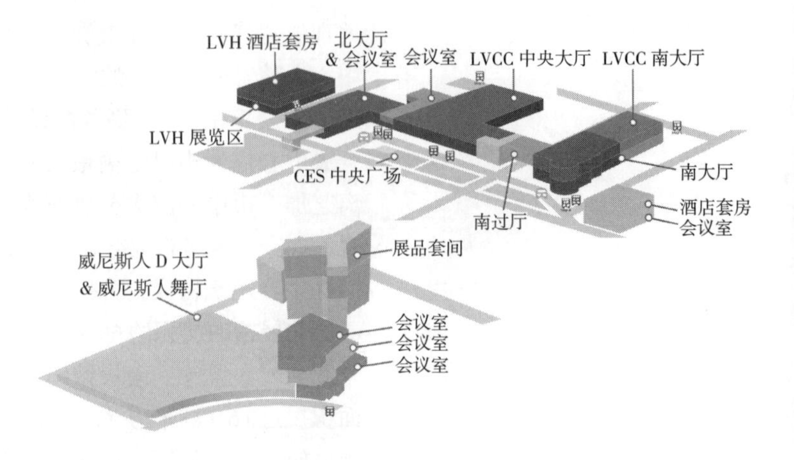

图 3-20 拉斯维加斯金沙会展中心功能分布图

拉斯维加斯金沙会展中心是目前世界上最先进的多功能展览场馆之一。其拥有30万平方米的展览大厅，超过121 239平方米的展览面积，可容纳10万人以上。144个会议厅的面积超过22 500平方米。多功能性使中心可以随意调整场地以适应多种会展需求，这使中心成为综合型会展建筑的代表（见图3-20）。

近年来，在许多大型会展中心的扩建和改建中，绿色可持续发展的理念得到进一步的落实，如无纸化的展览方式、展览材料的再利用、太阳能光伏电板的广泛使用等。2015年，底特律的Cobo会展中心从绿色会议工业协会（Green Meeting Industry Council）获得了APEX认证书，其在绿色可持续发展上所做的努力获得了肯定和表彰。麦考密克会展中心则达到了ASTM国际标准的一级认证，它还使用风能发电解决会展大部分的电能需求。

纽约贾维茨会展中心（见图3-21）沿哈德逊河而建，跨6个城市街区，拥有78000平方米的灵活展览空间，可随时举办任何规模的活动，每年有40000家公司选择它作为宣传展览场地，是美国最繁忙的会展中心之一。它于2008年翻新改造为绿色的会展中心，绿化屋面、节能幕墙、天窗系统都是按绿色建筑的标准建造，新的机械系统改善了室内空气质量，降低了环境噪声，并显著降低了能源消耗。美国这些大型会展中心的绿色可持续发展措施也展示了今后会展中心发展不可或缺的环节。

图 3-21 纽约贾维茨会展中心

（图片来源：Jacob. Javitas Convention Center Expansion Project）

2. 亚洲

亚洲会展业起步较迟，但后来居上。新加坡会展中心（见

（a）会展中心鸟瞰

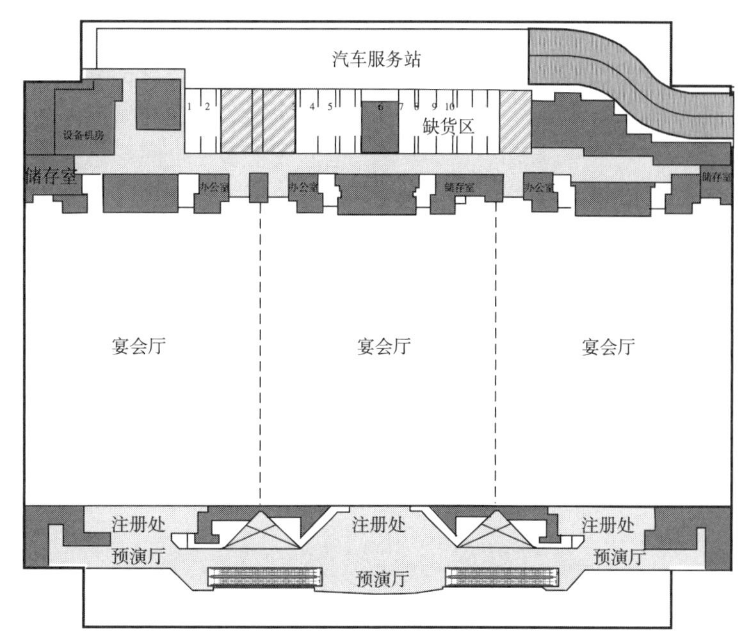

（b）会展中心展厅布置

图3-22　新加坡会展中心

（图片来源：新加坡新达会展中心官网 http://www.sunttec singapore.com）

图3-22）建于1999年，位于新加坡城市CBD滨海区，周边遍布甲级写字楼、高档酒店、大型商业中心。从会展中心到樟宜机场只需20多分钟的车程，而距离地铁站只需步行5分钟。新加坡会展中心地处新加坡城市商务中心区，用地受到明显的限制，所以中心为独立的大型综合体，展厅由外侧交通通道紧凑地串联起来。这种展厅的布局模式对我国位于城区中心的会展建设，也有很大的借鉴作用。

经济发达的日本，其会展业发展水平也处于世界前列，在东京、大阪等大都市，都建有大型会展中心。东京就拥有东京国际会展中心（Tokyo Big Sight）（见图3-23）和幕张国际会展中心，其建设与管理运营水平在国际上均处于先进地位。东京国际会展中心作为日本最大的国际性会展中心，位于东京都江东区，于1996年竣工并投入使用，许多重要的展览会与贸易展均在此举行。东京国际会展中心对东京乃至日本会展业具有重要的意义，作为一个与东京都市空间融合在一起的新时代综合性会展建筑，它通过将建筑中的会议功能布置在高层空间，结合特别的建筑造型成为城市的标志性建筑，同时腾出了会展综合体中的“庆典性广场空间”与都市生活环境相结合并作为

图3-23　东京国际会展中心外景

城市开放共享空间。展厅空间和会议空间的联系是通过巨大的扶梯将2楼展厅与6楼会展中心直接连通。广场平台上多种展览性功能空间也与城市生活结合起来作为城市设施开放，同时也形成了多种空间形态，配合广场上多样的景点，成为城市中独有的标志性景观，创作出富有时代性的城市标志性空间环境（见图3–24）。

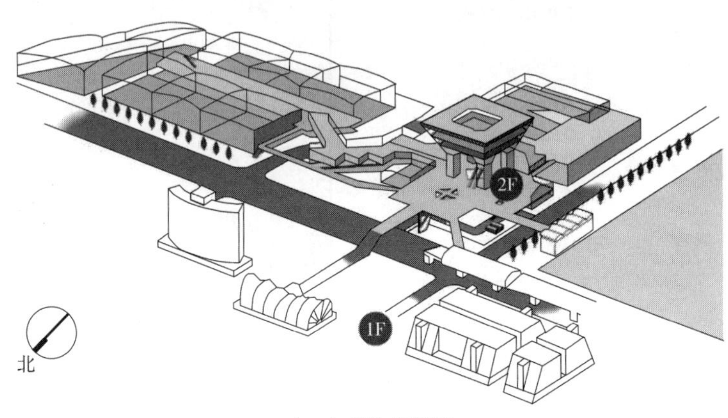

（a）总体布局图

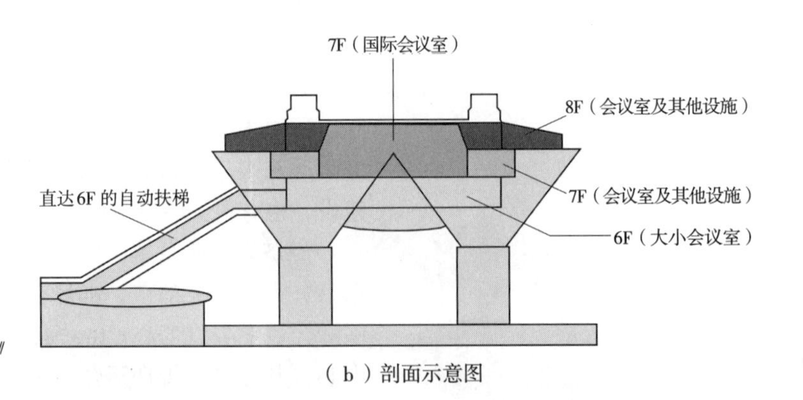

（b）剖面示意图

图3–24　东京国际会展中心
（图片来源：Tokyo Big Sight 官网 http://www.bigsight.jp/Chinese）

第三节　会展建筑与城市的互动

展会开展时，大量人流从城市向展会汇入，展览过程就如同展会与城市的互动过程。早期的欧洲集市和展览会活动通常在当地人流易于集中的教堂广场举行，一是宗教活动可以定时聚集大量的人群；二是当时教堂往往位于该市镇的中心，交通便利；三是教堂可以提供较大的活动广场。随着经济贸易逐渐向市场化发展，展销会不断扩大，区域之间的经贸活动也随之加强。据记载，莱比锡于1190年举办了首届商品展览会，到1895年成功举办了第一届商品样品展销会，成为现代展览业的发轫。这个时期的展会并没有固定展场，所选位置一般在城市交通方便的区域或公园内，展览建筑或是临时搭建或是半永久性的。展览会场与城市之间的交流原始而自然，互动简单而直接。

首届世界博览会于1851年在伦敦海德公园举行，直到1889年巴黎再次举办世博会之前，博览会都会选择在城市公园内举办，一方面城市公园可提供充足的场地，另一方面方便市民参与。这个时期的博览建筑，除了维也纳世博会，均为集中式的、临时性的大型建筑。展会结束后，展馆被拆除或异地重建。1889年巴黎第一次把世博会的布置融入城市轴线的规划中，展馆沿着城市轴线两侧布置，成为城市的一部分，埃菲尔铁塔矗立在轴线上，永久地成为城市的标志。这种博览会与城市的融入性关系成为大型会展与城市互动的良好范例，展览建筑被当作城市来设计，具有了城市设计的属性。2010年上海世博会和1889年巴黎世博会的规划布置就有着异曲同工之妙。

20世纪后，随着经济和商贸的繁荣，展览中心逐步发展成为固定的、长期的展览场所。机械化交通方式的发展也为场馆选址在用地宽裕的城市新区提供了条件。如1901年德国莱比锡新会展中心在城市边缘落成，铁路和会展中心直接相连。表3-2是德国主要的会展中心与城市中心的距离数据，显示了会展中心向城市新区转移的趋向，这种变化也对我国建设会展中心的选址有一定的参考和借鉴意义。

表3–2　德国展览建筑与市中心距离

地点与城市的关系	所在城市	距市中心距离/千米
城市中心	法兰克福	1
	科隆	2
	斯图加特	3
	杜塞尔多夫	4
城市近郊、城市远郊	汉诺威	6
	柏林	7
	莱比锡	7
	慕尼黑	11

随着展览专业化的提高和交通方式现代化的发展，无论是位于城市中心还是城市近郊的会展中心，与城市的连接都逐渐以机械化交通方式为主，凭票、凭证参观也逐渐取代了以往展会不在永久性场馆开展时参观者可以随意进入的方式。固定的展馆有固定的展出时间，参观者必须在安排好的时间内进入展会。相比以前的展销活动，这种模式使城市与展会的互动逐渐减少。

会展建筑与城市互动还体现在会展建筑对城市面貌的提升，如英国伯明翰作为逐渐没落的老工业城市，通过对伯明翰国家会展中心的运营，成功由工矿业城市向新型商务旅游城市转变，树立了崭新的国际形象。苏联的全俄展览中心，其展馆建筑具有独特的社会主义风格，带有浓厚的时代烙印，这种风格对我国20世纪50年代的展览馆建设产生了直接、深刻的影响。

进入21世纪，商品交易的模式加入了互联网因素，传统层层分销的商业模式被冲击，会展中心的展销模式同样需要升级，会展中心与城市的关系在展期是热点、闭展时冷落的机械式互动方式已不合时宜。在开放式交易的潮流推动下，会展建筑也应该演进出新的类型，以迎合新时代的需要。

第四章

中国会展建筑的发展与类型梳理（2000年前）

本章掠影

当“市”作为城市统治阶层交易货物的场所时，仅仅是城市中一个独特封闭的区域。随着社会的进步，商品交易行为逐渐进入百姓的生活中，“市”就分布在城市中市民容易聚集的地点。当市场被纳入到城市管理体系时，其又回归到一种与城市空间相对隔离的状态。

晚清开始出现脱胎于普通集市的商品展销会，这也是我国会展业的初步形态。民国时期是发展阶段，受西方资本主义国家的影响和我国国情的制约，展销会采用传统集市的分散式的组织方式，多选择在城市公园里举办。展销会与城市空间以这样的方式结合是会展演变过程中的一种独特的类型模式，这一时期它们之间的互动也最为直接和密切。

在中华人民共和国成立初期，展览馆主要承担展示宣传功能。闭展期，展馆与城市生活分离，几乎是独立于城市之外的一个场所。同时，由于受苏联的影响和政治宣传的需要，展馆展厅较小且采用套嵌模式，这种展馆无法解决展厅之间的灵活组合和人流等问题，与同时期欧美的会展布局相比，可看作是一种倒退。改革开放后，受活跃经济活动的带动和西方现代主义设计思潮的影响，我国展馆设计开始变得灵活，在用地条件宽松的情况下采用分散式布局，在用地条件苛刻的情况下采用串联式布局，以功能主义为出发点的设计思想得到普及。

第一节　展览模式的原型——古代集市

据考证，我国古代的集市萌芽于原始社会后期，形成于商周。史籍中很早就有了关于集市的记载："神农氏作，斫木为耜，揉木为耒，耒耜之利，以教天下，盖取诸益……日中为市，致天下之民，聚天下之货，交易而退，各得其所。"[①] 从以上文字可知，在原始社会，当人们在固定的时间和固定的地点进行货物交换的时候，"市"就产生了，于是与"市"相关的人的行为模式原型也随即产生。在原始市场中，以货易货作为交易的模式，交易双方面对面，各取所需，此时并没有商人这一中间阶层。当货物交换规模和范围越来越大时，专门从事货物交换的商人阶层开始出现。相应地，货物交换的平台——市场也有新的变化，并且随着社会经济的发展，一步一步地演进。

一、中国古代市场的历史演变

商朝是中国古代商业兴旺的时期。商朝被周朝取代后，很多朝官转为经营贸易，因为是前朝臣子，被称为"商人"。在当时，交易集市就已经很普遍。据《太平御览》记载："殷君善治宫室，大者百里，中有九市。"《诗经》描绘："商邑翼翼，四方之极。赫赫厥声，濯濯厥灵。"可见当时城市中市场分布很多，而且很热闹，充满了交易双方讨价还价的声音。

西周，"市"成为王城的组成部分。据《周礼·考工记》描述："左祖右社，前朝后市，市朝一夫。"这说明市场在王城里的位置固定下来，设在王宫的后面，主要为王室贵族服务，交易品种主要是牲畜、兵器、珍宝和奴隶。

秦汉是大一统国家，市场制度也统一起来，从汉朝开始，城市开始实行"里坊制"（百姓居住的地方称为"里"，1"里"大约260步见方）。北魏时期，出现了"坊"的称呼。商品交易的地方则称为"市"或"肆"。经营同一类商品的市叫作"肆"，把相同的商品排列成行，称为"列肆"，一行

---

① 摘自《易经·卜辞下》。

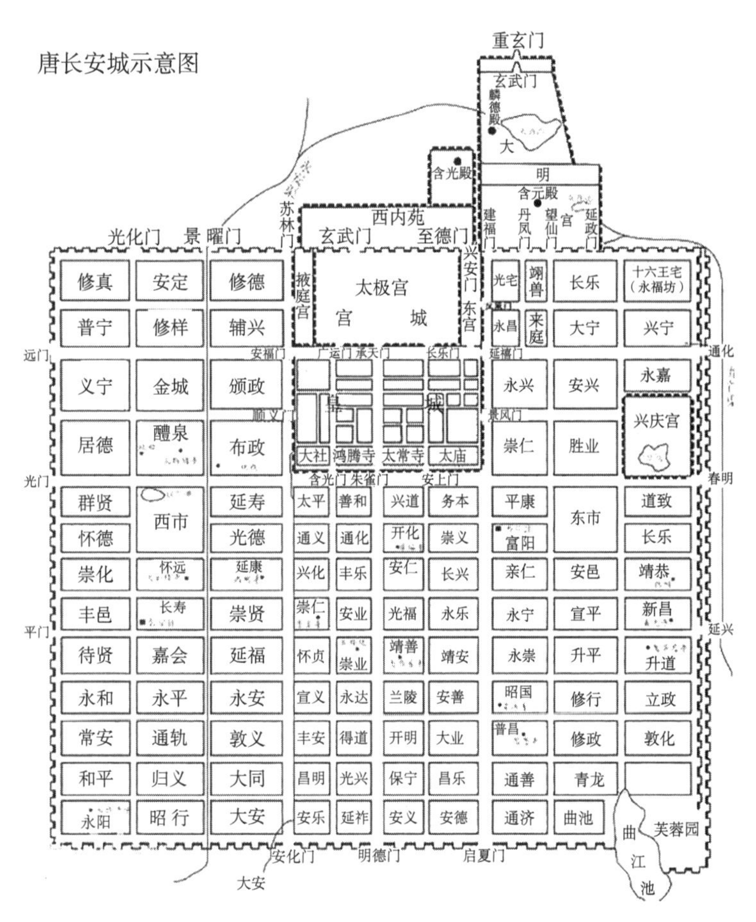

图4-1　唐朝的里坊布局

（图片来源：张驭寰，《中国城池史》）

列为一肆，仿如现代会展中心展厅内标准展位的布局。里与市是截然分开的，两者之间有坊墙分隔，这与当时重农抑商的国家政策有关。市场是限时开放的，所谓"过午不候"。西汉长安有九市，东汉洛阳有三市。唐朝，城市的建设管理水平达到了封建社会的顶峰，里坊制度趋于完善（见图4-1），"坊"与"市"被严格分开，朝廷严禁民居向街开门，对擅自开放者处以重罚。

延续了一千多年的坊市分离制终于在北宋初年被打破。宋朝的商业活动相当活跃，民居与市场不再以坊墙分隔，也没有定时启闭的门禁制度，商业活动终于和市民日常生活融合在一起。不论是北宋都城汴梁（今开封）还是南宋都城临安（今杭州），与现代城市相比，规模偏小，但城市活力却很强，描绘北宋街景的《清明上河图》（见图4-2）就充分说明了这一点。这种直接面向街道的集市，可以说是中国沿街商业的原型。

图4-2　北宋汴梁街景

（图片来源：（宋）张择端，《清明上河图》）

图 4-3　古代庙会情景

（图片来源：（宋）张择端，《清明上河图》）

东晋时期出现了一种特殊的市场，叫“草市”，是一种农民专门出售草料的市场，由此单一商品的集市产生了。到宋朝，草市发展成为定期集市和特殊集市。在岭南地区，定期集市称为“墟”，“墟日”“趁墟”等词汇就是这样来的。特殊集市又分专业性市场和综合性市场。专业性市场销售的是同一种类商品，例如元宵花市、灯市就是专业性市场，有点类似于会展萌芽时期的商品样品展览会。综合性市场定期举办，每月数次，每次数天不等，地点在寺庙等宗教建筑门前的广场，如庙市和庙会。图 4-3 所示为《清明上河图》中的古代庙会情景。这类集市人流量大，商品种类繁多，与欧洲中世纪的集市相似，可视为日后商品展销会的雏形。

我国古代的市场交易商品以粮食为主，交易模式也多为以物易物或钱物交易，是一种随机的、简单的、局限性很大的市场行为，而且市场的兴旺与否，始终与政府的政策有关。清朝，政府实行闭关锁国、重农抑商政策，使整个国家的商业发展停滞不前，甚至萎缩。直至清末，新兴资本主义国家通过枪炮强行进入中国，使得原本自给自足的自然经济模式受到极大冲击。在国际大潮流的逼迫下，清政府为了自救，开始举办一些商品展销会，试图挽救国家经济，于是出现了近现代展销会的滥觞。

二、中国古代市场与城市关系的演变

虽然《太平御览·御览》中有记载，商朝的宫室（王城）里有九市，但是考古上并没有发现市场的遗迹。据此推断当时的市场应该是露天的，没有固定的建筑，场所就是一块空地，经过几千年的沧海桑田，痕迹自然就难以找寻了。

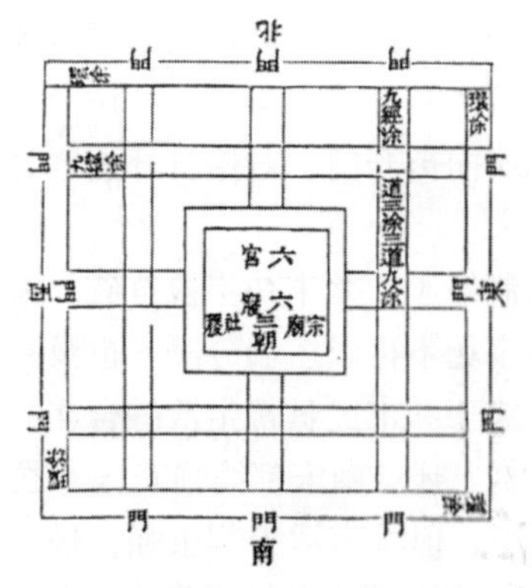

图 4-4 《考工记》中的王城图

（图片来源：戴震，《考工记图》）

《周礼·考工记》（又称《考工记》）规定了“前朝后市”的城市制度，并附有王城图（见图4-4）。按图中所绘，“前朝后市，左祖右社”指的是王城的制度，“市”位于王城内部的北

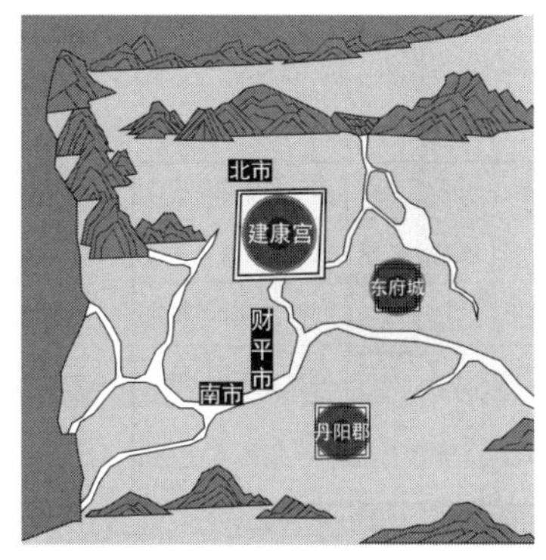

图4-5　南朝建康城图

（图片来源：张驭寰，《中国城池史》）

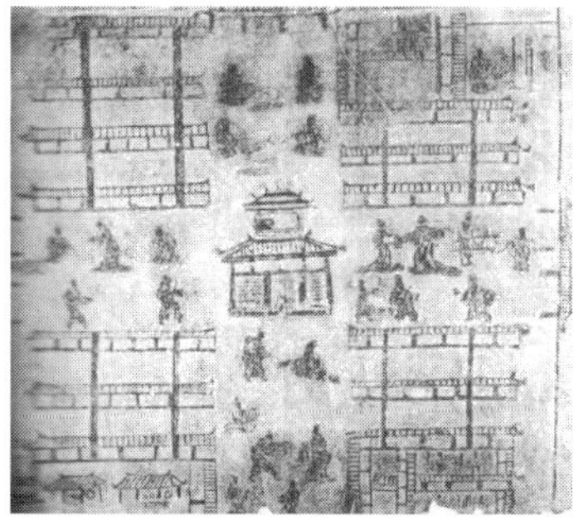
（a）汉代“坊”场景

（b）买卖交易场面

图4-6　汉代画像石

（图片来源：张驭寰，《中国城池史》）

面，属于宫城中“寝”的部分。这里是王城中的贵族进行货物交易（交换牲畜、珠宝）或者娱乐休憩（交换奴隶）的地方。可见，当时的“市”是一个有相当局限性的场所。

汉朝开始实行里坊制，同时朝廷开始实行重农抑商的政策，商业交易慢慢成为社会中下层百姓所从事的行业，社会上层的王公贵族不会参与到商业活动当中，于是“市”就从宫城中剥离出来，安置到百姓生活的区域。从此，“市”就成为城市功能的一部分。在唐朝以前，“市”在城市中并没有规定数量和位置，例如在南朝的建康城（见图4-5），城中有北市、南市和财平市，可见“市”在城市中的布局并没有形成规范。

虽然如此，汉代的“市”已经具有后来集市的原型，这从出土的汉代画像石上可窥见一斑。图4-6a画像石是作为集市的一个坊里面的情景：坊里有十字大街为主要交通道路，十字大街的中心交汇处有一栋二层的鼓楼，鼓楼可作为报时、管理、保卫、地标之用。十字大街把坊分为四块，每块三四排平房，每排房屋都有六七个开间面街，排房之间隔两三个开间的距离有小巷穿通。十字大街实际上就是主要的市场，排房与排房之间也是交易的场所。交易的场景在另外一块画像石上也有显示，如图4-6b所示，卖家和买家或在露天场所或在屋檐下的铺位上讨价还价，场面生动热闹。

可以说当时城市的活力就在于集市开放的几个时辰内，而当市场门禁一到，市场内的人流就会回到各自的里坊。市场趋空的同时，城市也趋向平静。对当时的城市管理者而言，这样的模式正是他们所需要的。

唐朝长安有东市和西市，两市对称地位于城市中轴线两侧，也就是俗话“买东西”的由来。同时期的洛阳城地图显示（见图4-7），城市里面不仅有“西市”，还有“南市”“北市”，这些市场共同的特点是远离宫城、均匀分布在城市各地。这反映了市场作为市民生活所必需的空间场所，在城市中的位置作为一种制度固定下来，不过在“重农抑商”的国家政策下，“市”在城市中处于次要地位。

宋朝，由于里坊制被打破，“市”在城市中处于另外一种状态。北宋的京城汴梁城图显示，重要的建筑包括宫城、相国寺（见图4-8中灰色部分）处于城市的核心地位，位于城市中轴线上，市民区分布在城市的四周。由于打破了里坊制的围墙，商铺集肆就融合在市民区里，随处可见。如药铺、漆铺、

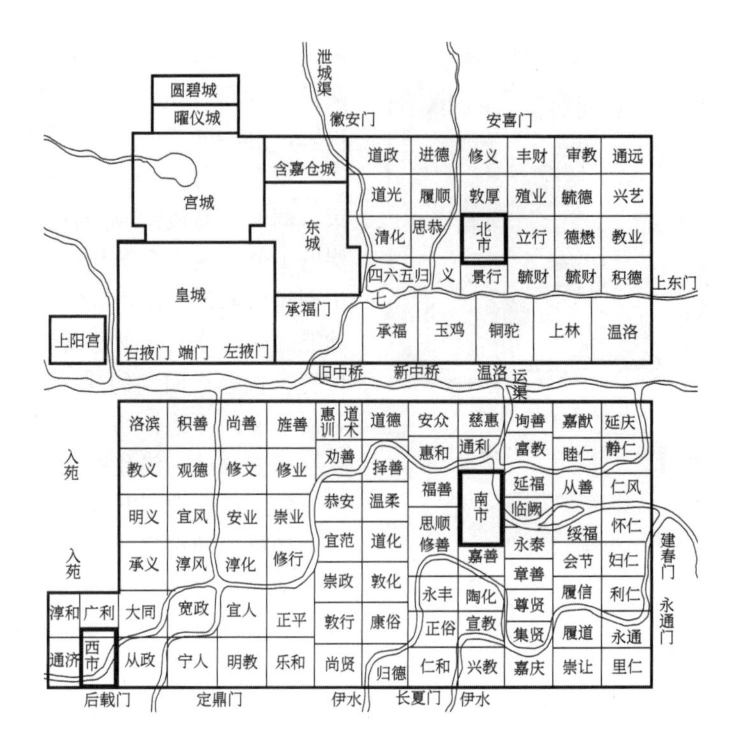

图 4–7　唐朝洛阳城图

（图片来源：根据张驭寰的《中国城池史》，作者自绘）

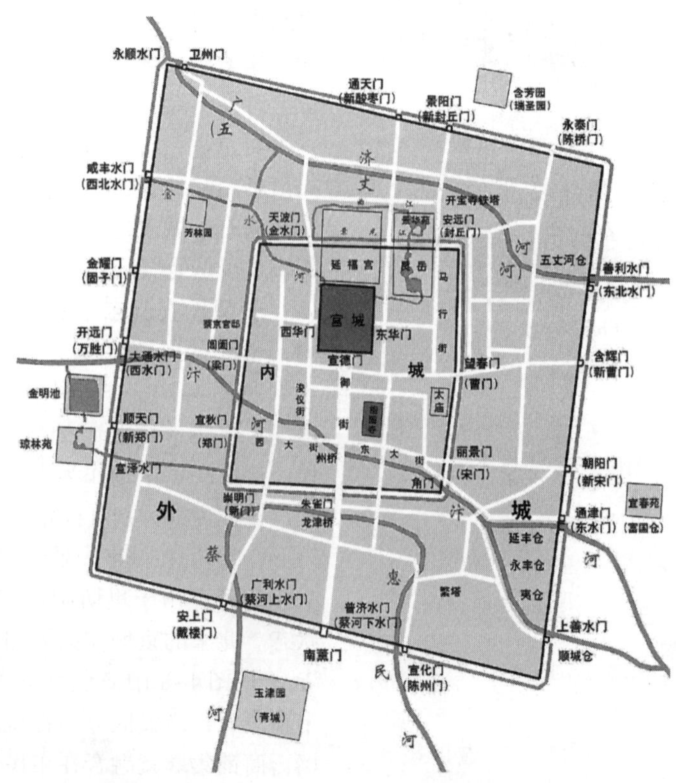

图 4–8　北宋汴梁城图

（图片来源：根据张驭寰的《中国城池史》，作者自绘）

茶铺、酒肆、水果铺、金银珠宝铺、书铺、旅馆等，分散在全城各条街巷之中。所以宋城虽小，城市活力却达到了中国封建社会时期的巅峰。《水浒传》里有对东京汴梁城的描述：“……元宵景致，鳌山排万盏华灯；夜月楼台，凤辇降三山琼岛。金明池边三春柳，小苑城边四季花。十万里鱼龙变化之乡，四百座军州辐辏之地。黎庶尽歌半稔曲，娇娥齐唱太平词。坐香车佳人仕女，荡金鞭公子王孙。天街上尽列珠玑，小巷内遍盈罗绮。霭霭祥云笼紫阁，融融瑞气罩楼台……”宋城是我国城池发展的一大转折。

元朝，城市管理恢复为里坊制。元、明、清时期，“重农抑商”始终是重要的经济政策，致使城市的商业一直被压抑，纵然明朝商业有所恢复，但仍然难以比肩宋朝城市的繁华发达程度。

清朝，北京城道路设置基本原则是 “大街小巷”。大街为南北向，小巷为东西向，又叫作胡同。这种 “大街小巷”的组织方式与里坊制相类似，不同之处在于北京城的集市并不局限于某个胡同内，而是分散在大街的两侧。集市也有专门买卖某类商品的市场，比如城西的琉璃街就是专门买卖古董的地方。这样，城市的商业活动不至于完全被扼杀，但跟宋代相比，城市活力已经不可同日而语了。

第二次鸦片战争之后，我国社会经济结构发生了巨变，由小农经济转向商业经济的潮流已不可阻挡。为了促进商业贸易，中国传统经济结构逐渐瓦解。自然经济的解体，促进了城乡商品经济的发展。为了巩固统治，清政府实行了一系列经济措施，也开始举办商品展销会。与传统的集市不同，商品展销会有大型的展览和商品批发，也是后来会展事业的开始。

在我国漫长的封建社会中，自给自足的小农经济始终是最主要的经济模式，这种模式并不需要城市商业的交易活动有多么活跃，庞大而缺乏动态活力的城市网络在一定程度上成为统治阶级维护统治地位的保障。作为商业载体的集市，其发展也就被限制了。

纵观我国古代市场与城市的关系，“市”起于货货交易，发于宫室，后分布于城市。前期是封闭的里坊制（唐朝），发展为开放的商业街（宋朝），后来是两者相结合（明清时期），以商业集市半封闭半开放的形式，分布在城市的不同区域。

如果以建筑类型论，里坊制时期，集市与城市更类似于现代的会展建筑与城市，因为两者在城市中都有固定的位置，与外界相对封闭，而且还有限定的开放时间，在城市空间中，类似于一个"孤岛"。

从"市"的发展过程来看，里坊制的集市与城市的互动是有限的，如宋城那样，适当地打破集市与城市之间的界限，才能激发起两者之间的相互作用，提升城市的活力。从这里可以得到启示，现代的商品交易会展中心，除了有自我界定的范围独立于城市当中，亦应该有融入城市的模式，才能使两者相得益彰。

第二节　中国早期会展的雏形(1900—1949年)

一、中国早期会展业发展概述

晚清政府面临内忧外患的巨大危机。为了挽救岌岌可危的统治，清政府中的洋务派开始了洋务运动，大力发展军事企业和各类民用工业，同时放宽对民间资本的限制，在客观上刺激了中国民族资本主义的产生和发展。这为博览会的发展提供了必要的物质基础。随着商品贸易的迅速发展，进出口贸易和国内商品流通范围明显扩大。一些沿海或者位处交通枢纽的城市如上海、天津、广州、武汉等地，逐步成为当时国内重要的商业中心。同时，运输业也有了长足的进步。1894—1911年，新筑铁路9002千米，平均每年新增562千米；轮船增至897艘，吨位增至95 447吨。二者分别增长了541%和225%，可谓井喷式的增长[①]。交通硬件水平的提高使集中举办展览会成为可能，为会展博览事业的起步提供了必要的条件。

1851年，商人徐荣村以个人身份参加在伦敦举行的首届世界博览会，是最早参加世界博览会的中国人。他带去的参展商品是丝绸、茶叶、中药材等中国传统的产品，其中丝绸"荣记湖丝"还获得了"金银大奖"。1876年，清政府第一次组团参加美国费城的世界博览会。1878年巴黎世博会，中国有了独立

① 乔兆红．论晚清商品博览会与中国早期现代化［J］．人文杂志，2005（5）：129-134.

的展馆“中华公所”。至1900年的巴黎世博会，中国展馆的面积已达到3 300平方米。1905年，清政府正式颁发了《出洋赛会通行简章》，这被认为是中国正式登上世界博览会的开端[①]。

经过多次参加世界博览会，清政府于1906年在天津、成都等地举办商品展览会，当时称为“商品赛会”，又称“赛珍会”“赛奇会”“劝工会”“劝业会”“劝进会”“土货展览会”等。这标志着中国博览会事业进入自主举办的内生型发展阶段。1906—1910年，天津实习工厂先后举办了5次劝工会。1906—1910年，成都劝业局先后举办了6届劝业会。

1911年，“中华民国”成立，社会经济发展的需要将商品展览会的步伐向前推进，并且将以国产商品为展品的展览会固定称为“国货展览会”。在“民国黄金10年”的1920—1930年，国货展览会是中国博览会展事业的主流形式。据统计，在这10年间全国各地举办的国货展览有38场之多。这些国货展览会由政府、商会、国货团体举办，规模日渐扩大，并且趋向规范化。当时的国货品种囊括了食物原料、制造原料、皮革、油蜡及工业媒介品、饮食工业品、纺织工业品、建筑工业品、生活日用品、艺术欣赏品、教育与印刷品、医药品、机械与电器等，种类繁多。

1928年，南京国民政府以中央政府的名义在上海举办了第一次全国性的国货展览会，称为“中华国货展览会”，这也是会展业萌芽时期规模最大的一场国货展览会。

国货的准入十分强调“国人经营”和“经济主权”，实际上也反映了当时社会强烈的国家危机意识和民族主义倾向。正是因为国货展览会能提高民族凝聚力，南京国民政府逐渐将国货展览会办成了政治宣传的平台，将其变成进行舆论宣传和社会动员的工具。展览会的举办也因此获得政策和资金的双重支持，保持着良好的发展势头。但是，由于抗日战争的爆发，这种上升的趋势戛然而止，直到中华人民共和国成立之后，才有所恢复。

从清末到民国时期的商品展览事业发展轨迹来看，商品展览会不仅对当时资本主义的发展产生了重大影响，而且还引发了积极的社会效应。

---

① 蔡梅良．探析中国早期会展活动的历史价值［J］．船山学刊，2008（3）：192-194.

第一，商品展览会的举办促进了当时的社会经济建设。一方面促进了农民参与商品交易，城乡交流逐渐密切；另一方面展示了工业文明，提高了工业产品的影响力，鼓舞了工商阶层，使工商业者的地位比以往有明显的提高，从而吸引了更多的社会力量参与到工商业中。商品展览会成为中国社会近代工业文明启蒙的助力器和催化剂。

第二，商业展览会的举办促进了社会各阶层的交往。封建地主乡绅为了经济利益，通过展览会进入商品经济领域，从而与展览会的组织者——政府阶层相互交往融合，形成了新的政治集团。这股集团力量在一定程度上推动了民族工业的发展和社会的进步。

第三，商品展览会的举办促进了普通民众价值观的改变，刺激了民智的开通。民众参加展会，不仅提高了自身的科技知识水平，而且扭转了长久以来“褒农贬商”的观念。工商业从业人员在民众心目中的形象大为改善，这种观念的改变是社会商业经济进步的长久推动力。

更为重要的是，中国早期的展览活动是一个东西方文化理念碰撞融合的平台。在参展、观展的过程中，不同文化和价值观得以整合，落后与陈旧的观念不自觉地被文明和先进的理念所冲击和取代，这种影响的过程是长久和深远的。

二、中国早期会展业的发展与演变

两次鸦片战争之后，中国被强制纳入到世界资本主义经济体系，不可避免地受到当时世界博览会风潮的影响。1866—1911年，清政府先后组织参加国际博览会20多次。从某种意义上说，中国会展博览事业是在国际博览会的影响刺激下开始的[①]。清末的商品赛会是逐级举办的，先经过成都、天津、武汉三地举办省级的商品赛会，有几年的地方经验后，才组织了全国规模的商品赛会——南洋劝业会。

四川成都的商品赛会从1906年春季开始。1906年的商品赛会会期1个月，参展产品共11类，展后产品销售得银28.7万余两。由于效果良好，官府决定以后每年都例行举办展会。1906—1910年，成都的商品赛会相继举办了6次。

天津以“商品纵览会”的名义举办了多次商品赛会。第一

① 魏爱文．清末商品赛会述评［J］．贵州文史丛刊，2002（3）：24-28.

次举办是1906年10月，当时的参展产品分为12科，前三天是男游客入览，后两天是女游客入览。12月份的赛会，增加了一个刺绣展，只批准女子参观，这也算是中国展览业历史上独具特色的一个例子。

武汉在1909年10月以“劝业奖进会”的名称举办商品赛会。这次赛会在平湖门外举行，会期45天，规模比成都和天津的都要大。参展商品分为五大类，共几十个品种。另外还设直隶、上海、湖南、宁波4个地方馆，整个赛会成为后来博览会的雏形。这次赛会收取3枚铜板作为入场费，但这并不影响参观者的热情，展会次日天降大雨，参加人数仍然有5000多人。这表明经过多轮商品赛会的洗礼，当时民众的观念已经发生了转变。

1910年，在南京举办的“南洋劝业会”是清政府举办的最后一次全国规模的商品赛会。会场设在南京城内丁家桥至三牌楼一带，建有各式展馆几十座，占地700余亩（46万多平方米）。展馆建筑完全仿照当时世界潮流样式，比如教育馆仿照德国式、卫生馆仿照意大利式、京畿馆仿照法国式、第一参考馆仿照英国式[①]。6月5日，南洋劝业会正式开幕，先后开列展馆30余座。其中有按种类区分的展馆，如工艺馆、农业馆、机械馆、美术馆等；也有按地区区分的展馆，如京畿馆、直隶馆、东三省馆、山陕馆等。南洋劝业会共计展品有100万余件，展期历时6个月，参观人数超过20万，商品交易额数千万元[②]。

从清末举办的几个具有代表性的商品赛会可以看出，当时的政府和民众都开始转变观念，“实业兴邦”达到了某种程度的共识。虽然与西方工业国家相比，在规模、产品等方面都相去甚远，但也不失为一个良好的开端。民国政府成立后，中国的展览会仍然延续着不错的发展势头。

1915年，民国政府农商部主办了全国性的商品展览会。这次展览会于10月1日在北京开幕，历时20天，平均每日游览人数上万人，共展出展品10万件[③]。

四川省1920—1930年共举办了14次劝业会，河北省1929—1933年共举办了5届国货展览会，广州在1931—1933年

① 费文明. 1929年西湖博览会设计研究［D］. 南京：南京艺术学院，2007.

② 魏爱文. 清末商品赛会述评［J］. 贵州文史丛刊，2002（3）：24-28.

③ 马敏，洪振强. 民国时期国货展览会研究：1910—1930［J］. 华中师范大学学报（人文社会科学版），2009（4）：69-83.

举办了3届国货展览会，福建省在1933—1936年举办了3届展览会。还有一些县级地方展览会，比如苏州、无锡、绍兴、威海、青岛、宁波等地都举办过多届国货展览会[①]。

由商会主办的国货展览会也有不少，如上海总商会在1920年成立商品陈列所，每年定期举办展览会。在1921年的展会上，展出了包括农林园林、矿产、水产、狩牧、制造工艺、机械、染织工业、化工工业、美术、科学仪器、饮食、药品等12种类别的展品。除了固定的展览外，还有流动的国货展览会，至1926年，上海就举办了至少14场流动的国货展览会，其目的在于“藉促进工商之改良，资社会之观感”[②]。

总体来看，早期博览会发展集中在长三角一带的商业发达地区，这一带举办的博览会数量占当时展会总数的一半以上。其中，南京、上海是当时全国的博览会中心。一些区域的中心城市也是博览会的主要举办地，如华中地区的武汉、华南地区的广州、华北地区的天津、西南地区的成都等。

从清末到民国时期，我国博览会展事业的发展线路为：由中央政府牵头举办一些规模不大的商品展览会，以显示国家的政策取向；然后，在重要城市推广，鼓励各商会和国货团体举办展览会；大规模展览会设置下一层级的展品会，如前面所说的南洋劝业会之下就有各种物产会和协赞会；通过流动的国货展览会，把几个地区的展览会连成一片大的展览区域，如中华国货厂商联合会1934年在开封、洛阳、郑州、西安、兰州等地举办流动的国货展览会，以及上海的国货厂商联合会也远赴广东、广西举办流动的展览会。从1912年民国政府建立到1937年抗日战争全面爆发，这段时间博览会展事业已在全国范围内铺开，西北到甘肃兰州、东北到吉林、北到绥远、南到广东、西南到云南昆明，全国各地都有博览会举办。不仅在城市，展览活动亦深入到农村，重庆嘉陵江三峡乡村建设实验区就尝试举办了农产品展览会。由此可见，在民国时期，已经形成了“多中心、多线条、多层级、多层面的中国近代博览会事业发展格局”[③]。

①③ 薛坤．近代中国博览事业的起步与发展（1851—1937）[D]．苏州：苏州大学，2011：29-33.

② 马敏，洪振强．民国时期国货展览会研究：1910—1930[J]．华中师范大学学报（人文社会科学版），2009（4）：69-83.

三、中国早期会展建筑类型

中国早期的博览会展事业经历了从无到有的发展过程，从清末的“劝业会”到民国时期的“国货展览会”，大规模的展会不下百场，其中最具代表性的是1901—1928年在天津举行的展览会、1928年的上海中华国货展览会和1929年的杭州西湖博览会。

（1）天津展览会

天津举办博览会拥有先天的地理优势。首先，天津是河运的交汇处，自古是中国北方的重要港口。其次，交通、通信方式包括铁路、轮船、电信、邮传等有快速的发展，具有举办大型博览会所需要的城市配套设施。所以，天津成为举办博览展会的重点城市。

图4-9　天津中山路区位图

1903年，直隶工艺总局在天津北马路创办“考工厂”，后来迁至大经路，即现在的中山路河北公园内，更名为“劝工陈列所”，即天津博览会的前身。场所内展场均为洋式楼房，房间有130多间。场所所在的大经路（现中山路）（见图4-9），位处天津城的核心地带，紧接着天津火车站北站，离港口也不远，也是市民步行流连的街区，因此这里是理想的展览会举办之地。展场夏季早上9点钟开放、下午4点钟停止售票，冬季则提早一个小时结束。票价为制钱10文。根据记载，开展半个月以来“观者甚众，购票入览者日千数百人、二千余人不等，购买货物亦时有之，似次民智可期逐渐开通”[①]。可见当时展览会已融入民众的生活，市民把去看展览会和公园游憩视同城市生活的一部分。

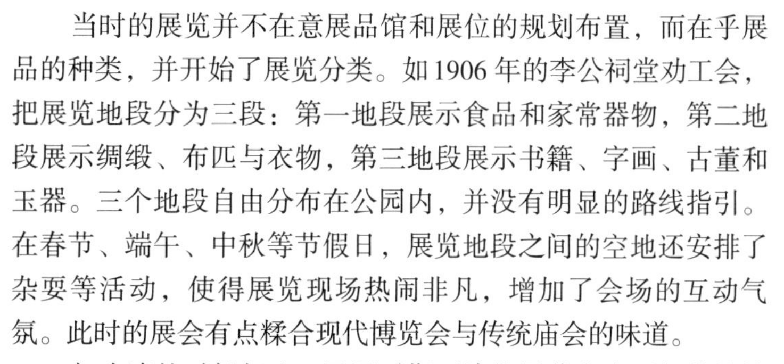
当时的展览并不在意展品馆和展位的规划布置，而在乎展品的种类，并开始了展览分类。如1906年的李公祠堂劝工会，把展览地段分为三段：第一地段展示食品和家常器物，第二地段展示绸缎、布匹与衣物，第三地段展示书籍、字画、古董和玉器。三个地段自由分布在公园内，并没有明显的路线指引。在春节、端午、中秋等节假日，展览地段之间的空地还安排了杂耍等活动，使得展览现场热闹非凡，增加了会场的互动气氛。此时的展会有点糅合现代博览会与传统庙会的味道。

与晚清的时候相比，民国时期天津的展览会有了细分的趋

① 许海娜. 1901—1928年间天津展览会研究［D］. 石家庄：河北师范大学，2013：26-49.

势。如1916年，天津国货维持会在河北公园内举办了国货展览会，从10月1日开始到30日结束，历时1个月。展会中陈列品和售卖品分开摆放，包括机器制造品、化学制造品、手工制造品、教育品、美术品、矿产品、农产品、林产品、水产品等共397种，分为12类。相比清末的劝业展览会，产品分类更加清晰细致，而且还有专门商品的展览会，如1919年的手工品展览会、1921—1923年的工业观摩会、1924年的儿童珍玩展览会、1924年的东方毛毡展览会等。

天津的商品展会规模不算太大，但是品类齐全。展会地点位于靠近交通枢纽的城市公园里，既方便货物的运输，又能使展览活动与市民生活融合在一起。展览会除了展示商品之外，还安排有演讲、演艺、杂耍等娱乐活动，而且展览会的日期常常与节假日结合，市民很乐意去参观展览会，所以游客越来越多，展会的影响越来越大。天津展览会开通了社会风气，开启了民智，促进了天津商埠的形成。当时天津的商品展览会与城市之间有着良好的互动，可以说是“展览会促进了天津城市化的进程，天津展览会事业是天津近代化的一个标志。”[①]

（2）上海中华国货展览会

1928年11月1日，南京国民政府在上海南市新普育堂工艺学校举办了“中华国货展览会”。开幕当日，盛况空前，5万余人入场参观。国民政府主席蒋介石也亲临会场举行了升旗仪式，可见当时政府对展览会的重视。展会历时2个月，12月31日闭幕，适逢元旦，延期3天，至翌年1月3日才正式结束。为了纪念这次展览会，当时的上海政府把新普育堂前的煤屑路改称为“国货路”（见图4–10）。

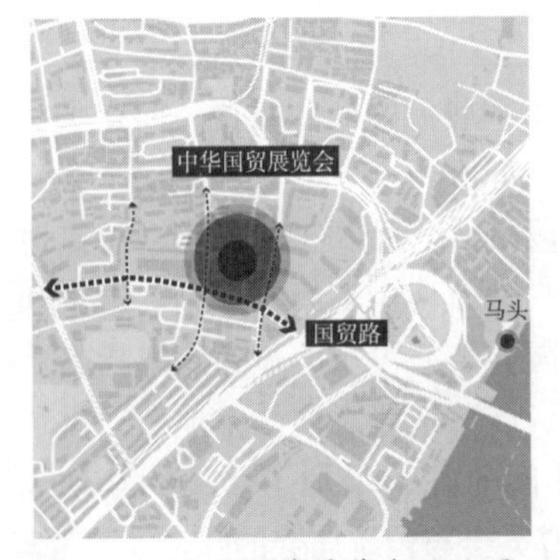

图4–10　上海国货展览会区位图

此次展会的展品仅限于国货，包括食用原料、制造原料、毛皮与皮革、油蜡与工业媒介品、饮食工业品、纺织工业品、建筑工业品、生活日用品、艺术与欣赏品、教育与印刷品、医药品、机械与电器及其他共14大类。还安排了河南、安徽、奉天（今沈阳）、北平（今北京）、湖北、广东等地的宣传日，宣讲不同地区未来的工商业发展规划。展期还结合节庆活动和文体活动，使展会产生了极大的宣传效果[②]。

①② 洪振强．1928年中华国货展览会述论［J］．华中师范大学学报（人文社科版），2006（6）：83–88.

（a）模型展厅

（b）机械展厅

图4-11　国货展览会展厅

（图片来源：上海档案信息网，http://www.archives.sh.cn/）

上海的中华国货展览会是中国会展业萌芽时期规模最大的一场全国性国货展览会。展会的会址靠近码头，方便货物进出；而且同样设在城市的中心地带，方便市民到达。图4-11为当时模型展厅和机械展厅的布置。展览会与市民的互动显而易见："不论智识阶层非智识，在场者未在场者，均得藉庆祝之伟力而永留一深刻印象，其效力之宏大，实驾各种宣传而上之。"[①] 所以，这次国货展会很大程度上加深了国民的国货情结，加深了民族情感，这对于刚刚建立不久的民国政府来说尤为重要。为了延续国货展览激起的爱国热情，民国政府出台了一系列政策，使得国货展览会的定期举办制度化。经过一段时间的经验累积后，第一届以 "博览会" 命名的商品展览会——"西湖博览会" 在杭州举办。这场博览会产生的社会效益与同时期的世界博览会已经非常接近了。

（3）杭州西湖博览会

西湖博览会于1929年6月6日开幕，开幕当天参观者即达10万人。原定于10月10日闭幕，但因为参观者太多而延期10天免费开放，前后历时137天。展后统计，参观团体1900多个，参观人数2000多万人次。博览会场馆设置有8馆、2所和3个特别陈列处[②]。8个场馆包括革命纪念馆、博物馆、艺术馆、农业馆、教育馆、卫生馆、丝绸馆和工业馆。2所是特种陈列所和参考陈列所，特种陈列所展示的是中国本土的政治景象和地方风土人情，属于自我展示；参考陈列所展示的是发达国家的状况和产品，属于展望世界。3个特别陈列处，包括铁道陈列处、交通部临时电信所陈列处和航空陈列处。

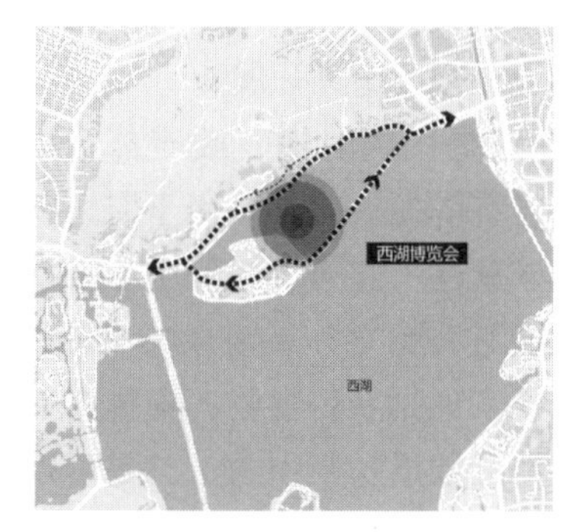

图4-12　杭州西湖博览会区位图

西湖博览会的筹委会里面有场地股和设计股，专门负责博览会的选址和会场规划。场地股由5个委员组成，他们将会址安排在了西湖湖畔（见图4-12），与以前天津和上海的展会类似，博览会与城市的名胜公园结合在一起，将展会与市民的城市活动自然而然地融为一体。会场的范围东起断桥与石塔儿头交界处，西至冷桥凤林寺前，左到宝石山葛岭，右达白堤断桥处，周长4千米，面积达5平方千米。场馆布置比较分散，

① 马敏，洪振强. 民国时期国货展览会研究：1910—1930［J］. 华中师范大学学报（人文社会科学版），2019（7）：69-83.

② 费文明 . 1929年西湖博览会设计研究［D］. 南京：南京艺术学院，2007：8-16.

图4-13　杭州西湖博览会鸟瞰
（图片来源：杭州市人民政府官网 http://www.hangzhou.gov.cn/index.html）

图4-14　工业馆立面
（图片来源：费文明，《1929年西湖博览会设计研究》）

图4-15　教育馆造型
（图片来源：费文明，《1929年西湖博览会设计研究》）

图4-16　第一电影场入口造型
（图片来源：杭州网 http://www.hangzhou.com.cn）

游客可以一边参观展会，一边欣赏西湖美景（见图4-13）。但由于会场范围太广阔，游客观览完整个展会耗费时间颇长。

博览会展馆多选择在原有建筑上进行改造，但有些展品是难以利用现有建筑的，需要新建一座展馆来展示，比如工业馆。新建的工业馆东西长60多米，南北宽约40米，平面呈“回”字形，利于布展，参观者易于按展览流线有序流动。展览馆的入口是西方石柱式门廊，门窗是中式的铁制镂花窗，体现了中西合璧的设计思想（见图4-14）。展会结束后，工业馆作为工厂使用，为西湖博览会唯一保存至今的建筑。

其他展馆建筑都秉承着“中西调和”的风格。例如，教育馆的屋顶采用了传统建筑的屋顶曲线造型，但是下面粗大的柱子采用了西方柱式的比例（见图4-15）。又如第一电影场的入口，牌坊的柱头部分采用倒梯形的层层叠加形式，既有传统檐口叠涩出挑的形象，又结合了同时期西方“装饰艺术”的惯用手法（见图4-16）。不论在总体规划上，还是展馆单体设计上，西湖博览会都有着东西方两种文化的影子，也反映了当时中国文化既没有摆脱传统文化的影响，又不得不接受外来文化的猛烈冲击的情况。

虽然西湖博览会的规划比较松散，不如同时期西方博览会有条理，举办水平处于初级阶段，但是由于会址选在城市的中心地带，博览会的举行与城市的市民生活有了良好的互动，在某种程度上激发了城市的活力。西湖博览会的成功举办，取得了良好的社会效益，开阔了国民眼界，促进了当时国民意识的转变。在此后的10年内，博览事业在全国蓬勃开展。

可以看出，不管是晚清时期还是民国时期，政府都希望通过举办商品展销会来促进国家经济的发展，但是由于财力有限，不能仿效同时期西方国家那样新建一座大型展览中心来举办展销会，只好因地制宜选址在城市公园举办展销会。一来是因为商品展销会对于当时中国民众来说是新鲜事物，安排在市内公园里举行，不仅交通便捷，而且能增加吸引力。二是可以利用公园里的现有建筑，也可以利用公园空地搭建临时的展厅，分散布局在整个园区里。这时候的展品多为农产品或者轻型的工业产品，分散的小型展厅也能够满足运货展货的要求。市民在公园游玩，既参观了商品展销会，又可以直接购买心仪的商品，展销结合使参展商与观展者的互动非常直接。展销会与城市空间以这样的方式结合是会展演变过程中的一种独特的类型，也为现代会展建筑与城市的互动奠定了良好的开端。可惜的是，1937 年后中国进入了全面战争状态，会展博览事业停滞。直到中华人民共和国成立后才慢慢恢复过来，并且以新的模式演变发展。

第三节　中国调整时期的会展探索（1950—1979 年）

一、调整时期的历史背景和会展业发展概况

1949 年中华人民共和国成立，社会主义浪潮在全世界兴起，东西方社会阵营形成对峙，西方阵营对中国实行政治上孤立、经济上封锁的政策。此时，由于我国刚刚取得解放战争的胜利，百废待兴，加上新中国政府实行的是社会主义公有制，社会商业活动降至较低水平，但是展览会的举办力度并没有减弱，反而有所加强，原因是党和国家要把展览会办成宣扬国家政策、提升政党形象、引导崭新的社会主义价值取向和营造中华民族全新精神文化建设的平台。

1950—1952 年，展览会多为图片展，以宣传政策为主，如 1950 年 12 月 25 日，中国人民保卫世界和平反对美国侵略委员会在故宫太和殿举办“抗美援朝　保家卫国”展览会，展出了许多罕见的照片，对当时凝聚国人精神、集中国家力量、提振民众士气起到了非常重要的作用。

随着全面进入社会主义经济建设阶段，为了适应经济发展，展览会的内容开始顺应形势从政治宣传逐步转向为经济服务。最早登台的是农业展，如 1951 年上海市举办了土产展览交流大会。从 1957 年开始，我国政府连续举办过三届农业展览会[①]。第一届农业展览会（简称“农展会”）是为了提高农民生产的积极性，打破帝国主义对我国“缺吃少穿”的谣传；1958 年第二届农展会的目的在于宣传“大跃进”的政策；1959 年

① 何立波. 20 世纪 50 年代的中国展览会［J］. 党史博览，2009（11）：1.

图4-17 全国农业展览馆
（图片来源：http://www.ciae.com.cn）

第三届农展会正逢10周年国庆，展示了新中国农业建设成果，且特意在新建的全国农业展览馆举行（见图4-17）。展馆包括综合馆、农作物馆、园艺馆、水利馆、工具馆、畜牧馆、水产馆、气象馆和林业馆等。展览时间长达3个月。

为了配合要迅速从农业化向工业化过渡的政策，展览会也开始出现了工业展。1958年，全国首届工业交通展览会在北京举行，展会的主要任务就是要宣传“大跃进”以来国家的工业发展成就。1959年9月，第二届工业交通展览会如期举行，展示了新中国社会主义工业建设的辉煌成就。出国展和来华展也取得了长足的发展，1951年中国首次参加“莱比锡春季博览会”标志着新中国会展业出国展的开端。1953年中国国际贸易促进委员会接待了“德意志民主共和国工业展览会”，这是中华人民共和国成立以来的第一个来华展览会活动。自此，中国会展业进入了起步期。

20世纪50年代中期到60年代中期，国家经济困难重重，展览事业发展速度也开始减缓，这种发展态势与经济政策有关。1953年11月23日，政务院发布《关于实行粮食的计划收购和计划供应的命令》，在全国范围内实行统购和统销，于是整个社会的商业活动受到限制。除了广交会，其他展览会多为宣传成就展，主要突出其宣教功能。市民参与展览的程度亦有诸多的限制，这在一定程度上束缚了展览业的发展。总之，展览会像一面镜子，反映了国家政策的变化和社会的转型。“文化大革命”时期，会展建筑的发展几乎处于停滞状态，“文化大革命”结束后，会展事业才逐渐恢复过来。

中华人民共和国建立之初，经济几乎从零开始，而对外贸易对国家的经济建设起着重要的补充作用，如何发展外贸经济就成了当务之急。在当时的国际形势下，由于东西方阵营的对立，与我国有外贸关系的主要是一些东欧社会主义国家，而苏联更是一家独大。到了20世纪50年代中期，我国的外交形势发生了改变，本来“一边倒”向苏联的外交关系发生了逆转，外交方针从“一边倒”转为“和平共处五项原则”，外贸政策也开始转为在平等互利的基础上，建立与发展同世界各国的经济贸易。实际上，在当时经济封锁的环境下，港澳一直是我国进出口物资的重要窗口。于是，党的“八大”后，建设社会主义道路的探索之一，就是在与港澳靠近的广州设立出口商品交易会。1957年4月，第一届中国出口商品交易会（以下简称“广交会”）在广州开幕。在这一届广交会上，我国展示了工农业、手工业的产品以及艺术品，共计49 000多件，向世界展示了新中国建设的成就和优质的产品。在出口商品交易中，换回了国家建设急需的外汇。从第一届开始，以后每年的春季和秋季都在广州办一届出口商品交易会，会期一个月。1982年起，交易会规模缩小，每届会期时间缩短为20天。1989年再次缩短会期，由20天改为15天。2007年，更名为中国进出口交易会。1956—1965年的10年间，一共举办了19届广交会，每年广交会所完成的出口成交额大致占全国同期出口成交额的20%。

1959年至1962年“三年困难”时期，每年广交会的如期举行也面临困难，对此外贸部制定了《关于外贸出口商品实行分类经营的规定》，把广交会的对外工作制度化、规范化。同时中央政府为广交会调拨货源、优先发运物资，广交会得以如期顺利举行。经过举办初期的困难和挫折后，广交会的发展步入正轨，即使在后来的“文化大革命”时期，仍然取得了一定的发展成果。随着我国改革开放政策的实施，广交会更加发展壮大，成为中国展览会展事业的一面旗帜。

除了广州之外，北京、上海、武汉也落成了新的展览馆，一改以往全国没有一座固定性展览建筑的尴尬局面。如广州的中苏友好大厦，总占地面积11.4万平方米，建筑面积1.83万平方米，外观宏大瞩目[①]。可以说，跟随国家建设的脚步，我国的展览事业在展览场所上，有一个从简单陈列区向大型展览馆的转变。新的大型展馆建筑落成，与之相关的城市配套设施相继围绕而建，如交通、旅业、餐饮业等，于是展览活动的展开开

① 夏松涛. 传承与嬗变：建国初期展览会的发展演进［J］. 湖北大学学报（哲学社会科学版），2013（6）：99-104.

始触发城市的更新。在当时的社会经济政策环境下，这个更新的过程是缓慢的，展馆与城市之间的互动影响也是经过慢慢积累之后才显现出来的。

二、调整时期会展建筑与城市发展的互动关系

鉴于展览宣传在国家经济和文化建设中的重要作用，展览会场馆的建设是城市建设中不可或缺的一部分。“一五”计划期间，苏联援建的156个项目分布于几十座城市，北京、上海、武汉和广州等地的中苏友好大厦（展馆）就位列其中。

1. 会展建筑在城市中的区位

（1）北京

北京作为首都和经济文化中心，在建设展览场馆上走在全国前列（见图4-18）。从“一五”计划开始到20世纪70年代，北京建造了4座大型的展览馆。它们以北京展览馆为核心向北发散。其中，两个馆具有商业展览性质，分别为北京展览馆（中苏友好大厦）和全国农业展览馆；另外两个馆具有文化展览性质，分别为北京天文馆和中国美术馆。

北京城的建设，需要集中力量在城内形成体现首都文化中心定位的聚集区，因此结合当时的城市建设条件而选择在长安

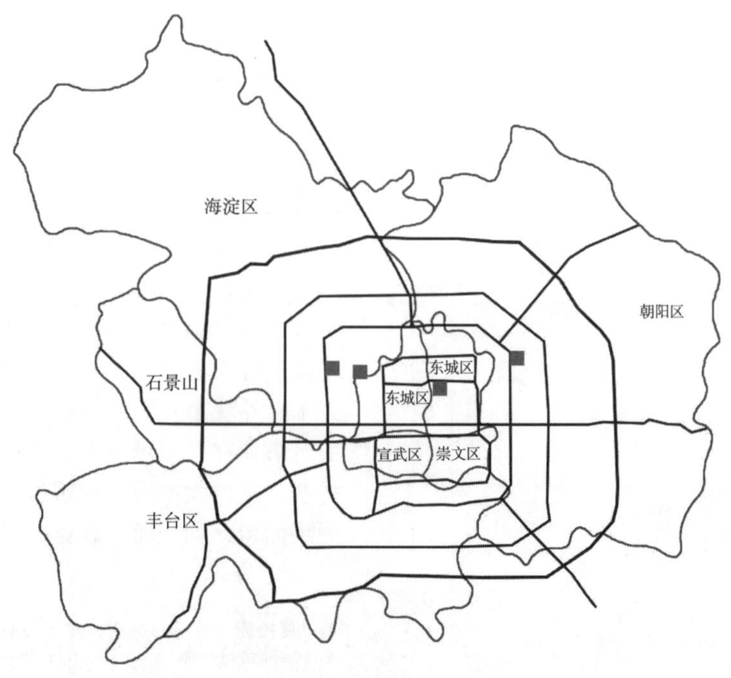

图4-18　20世纪70年代北京城展览馆分布情况

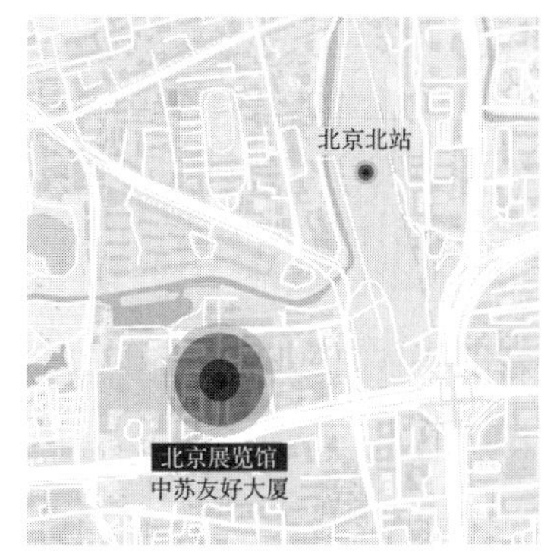

图4-19　北京展览馆区位图

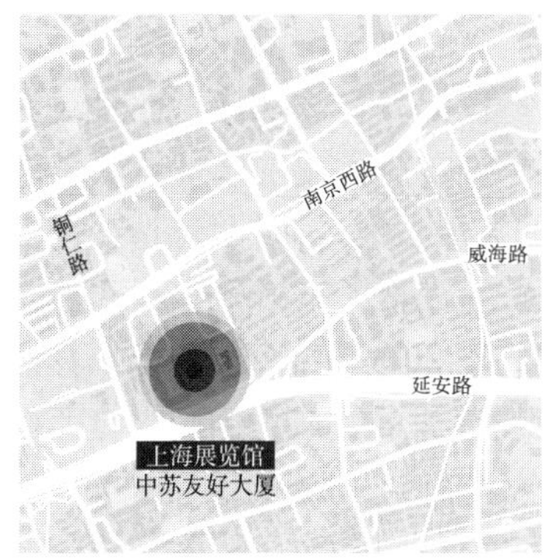

图4-20　上海展览馆区位图

图4-21　武汉展览馆区位图

街以北布局展览馆，从体现首都定位、展览馆的交通易达性和经济合理性来说，无疑是一个较好的选择。北京展览馆（见图4-19）最终落在西郊西直门外，西邻西郊公园，东邻西直门火车站，背靠北京古河道，南有通往城郊的城市干道西颐路；展馆选址与火车站相近是调整时期展览建筑重要的区位特点。北京展览馆是第一座由苏联援建的大型专业展览馆，它的建成对相继建设的同类型展馆具有示范性和指标性的意义。

（2）上海

上海作为国家经济“重镇”，要向国内外展示新中国的建设成就。上海展览业的展览内容以展示新中国研发生产的工业、农业、国防科技产品为主。1955年3月5日，上海中苏友好大厦（1968年5月11日更名为上海展览馆，1984年正式定名为上海展览中心）落成，它不仅是上海在中华人民共和国成立后建成的首个专业展览馆，而且是上海的第一座标志性建筑。上海展览馆位于市中心繁华地带（见图4-20），东起威海路林村、西至铜仁路、南临延安路、北依南京路，所处的区位交通相当便捷。在此后的几十年里，这栋建筑不仅是上海市专业的工业展场，而且是举办市委市政府、人大、政协等各种高规格会议的主要场所。可以说，上海展览馆开启了国内会议和展览相结合的先河。

（3）武汉

武汉具有“九省通衢”的地理优势，一直以来都是国家的商业和交通重镇。随着新中国计划经济体制的落实，武汉加快了从商业重镇向工业基地的转型。1956年落成的武汉中苏友好宫的用地规模甚至比北京、上海、广州三座中苏友好大厦还要大。武汉的中苏友好宫地处汉口中山公园对面，与中山公园大门南北相对（见图4-21），两者之间还形成了一个近3万平方米的城市中心广场[①]。落成后举办的第一场展会就是“苏联经济及文化建设成就展览会”，历时两个月。这场展会之后，武汉中苏友好宫就成为武汉市举办各种大型展览和相关活动的重要场所。1966年，改名为武汉展览馆。

北京、上海和武汉的展览馆在选址上都有一个共同点，就是建在城市中心交通便捷的区域，这与当时它们承担更多的文教宣传功能有关。这样的选址不仅方便市民参与，也在一定程度上改

① 张智海. 武汉中苏友好宫建拆始末［J］. 中华建设，2005（2）：45-47.

变了城市的空间和提升了城市的维度。但由于是在成熟的城市街区中，展览馆对本区域城市发展动力的触发始终是有局限性的，有时反而成为城市发展的阻碍。像武汉展览馆，为了适应城市发展的需要，在运行了40年后被拆除另行选址重建。

（4）广州

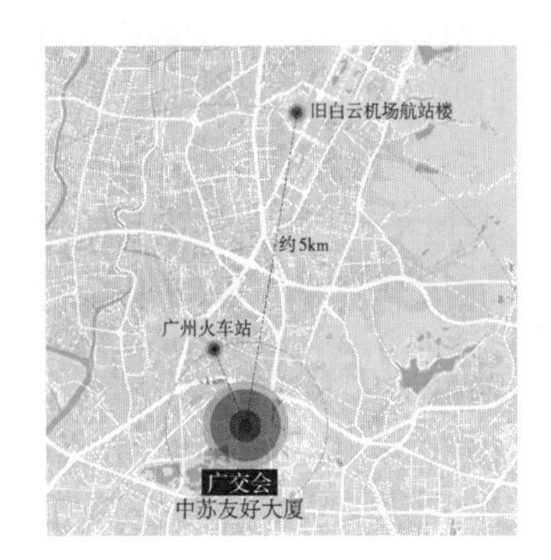

图4-22　广州中苏友好大厦区位图

广州的中苏友好大厦位于流花路，是四大展馆中唯一选址在城市新区的。建成之时，流花路还属于广州市一片荒芜的、尚未开发的近郊场地。广州中苏友好大厦之所以另辟新区而建，原因在于广州老城建筑空间逼仄，难以觅到足够大的场地兴建大规模展馆，也难以找到有足够面积的旧建筑进行改造，更重要的是选址应考虑与港澳在交通上的便捷。当时中国对外交流的通道主要有两处：一处是在北面与苏联的联系，另外一处是南面与香港、澳门的联系。广州有毗邻港澳的地缘优势，因此在广州设立大型展览场所，不仅拥有宣教功能，而且还能承担对外贸易交流的任务。广州中苏友好大厦的选址首要条件就是要接近铁路运输线和有足够的拓展余地[①]。其最终选址位于越秀山西麓、流花路之北，与北面的广州火车站相隔不足1000米，离旧白云机场约5000米，建筑面积约1.97万平方米，具体区位见图4-22。1956年冬天，大厦落成后就成为中国出口商品展览会的专有举办场所，也称其为广交会。1957年上、下半年分别举办了第一、第二届中国出口商品交易会。从此，广交会每年春秋两办成为定例。1970—1976年，虽然全国都处于“文化大革命”的高峰期，但广交会作为国家唯一的对外贸易窗口，发展还是比较平稳的。为了适应规模的扩大，国务院批准立项“广州外贸工程”，先后兴建了交易会新展馆、东方宾馆新楼、流花宾馆和白云宾馆等配套设施，并完善了越秀山公园和流花湖公园等城市文化休憩设施。在广交会的带动下，经过近20年的发展，这里成为活力十足的集展览、批发、旅游、商业为一体的城市新区。可以说，广交会是促进会展建筑与城市发展相互作用的媒介。

2. 会展建筑与城市的互动关系

四大展馆的建设初衷是为了学习和借鉴苏联社会主义建设的经验，同时展示苏联在经济、文化、科学技术、建筑艺术等方面

① 林克明. 广州中苏友好大厦的设计与施工［J］. 建筑学报，1956（3）：58-67.

所取得的成就。在苏联专家的影响下，北京、上海展览馆都是参照了俄罗斯经典建筑的样式，主楼高耸峭立，回廊宽缓舒展，视觉焦点突出，落成后都成为各自城市区域的标志性建筑。

北京、上海、武汉三个展览馆，除了展示工农业成就，还承担了文化交流和政治宣教功能，是国内文化交流的场所。北京展览馆的建设是北京建设文化城区的开始，随着农业展览馆、美术馆等场馆的陆续建成，北京市以文化强市的作用开始显现。

上海展览馆的馆址，原是英籍犹太人哈同的私人花园，“二战”时被日军侵占破坏，战后逐渐荒废。由于展览馆的兴建，这片荒废的城市空间得以重生。除了举办展览之外，上海最重要的两个政治会议——党代表大会和人民代表大会也一直在这里召开。上海展览馆所在区位是上海城市空间不可忽视的空间节点。目前这座大厦仍然是上海市主要的会议中心和著名的展览场馆，也是对外交流的窗口之一。

武汉展览馆自落成后逐渐成为武汉市的一处 “中心地”，无数次的展览、文化交流活动和纪念性、传播性、游览性的社会集体活动，已经使这座建筑的空间区位在城市中产生了一种对市民的内聚作用，在武汉市民中形成了 “三镇中心”的心理认可。在商业经济活动不活跃、政治宣传热情高涨的年代，武汉展览馆成了武汉的城市符号[①]。

以上三个展馆虽然均选址在城市中心位置，交通也非常便利，但由于三个展馆都定位于工农业成就展和文化、政治宣教功能，参展人也为特定人群，所以除了展馆前的广场，均未考虑与城市的互动关系。

从会展建筑对城市发展产生良好影响的角度评价，广州的中苏友好大厦不失为一个良好的范例。在规划伊始，广州人民政府就计划将其发展成一个综合性的对外贸易和商业中心，而中苏友好大厦的建设是新区发展的起点。随着中国出口商品交易会在这里固定举办，广州火车站、白云机场，主要接待外宾的东方宾馆新楼和流花宾馆，以及附近的电报电话大楼、邮政大楼、民航售票大楼、白马批发市场等一批配套设施随后建成，一个以会展为龙头的产业区逐步形成（见图4-23）。后来，广州市新辟环市路、人民北路、站前路等城市主干道联通市中心各功能区，以广交会为中心的流花地区真正成为广州对

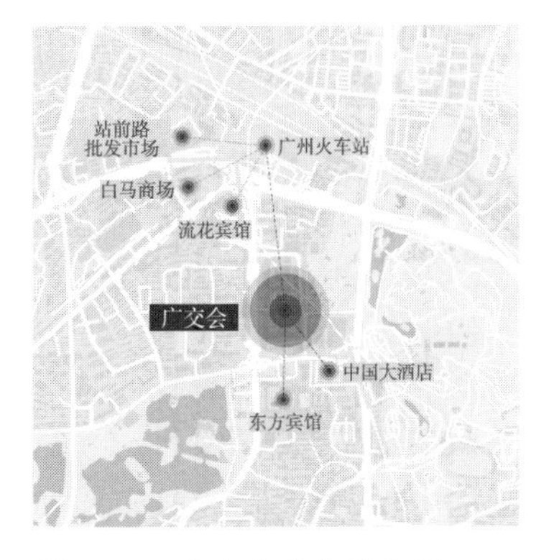

图4-23　广交会区位关系图

① 张在元. 废墟的觉醒——写在武汉展览馆被拆除之际［J］. 城市规划，1995（5）：3.

外交通的枢纽和对外贸易中心。

自从有了广交会，广州名副其实地成为我国对外贸易的“南大门”，也使广州真正跻身于国家重要城市之列。广交会的成功，拉动了社会主义经济建设，提升了广州的城市知名度，也触发了广州城市格局的变迁，推动了城市第三产业的发展，成为我国会展事业与城市发展互动的范例，为其他城市发展会展事业做出了榜样。

三、调整时期会展建筑案例

20 世纪50 年代集全国之力在北京、上海、武汉、广州兴建的中苏友好大厦是我国调整时期会展发展历程中最重要的展览建筑。这四座中苏友好大厦均在同一时期建设，由于同时期的社会主义强国——苏联的经济模式、文化样式等都是我国学

图 4-24　北京展览馆

（图片来源：北京展览馆官网 http://www.bjexpo.com）

（a）展馆入口

（b）展馆平面图

习的目标，因此这四座展览建筑设计均由苏联专家主持，同时中方设计师也参与其中。如上海展览馆的总建筑设计师是苏联的安德列耶夫，陈植作为中方专家组组长参与设计。这四座由苏联专家主持设计的中苏友好大厦的平面布局和立面造型相当类似：建筑形态都具有中轴对称、中央主楼高耸、中间高两边低，由檐部、墙身、勒脚划分为横向三段式立面构图的“苏联社会主义”风格。

北京展览馆占地面积13.2万平方米，建筑面积5.04万平方米。它的平面呈“山”字形，左右对称，前后呼应。建筑以中央大厅为中心，中央前厅左右分出两翼，向前后延长，前伸两臂形成正门入口广场，后伸两翼与中央馆又合围成两个展览馆内庭广场，可作为室外展场（见图4-24）。中央轴线从南到北依次是入口广场、中央大厅和工业展馆（主要展馆），东翼是文教厅，东广场陈列交通运输、采煤机械，西翼是农业厅，西广场陈列农业机器。会议大厅在中央轴线的末端。各展厅相依相连布置，参观流线贯穿在展厅当中，由于展厅之间直接相连，没有另外的外廊连接，参观者必须穿过所有的展厅。

上海展览馆占地面积9.3万平方米，建筑面积8万平方米。整体布局和入口造型（见图4-25）与北京展览馆相似，平面

图4-25　上海展览馆

（图片来源：上海市人民政府官网 http://www.shanghai.gov.cn）

（a）　展馆入口

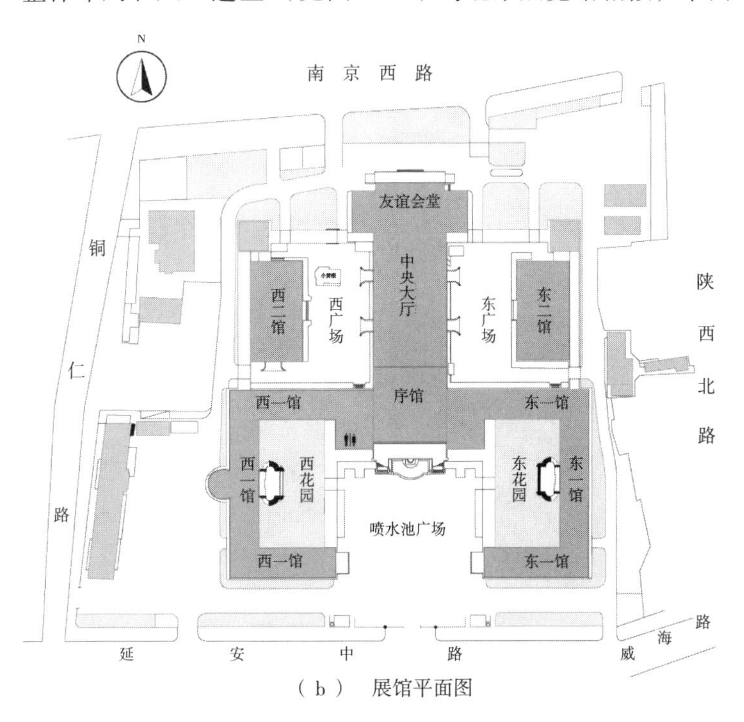

（b）　展馆平面图

图4-26 武汉展览馆外貌

（图片来源：周振宇，《当代会展建筑发展趋势暨我国会展建筑发展探索》）

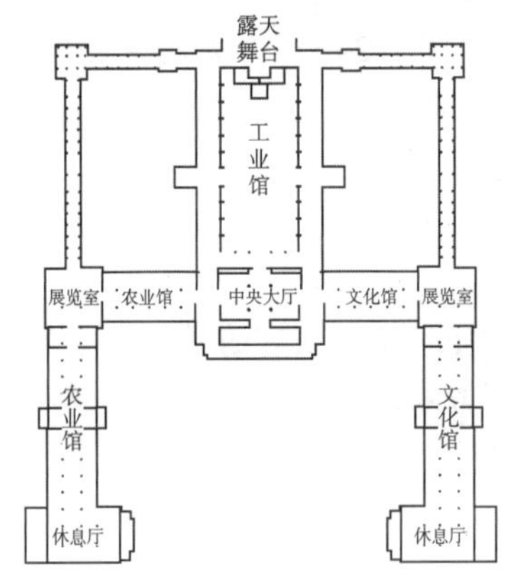

图4-27 广州中苏友好大厦平面图

（图片来源：林克明，《广州中苏好大厦的设计与施工》）

图4-28 北京展览馆入口广场

（图片来源：北京展览馆官网 http://www.bjxpo.com）

布局更是如出一辙。其建筑群按中轴线布局，建筑之间又围合成三个主要的室外广场。主要展览大厅位于中轴线上，东西两翼各伸出展厅作围合状，形成入口广场。整幢建筑外观风格独特，气势宏伟，具有俄罗斯古典主义风格，在立面细部上采用了反映当时政治氛围的装饰符号和一部分中国传统装饰图案，在重点部位采用了高级天然石材如汉白玉等，实属难得。上海展览馆历时十个月建成，成为上海标志性建筑之一。

武汉展览馆占地面积11万平方米，建筑面积2.3万平方米。虽然没有北京、上海展览馆入口高耸的塔楼，且柱廊的柱子样式有了简化，但是仍然保持中轴对称的布局（见图4-26）。这样的布局并不是为了适应展览的功能要求，主要是为了营造崇高向上的外观取向和仪式化的空间氛围，从而给建筑形象赋予了一种政治上的象征意义。可以说，这样的建筑风格有强烈的时代烙印。

广州的中苏友好大厦兴建之时，建设资金并不充裕，总建筑面积在四大展馆中也是最小的。从平面布局来看，广州中苏友好大厦和其他三大展馆相比，没有后面左右两翼的展馆，其实际展馆是文化馆、农业馆和工业馆（见图4-27）。为了节约资金，立面造型也没有了北京、上海展览馆繁琐的装饰细部，而是采用了简约的设计手法。同时限于预算资金的不足，也带来了一些设计上的不足。比如西立面取消遮阳板，导致西晒严重，只好在后期加了帐篷；馆内道路部分铺的是粗砂，导致人流多的时候，尘土飞扬。当然最主要的问题还是面积不够，在这种空间嵌套式的组织方式下，展馆显得过于拥挤，以致后来进行了大规模扩建。

无论如何，广州中苏友好大厦在特殊的时代和条件下，运用现代主义建筑设计概念，结合岭南的气候特点，营造出了简洁明快的建筑外貌，开创了探索新岭南建筑风格的先河。

在当时国家财政状况下，短时间内兴建四座大型的展览馆殊属不易。就展馆的总平面布局而言，它们都有相似之处，都是中轴对称的“山”字形布局，只是按照不同的基底面积顺应铺开而已。这样的布局使展馆都拥有一个方形的大型广场与城市连接（见图4-28），在当时以公交车、自行车和步行为主要交通方式的情况下，展馆与城市的连接主要集中在城市路面这一水平层，方形的广场方便人流的组织和安排开幕式的庆典仪式。同时，受苏联公共建筑设计风格的影响，采用中轴对称、

图 4-29　上海展览馆主馆内景

（图片来源：李圣恺，《上海展览中心》）

图 4-30　广州中苏友好大厦主馆内景

（图片来源：林克明，《广州中苏友好大厦的设计与施工》）

（a）公园模型

（b）公园旧照

图 4-31　广州文化公园

（图片来源：华南理工大学建筑设计院资料库）

两边环抱的平面布置的设计手法，能营造出具仪式感的空间场所。虽然人流可以从两侧环廊步入展览馆门厅，但这种空间感受并不是举办展览会所需要的，而是为配合宣扬政治形象的需要。为了不破坏入口的空间氛围，展览货物要另辟侧面的通道进入，但并未留出临时货物堆场的空间。当早期展览是以图片为主时，问题并不明显。但后期展览以货物商品为主体时，特别是在展品为机械类的大型物品时，这样的货物进入方式具有很大的局限性。

早期四大展馆的展厅连接方式可以定义为嵌套式，其形态是展厅一个接着一个，之间没有专门的连接交通空间，参观路线贯穿在整个展览馆内。游客边参观边流动，但当人数众多的时候，滞留的人群就会与流动的人流发生冲突。这样串联的展厅布局，并不适合大规模的商业展览。

四大展馆的主要展厅为了实现大跨度的展览空间，主展馆空间都采用了大型拱结构，屋面采用混凝土薄壳。图4-29 和图4-30 分别是上海展览馆和广州中苏友好大厦主馆的内景，可以看到大跨度的拱梁和薄壳混凝土屋面形成一个直筒状的展览空间，筒状展馆两侧均开启了高侧窗，以解决通风采光的需要。结合当时的国力条件和建造技术水平，采用这样的结构形式不失为一种经济合理的选择。

早在 1951 年 10 月，广州市政府曾自主筹办了一届华南土特产展览交流大会。大会结束后，市政府决定利用原来的设施和人力，把大会场馆改建为一个长期性的有地方志博物馆性质的文化活动场所，翌年的 3 月 8 日改名为“岭南文物宫”。园区位于珠江畔，靠近黄沙汽车站和码头，占地面积共 8.3 万平方米。园区有中央步道，步道尽头是中央舞台，两旁分散布置了 8 个展览馆，展出面积有 7 000 平方米。其中水产馆、花卉馆为常设展馆，其余为轮设展馆。由于地处广州西关老城区，城市空间逼仄，虽然临近黄沙汽车站和码头，也难以承办大型的商品展销会，因此“岭南文物宫”只能转向举办有关文教、科技、政治等中小型的宣传展览活动。1980 年“岭南文物宫”改名为“广州文化公园”，正式转型为集宣传展览、文娱体育、园林绿化、游乐活动于一体的综合性文化城市公园（见图 4-31）。

四、调整时期会展类型梳理

调整时期（1950—1979 年）我国实行的是单一的计划经济

体制，这在一定程度上抑制了社会商业活动。当时，展览会的功用主要为宣扬国家政策，提升政党形象，引导崭新的社会主义价值取向。展览内容以图片为主，兼有农产品和工业产品，全方位地展示社会主义新中国在政治经济领域建设的成就和优越性。由于当时火车是城市之间货运的主要工具，步行、骑自行车和坐公交车是市民的主要交通方式，为了方便市民的参与和参展货物的运输，展馆的选址多数定位在与火车站连接便捷的市中心之地。广交会没有选址在城市中心而在城市发展的新区，除了用地问题外，还在于它需要承担更多的商贸展销功能，而且在商展期间，只对商贸专业人士开放，不接待一般市民，所以它设在新区并不影响其发挥作用，反而与其商贸展销的功能相匹配。

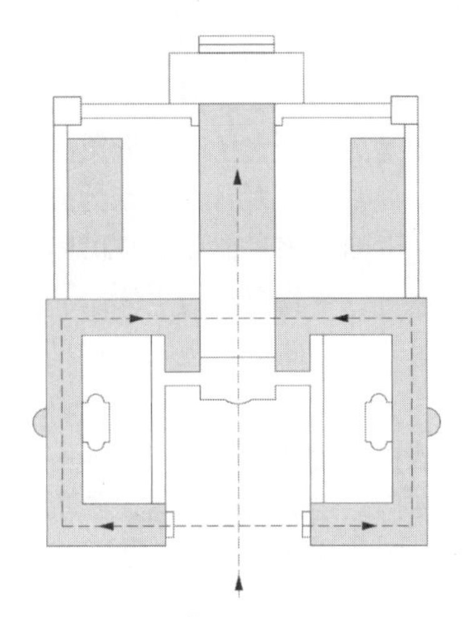

图 4-32　嵌套式展厅功能流线关系示意图

将这时期四个展馆的总平布置抽象简化，用方块和虚线表示出展厅的功能关系（见图4-32），可见其属于一种紧凑型的布局。由于用地的限制，展馆规模难以扩展。因为展览空间相互套嵌，无法被灵活划分，而只适用于功能单一的展览。受用地面积所限，展馆内并无独立的会议、商洽空间。货运车辆只能安排在两侧停放，货物需由人工搬运，汽车无法直接进入展厅。

在计划经济时期，展览馆也是由国家统一管理。在特定的展期，由相关的部门组织民众有秩序地参观展览。在闭展期，民众是不能进入展馆的。即使在广交会开展期间，也仅对外宾和相关专业人士开放。广交会在开展期和闭展期周围人流有明显的差别（见图4-33）。可以说这段时期，展览馆与城市的互动是机械和呆板的。1979年后，改革开放的新经济政策给人民生活带来了改变，也为会展和城市之间的互动注入了新的活力。

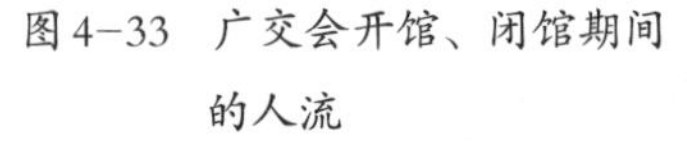

图 4-33　广交会开馆、闭馆期间的人流

（图片来源：石安海，《岭南近现代优秀建筑·1949—1990卷》，第223页）

（a）开馆期间人流

（b）闭馆期间人流

第四节　中国发展时期的会展业

（1980—1999 年）

一、发展时期的历史背景和会展业概况

“文化大革命”结束后，党的十一届三中全会确立了改革开放的基本方针，国家的发展方向集中到经济建设上来。展览会在经济建设过程中所担任的角色也逐步得到重视。新时期展会的重点逐渐转向商贸功能，展览会的内容和形式也发生了深刻的变化。

其一是制度上的改革，展览会逐渐实行企业化管理。商贸展览会要摆脱国家拨款，自筹资金，这无疑激活了举办单位的自主性，同时也为展馆不断扩大规模提供了条件。

其二是参展主体和展览市场变得更加多元化。如外贸体制也向着专业化、社会化方向细化。在1978 年，我国第一家工贸公司——中国机械设备进出口公司成立，高度集权的外贸经营体制被打破；获得进出口经营权的企业都成为参展的主体。改革开放政策改变了以往仅有限对外出口的境地，对外贸易呈井喷式发展。1978 年的广交会春季交易会到会客商就来自98 个国家和地区。

其三是展览功能走向专业化、多样化。当展会从宣教性质转向商贸性质时，展会就成为联系参展双方利益的纽带和桥梁。在两者的互动过程中，向着专业化、多样化的方向发展。

其四是展出商品结构的变化。政府举办大型展会的目的主要还是增强国内交流和对外贸易。这个时期一些国家战略产品也会展出。例如，1983 年我国第一次出口多用途轻型飞机。1988 年，长征二号、三号运载火箭等高科技产品也进入展馆[①]。这样的展品对展馆的空间和物流通道提出了新的要求。

国家对展览会向着多元化、专业化的方向发展是肯定的，同时也对展馆的规模和模式提出了新的要求，这也使得北京、上海、广州这些有条件的重要经济城市在会展事业上率先起步。

---

① 林瀚．广州会展史研究［D］．广州：广州大学，2007.

二、发展时期会展建筑与城市发展的互动关系

20世纪80年代以后，各大重要城市的会展业随着城市的发展也逐步壮大起来，展会活动由宣示、介绍性质向交流和贸易性质转变，会展建筑与城市发展的互动越来越活跃和密切。

1. 会展建筑在城市中的区位

进入90年代，北京的会展业更是快速发展。在“九五”规划期间北京共举办展会1251个，其中国际性展会812个。北京会展业保持了年均15.3%的增长速度，利润率保持在20%~25%[①]。在这期间，技术经济展览占全市展览总数的71.7%，并且形成了定期展览的模式，代表着北京会展业市场的成熟。不论展会的数量还是规模，都推动着新的展览场馆的产生。

为了迎接1985年11月在北京召开的亚太地区国际贸易展览会，中国国际展览中心静安庄馆得以兴建，整个工程分期完成。展馆选址在北京市区北三环东路西侧，距市中心10千米，离使馆区5千米，离机场20千米（见图4–34）。展馆建在北京市三环以内，周边用地都处于基本建成状态，没有预留可继续发展扩大之用地。展览中心举办的多为与大众生活密切相关的商业消费和文化教育型的展会。由于展会平时不开放，庞大的建筑尺度在城市中心区截断了人流和车流的正常穿行，阻碍了片区空间环境的连续性。当展会举办时，交通运输量又瞬间增大，导致周围区域的交通堵塞，严重影响城市片区的日常生活节奏和规律，而一些室外的展览活动会导致周围片区交通状况的恶化。由于开发者对城市高速发展的预料不足，以及对大规模会展安排的经验不足，中国国际展览中心静安庄馆从开始规划就面临城市发展和展会规模提升之间的矛盾。这些教训也导致了2000年后的中国国际展览中心新馆（天竺新馆）的选址落在远离市中心的首都机场附近。

图4–34　中国国际展览中心静安庄馆区位图

1984年，上海市政府制定了《关于上海经济发展战略的汇报提纲》，要求上海要充分发挥多功能的中心城市作用，积极招商引资，调整产业结构，加大城市基础设施建设和开发经济技术新区的力度。虹桥作为首先开发的新区，主要承担涉外商业贸易的功能。1992年，党的“十四大”提出，要以上海浦东开发开放为龙头，尽快把上海建设成国际经济、金融、贸易中

① 张伟．北京会展建筑发展状况研究［D］．广州：华南理工大学，2009.

心之一，带动长江三角洲和整个长江流域地区经济的新飞跃。上海不再是以一个单独的城市被看待，而是被设立为区域的经济中心，经济发展进入更加宏观和快速的通道。

与经济发展同步，上海的会展业在1984年起步时，一年举办的展览会不到20个，到1990年增加到40个。会展新场馆也首选在虹桥区，新落成的上海国际展览中心和上海世贸商城在虹桥区内位置相近，南靠延安高架，与虹桥机场仅距离5.5千米（见图4-35）。上海从1991年开始定期举办中国华东进出口商品交易会，简称“华交会”。第一届华交会在上海展览馆，即原来的中苏友好大厦举行。从第二届开始，华交会就由虹桥区新落成的上海国际展览中心和上海世贸商城联合承办。和广州的广交会相类似，围绕着这两个会展建筑场所，虹桥开发区逐步发展成为以外贸中心为特征的，集展览、商贸、办公、酒店、餐饮、交通、购物为一体的新兴城市商贸区[①]。华交会展会面积从初始的约50000平方米发展到2000年前后的80000平方米，华交会成为依托地缘关系发展起来的区域性国际经济贸易盛会，也成为上海作为国际大都市的一张经济名片。然而，当虹桥新区发展饱和后，反过来对需要不断扩大规模的会展活动产生了制约。此时，国家适时提出了开发浦东的战略。在浦东新区新建一个更大规模的会展中心成为必然。

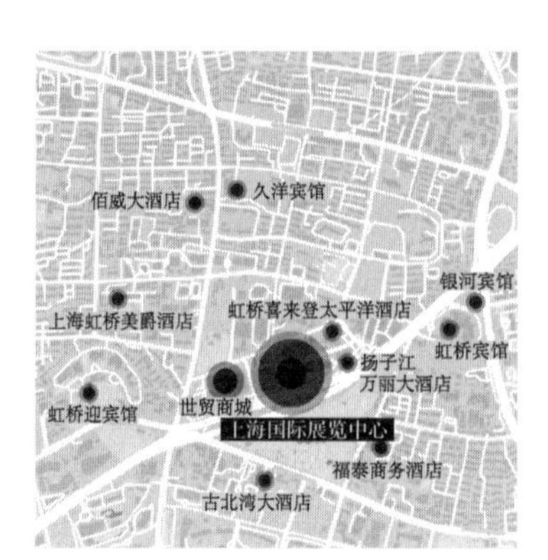

图4-35　上海虹桥商贸区区位图

改革开放后，广州会展业的发展状况与上海是类似的。由于毗邻香港、澳门，地处改革开放的前沿，城市经济和会展事业的发展互为促进、相得益彰。以广交会为例，1980年春、秋两会参会人数约47000人，而2000年春、秋两会的参会人数则达260000人。经过近20年的建设，广交会流花展馆除了自身加建外，附近还新建了锦汉展馆和白马、黑马等批发市场，中国大酒店和东方宾馆两家五星级酒店以及一大批星级宾馆。同时，修建了民航大楼、邮政大楼、长途客运站等。流花地区作为广州对外的交通枢纽和对外贸易中心已经发展成熟。随着广州展览业的快速发展，原来发展用地受限的困局日渐显现，城市功能的扩充提升空间也受到了极大的制约。在2000年前后，流花片区的交通网络也难以疏散展会带来的巨大客流和货流量，因此，无论是从本身的扩容还是减轻城市片区的交通压力来讲，广交会的举办都需要另觅新区建设新会场。

① 林静君. 上海会展建筑发展状况研究［D］. 广州：华南理工大学，2010.

2. 发展时期会展建筑与城市的互动关系

这应该是中国会展建筑与城市发展互动较为密切的一段时期。在上海、广州等经济发展位于前列的城市，会展中心与开发的新区协同发展，会展业有城市新区建设加速器之称。上海的虹桥新区、广州的流花新区都是围绕着会展产业发展起来的。为了配合会展建筑，附近的交通、旅游、商业等多项相关产业建筑也逐步发展起来，慢慢形成以会展建筑为龙头，对周边进行辐射的新产业区，形成了集吃、住、行、游、购、娱为一体的综合服务体系。

会展建筑的发展不仅能够推动城市的硬件发展，而且能够提升城市的软实力。会展建筑本身就是城市的名片，不仅是人们了解城市的窗口，也是当地风土人情、文化传统的展示平台。一个好的会展建筑往往会成为城市的文化地标。

城市中心的会展发展始终受交通、用地等城市基础条件的限制。随着会展的规模越来越大，各个重要的会展中心都面临着同样的问题，即开展时给城市带来巨大的交通压力，闭展期又会因为其庞大的建筑尺度阻断了城市空间的连续性，阻碍了车流和人流的正常穿行。会展建筑的规模与城市承载力之间的冲突已经难以避免。当会展规模超出城市承载的极限时，会展建筑对城市发展就会产生负面作用。20世纪末率先发展会展事业的城市都面临着老区发展成熟、市政硬件提升潜力殆尽的问题。为了解决这个矛盾，会展建筑只有另觅发展出路，才能在演变过程中同城市一起和谐地发展。

三、发展时期会展建筑案例

（1）中国国际展览中心静安庄馆

图4-36　中国国际展览中心静安庄馆鸟瞰图

（图片来源：张伟，《北京会展建筑发展状况研究》）

改革开放后，北京会展建筑的代表是位于北三环路的中国国际展览中心静安庄馆（见图4-36），它在1993年以前是国内规模最大的现代化展览馆，分2期建成，建筑面积6万平方米，室内展览面积53 000平方米，室外展览面积约7000平方米，拥有当时国内面积最大的8个展览馆。由于是分期建设，展馆在基地上呈分散式布局。主馆是大型会议中心，位于基地的中央位置，其南面入口广场是会展中心联系城市空间与城市交通的中介，广场形态与北京展览馆相类似，见图4-37所示。但展厅之间的关系与北京展览馆的套嵌式布局不同，中国国际展览中心静安庄馆的展馆与展馆之间设有交通空间连接，客流、货流的交通虽然均在同一平面内，但有内、外环之分。在这样的组织方式下，流动于展馆之间和展馆内的参观客流可以与货流互不干扰。货流也有专门的外围通道，流线顺畅。展览中心同时设有大型报告厅、技术交流室、贸易谈判室和餐厅，可以满足举办大型展会时的综合需要，该展馆设计已初步显现现代会展的分散式布局特点。

1. 展馆（1—8）
2. 室外展场
3. 综合服务楼
4. 集装箱场地
5. 海关保税仓库
6. 皇家大饭店
7. 创益佳商场
8. 花卉出租处
9. 参展商发证处
10. 公交车站

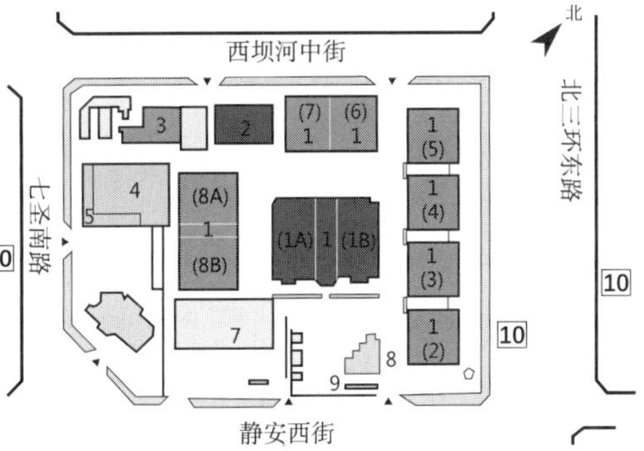

图4-37　中国国际展览中心静安庄馆场馆分布图

（2）中国国际贸易会展中心

同时期北京会展建筑的代表还有中国国际贸易会展中心（简称“中国国贸会展中心”），它位于北京市区建国门外大街与东三环路的交点，南面是长安街，北面是使馆区，有地铁出口，东面距机场仅30分钟车程。中国国贸会展中心是集展览、会议、酒店、商场为一体的综合体，南面有常见的“凹”形广场与城市连接，东侧裙楼是展览馆，西侧裙楼是会议厅（见图4-38）。展览馆由三个展厅和序厅组成，面积有14 600平方米，规模中等偏小。展厅之间可以像北京展览馆那样套嵌，也可以用旁边的通道串联，布展灵活，但是会展中心的展馆面积不算大，举办大规模展览会显得局促。

（3）上海国际展览中心

上海国际展览中心位于上海虹桥经济技术开发区内娄山关路88号，为2层建筑，总建筑面积18 800平方米。首层和二层

1. 办公塔楼
2. 国际宾馆
3. 展览中心
4. 多层办公
5. 国际公寓
6. 中级宾馆
7. 职工宿舍
8. 锅炉房
9. 煤气站
10 信息中心
11. 下沉花园
12. 中式庭院

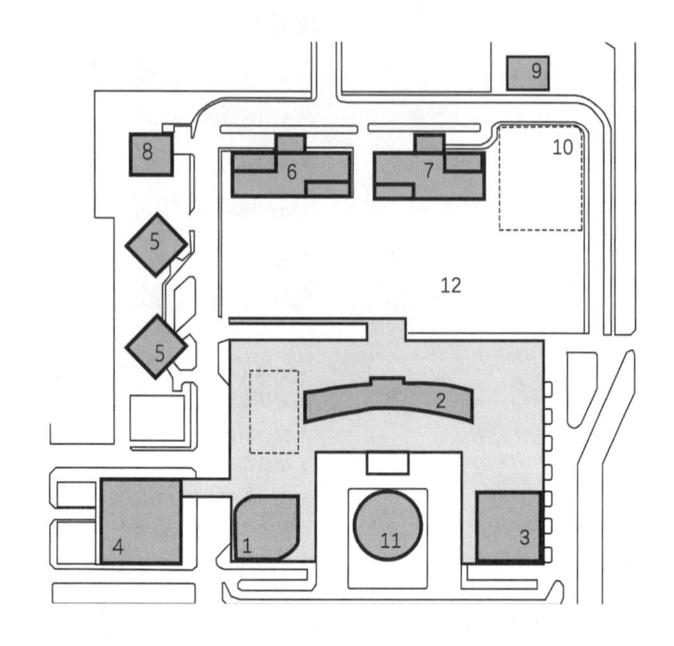

图4-38 中国国际贸易会展中心总平面图

分别有6000平方米的展览空间，会议室位于二层的一角，展厅和会议室由交错的三条交通步道串联起来（见图4-39）。为了提高用地的经济性，展览中心没有入口广场，建筑铺满整个用地，展馆直接面向城市。

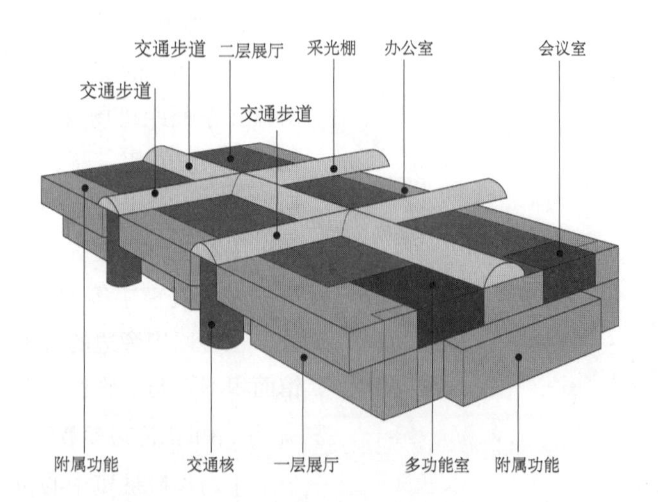

图4-39 上海国际展览中心功能组合图

（4）上海世贸商城

上海世贸商城与上海国际展览中心毗邻，两者形成互补，联合举办了“华交会”。场馆设施包括4个部分（见图4-40）：第1部分是常年展馆，面积达190 000平方米，主要展示服装面料、国际礼品家具和国际建材家具；第2部分是短期场馆，面积达20 000平方米，可以承办其他各类型的商业展览会；第3部分是会议中心，由2楼的大型会议厅和7楼的多功能厅组成，共2 000平方米；第4部分是办公塔楼，塔楼高达30层，总面积达60 000平方米。

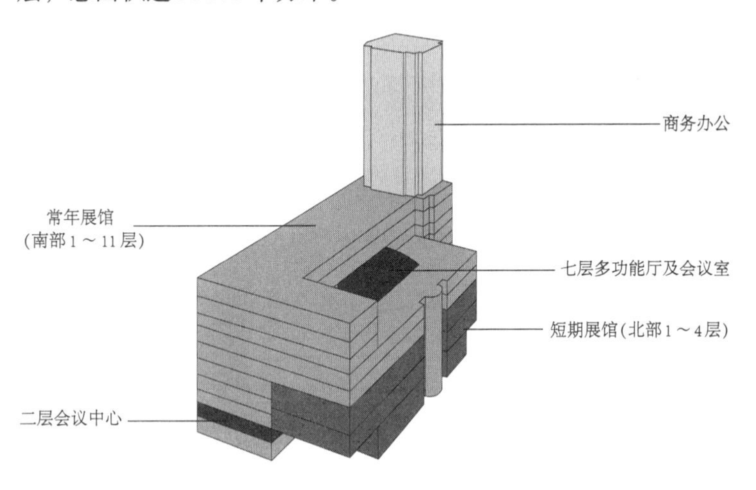

图4-40　上海世贸商城功能组合图

上海世贸商城与上海国际展览中心都位于城市中心，受用地的限制，建筑铺满用地，展馆直接连接城市。它们的总平面规划采用集中式布局，以垂直联系为交通运输纽带。这样的布局在用地紧张的条件下，展馆与城市的互动直接、高效，具有很高的经济合理性，但在展品运输、展位搭建和楼层荷载方面存在诸多局限性。

（5）广州广交会系列展览建筑

为了满足不断扩大展览规模的要求，广州的广交会流花展馆在原来的基础上进行了加建，加建后展馆面积达到了17万平方米（见图4-41）。展馆在南面增建倒“T”字形的入口大楼，在北面增建一组展馆建筑，与原来的大厦组合成新的展览馆建筑群。南北、东西面皆设有10米宽的道路环绕全馆，交易会期间以南面为客流主入口，西入口为辅，北入口为内部入口。大型展品从机械馆西侧8米高的通廊进入露天展场，人货

1. 序幕大厅；
2. 毛主席著作馆；
3. 农业学大寨馆；
4. 工业学大庆馆；
5. 文化医药馆；
6. 五金矿产馆；
7. 机械馆；
8. 轻工馆；
9. 纺织馆；
10. 土畜产馆；
11. 轻工，工艺品馆；
12. 服务楼；
13. 花鸟馆；
14. 茶水间；
15. 贵宾厅；
16. 接待厅；
17. 保卫、接洽室；
18. 服务员室；
19. 贮物室；
20. 办公室；
21. 接待室；
22. 地毯打包处；
23. 小卖部；
24. 观众厅；
25. 机械房；
26. 餐厅；
27. 厨房；
28. 银行邮电；
29. 饮水处；
30. 门厅；
31. 机械广场

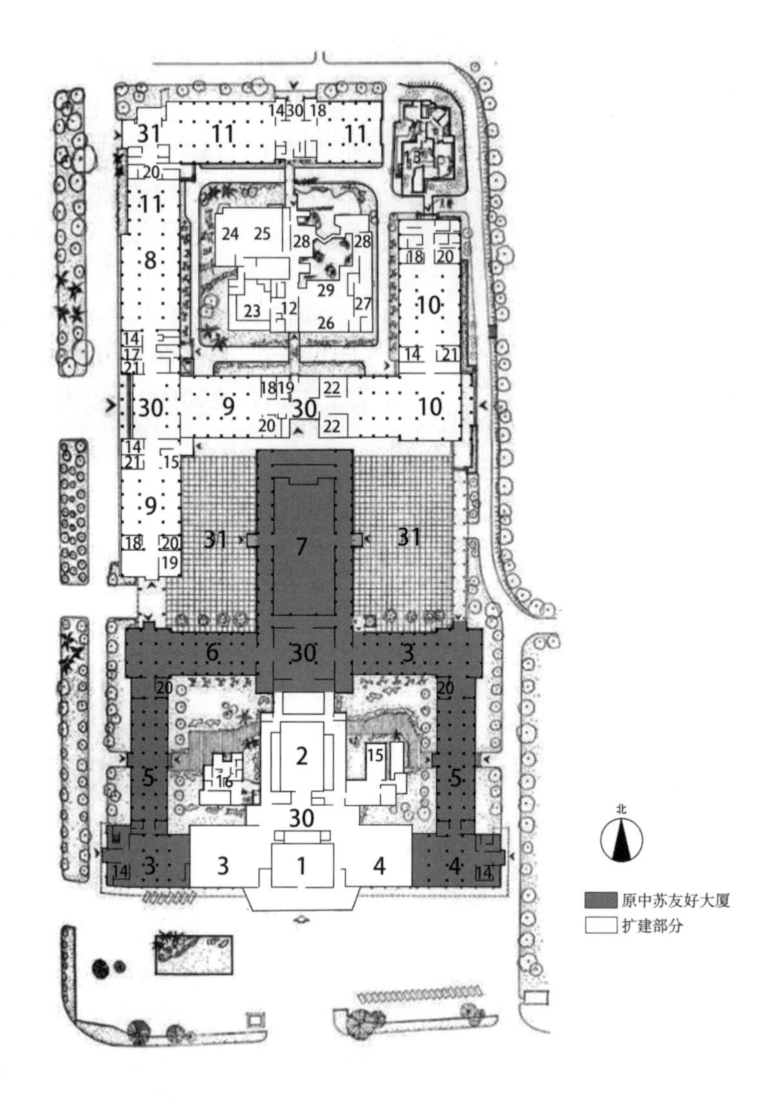

图 4-41　广交会流花展馆增建部分

（图片来源：石安海，《岭南近现代优秀建筑 · 1949—1990 卷》）

分流。总的看来，增建的展馆仍然延续了套嵌式的组织方式。

会展建筑的规模在这段时期不断扩大，归因于会展展览不仅是文教宣教的平台，而且是商贸交易展示的重要阵地。与城市经济发展相呼应，大型会展建筑成为城市经济发展的标志之一。会展业的不断发展，并不限于展览面积的增加，而是趋向多元化。商务办公、酒店服务、会议设施等配套设施也得到了强化。例如，会议洽谈室会以简单便捷的方式置于展览馆附近或者灵活地散落在展览空间之中。酒店设施也往往与会议设施相结合，为整个会议展览活动提供多方位服务。为了保持会展建筑与城市的互动，有的会展建筑还增加了常年展厅和短期展

图 4-42　上海世贸商城

（图片来源：林静君，《上海会展建筑发展状况研究》）

图 4-43　上海光大会展中心

（图片来源：林静君，《上海会展建筑发展状况研究》）

图 4-44　中国国际展览中心静安庄馆立面

（图片来源：林静君，《北京会展建筑发展研究》）

厅。由于功能的多元化，会展建筑的总体规划也向着综合式方向发展，特别在城市中心，当用地限制使单层建筑满足不了规模的要求时，会展建筑会向多层方向发展，使多功能的内容在垂直方向上分布，达到集约使用的目的。展厅的组织方式也开始多元化，除了套嵌式外，还有分散式和串联式，使布展具有弹性和多样化。

受北京展览馆布局的影响，北京的中国国际展览中心静安庄馆和中国国际贸易会展中心都设计了“凹”字形的入口广场。但是随着建筑的政治宣传功能的降低和实用经济效益功能的提高，新建的展馆通常只在主入口处作适当的退入，作为入口或庆典广场，这样客流可以直接进入会展建筑，也使会展建筑与城市客流的互动更加直接。就像上海的世贸商城（见图4-42）和上海光大会展中心（见图4-43）等。广交会流花展馆为了增加规模，也把展馆加建在原来的“凹”字形广场上，减少了原广场的纵深感，让展馆得以直接面对城市。

改革开放后，我国在设计思想上摆脱了苏联单一模式的影响，开始接受其他西方国家的设计思潮。由于我国的社会环境和西方功能主义设计思潮兴起时的社会环境有相似之处，因此，这段时期我国的建筑风格受功能主义影响很大。在这股思潮的影响下，建筑的平面布局要以满足功能需求为主要依据，立面以简洁、朴素、明快为主，取代了以往古典式的中轴对称式布局和三段式的立面造型。中国国际展览中心静安庄馆（见图4-44）和上海国际展览中心（见图4-45）造型都是在同一设计思潮影响下的设计产品，两者类型上有相似之处。

广交会流花展馆地处广州，位于我国改革开放的前沿地

图 4-45　上海国际展览中心立面

（图片来源：林静君，《上海会展建筑发展研究》）

图4-46　广交会流花展馆新馆西立面

（图片来源：石安海，《岭南近现代优秀建筑·1949—1990卷》，第225页）

图4-47　广交会流花展馆新馆南立面

（图片来源：石安海，《岭南近现代优秀建筑·1949—1990卷》，第225页）

图4-48　上海农业展览馆网架

（图片来源：林静君，《上海会展建筑发展研究》）

区，由于设计者佘畯南接受外来的设计思潮较早，在设计上敢于大胆创新。在广交会流花展馆增建的展馆中，就吸取了第一期没有考虑西晒的教训，结合了岭南的气候特点，在西立面上加设了遮阳板，形成了独特的立面韵律（见图4-46）；而在南向正立面则大胆地采用了不对称体型，运用大片玻璃幕墙，形成简洁明快的整体造型，成为国内最早使用玻璃幕墙的建筑项目之一（见图4-47）。广交会流花展馆的扩建设计也成了探索岭南新建筑风格的开端，影响到后来的广州火车站、友谊剧院、白云宾馆、白天鹅宾馆等大型公共建筑的设计和改造，逐渐形成了一种极具地域特色的建筑风格，并影响至今。

在这一时期对于大跨度的展览空间的设计也摆脱了混凝土结构的束缚，结构工程师开始使用钢结构的桁架或网架等较新的结构形式，使设计的自由度得到了进一步的释放。钢结构的使用使展览空间跨度更大，模数规整，布展灵活，更加符合展览的要求，图4-48所示为上海农业展览馆网架。对于大规模的会展建筑，钢结构也逐渐成为主要的结构形式。

四、发展时期会展建筑类型梳理

国家实行改革开放的政策后，发展方向逐渐转到经济建设上来。在建筑设计上，不再受限于苏联设计理念的束缚，开始学习和吸收西方现代主义建筑设计理论。新建或者扩建的会展建筑都呈现出共同的设计特点，即开始摆脱有政治形象隐喻的集中式古典风格，逐步采用以功能主义为出发点的现代建筑风格。另外一个深刻的变化来自展览会管理制度的转变，商贸展会逐渐实行企业化管理。这大大提高了举办单位的主观能动性。

为了与社会主义活跃的经济活动相适应，商贸展览也走向规模化、多元化和专业化，原来紧凑的套嵌式布局已难以满足灵活组合和几个展览同时举行的要求，因此新建的商贸展馆采用新的平面布局就成为必然。以中国国际展览中心静安庄馆为例（见图4-49），展厅采用了分散式布局。总体布局比较自由，可以分期发展，配套的其他功能也可以一起布置。展厅围绕中心大会议厅分布，显示出多功能、综合性的会展建筑特点。展厅可以分期建设，也可以单独布展，按照展览的规模来灵活组合展厅。参观的人流在内部流动，货物在外线装卸布展，不会产生人、车混流的现象，但这样的布局对交通管理要求较高。

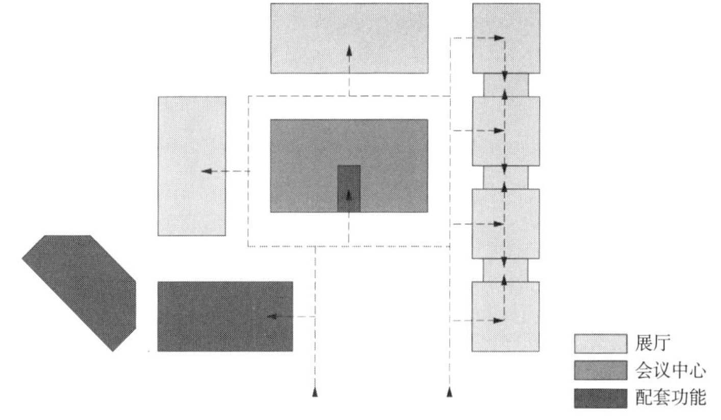

图4-49 中国国际展览中心静安庄馆功能分布示意图

位于城市中心地带的新建会展展馆，为了在有限的用地范围内，做到既有综合配套的功能，又能灵活布置展厅，于是就产生了串联式的布局。如图4-50所示，以北京的中国国际贸易会展中心为例，多个展厅由步道串联起来。虽然这样不能分期

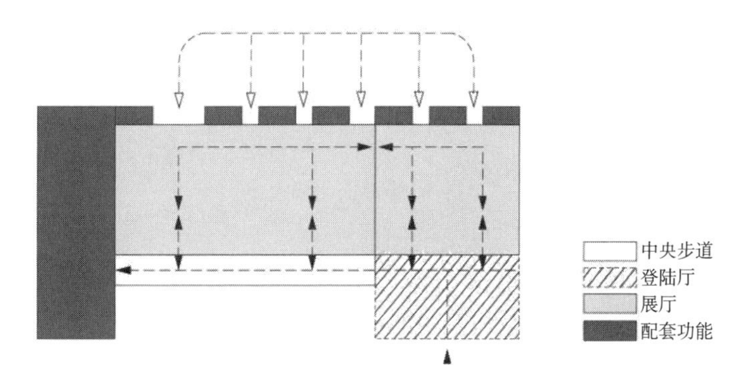

图4-50 中国国际贸易会展中心功能流线示意图

发展，但是展厅可以模块化设计，展厅空间可合可分，适合展览空间的弹性调整。人流可在展厅内随意穿行，也可选择性地进入某个展厅，在参观选择上相当灵活。

1979—2000 年，经过 20 多年的发展，位于城市中心的会展规模的扩张越来越受到城市基础设施承载量的限制。为了保持会展展馆的活力，有的会展建筑增加了商业零售功能，客流在闭展期也可以直接进入建筑，使会展建筑与城市客流的互动更加直接。但由于会展业发展迅猛，会展规模的扩张渐渐超出城市可承载的极限，会展的发展对城市生活产生的负面作用也开始显现。为了避免这个矛盾，在进入 2000 年之后，会展中心在新的城市区位进行下一轮的建设，已是必然的选择。

第五章

中国会展建筑的发展与类型梳理（2000年至今）

本章掠影

提升时期的会展建筑与以往的会展建筑相比有了明显的变化，展馆总体面积不断扩大，单个展厅的面积也出现增大的趋势。随着会展建筑的综合化、规模化发展，会展选址开始向城市郊区发展，会展建筑总平面组织模式趋向于并联式和串联式两种类型，部分会展建筑由于客观条件限制亦选择了串联、并联相结合的混合布局模式，甚至在当时新建的国家会展中心（上海）还出现了复合式的新平面布局模式。

这一时期的会展中心建设大部分与国际设计团队合作完成，这极大地拉近了我国会展建筑设计与国际上的差距，也为我国会展行业的国际化发展铺平了道路。

进入21世纪后，我国会展中心与城市的衔接方式更为多样化。随着会展中心规模的增大和参展人次的大幅增加，如何与城市建立更便捷的交通衔接是会展中心设计的重点之一。此外，城市决策者和设计师除了考虑当前的客观条件和未来规划情况，也应考虑会展中心自身的触媒效应，这就要求建设者具有更好的前瞻性。

总而言之，处于提升时期的我国会展业与城市的关系比以往任何一个时期都更为紧密，它对城市的空间结构和日常运转有着深远的影响。同时，会展建筑由于会展业的刺激、建筑技术进步和社会观念的转变，而引进了新一代与国际接轨的会展建筑类型，这也给未来中国会展建筑的设计提供了坚实的实践基础。

第一节　提升时期会展业发展概述

一、提升时期的发展背景

2000 年左右，我国进一步对外开放，积极做好加入世贸组织的准备。此时传统工业依然快速稳健发展，以信息产业为代表的高新技术产业亦迅速崛起。

2001 年加入世界经济贸易组织（WTO）后，我国紧紧追随世界经济新的发展战略，结合国内现状及基础设施条件，在经济建设方面成果显著。与发达国家横向比较，2006 年 GDP 上升到世界第四位[①]，投资、出口成为经济增长的主要驱动力量。

2008 年世界金融危机爆发，全球经济萎靡，导致我国对外出口贸易在体量上出现大幅下降，经济步入调整阶段。2011 年末，城市人口比重占全国总人口的51.27%，开始超过农村，中国的城市化进程继续向前发展。虽然2008—2011 年全球经济整体下滑，但我国依然维持9.7% 的年增长率[②]。

2012 年起，世界经济进入深入调整期，我国也迈入改革的攻坚期。2012—2014 年经济增速回落，外因是世界经济整体仍处在艰难复苏的阶段；内因是我国劳动人口总体下降，而成本上升。由于我国经济总量大，发展方式从快速粗放型转向集约型，必然造成增速的减缓。“十三五”规划建议推进我国从大国向强国迈进。此时，以科技为主导的新兴产业已成为经济的新增长点。

2000 年以来，我国加大力度对外宣传中国传统文化，提升在国际领域的影响力和辨识度。例如，在2008 奥运年，中国以此为宣传契机，将中国传统文化推向世界舞台。2010 年，上海成功举办了上海世博会，展会持续了半年时间，不仅增进了各国之间的交流，同时宣传和展现了中国在城市和经济建设上所

---

① 王树勤．2000 年以来我国经济发展阶段分析及“十三五”时期主要经济指标预测［J］．当代农村财经，2016（2）：7-10.

② 陈佳贵，李扬．中国经济形势分析与预测——2011 年秋季报告［R］．北京：中国社会科学院，2011.

取得的巨大成就。

当下，我国着眼于开拓发展空间，促进区域协调发展，重点部署“一带一路”建设、京津冀协同发展、长江珠江经济带发展的战略，城市间、城际间的交流得到进一步加强①。

在当今的信息时代，信息传播从报纸、广播、电视、杂志等传统媒体逐渐转向互联网。这种“新媒体”在近十年逐渐成熟，其强调民众个体在信息传播和选择中的重要地位，具有更强的自主性。“互联网+”和网络消费时代的到来，进一步激发了国民文化消费的意愿，加速文化领域产业链的发展，从而助推作为文化交流的重要平台——会展业的发展。

二、提升时期会展业发展现状

2000年后，我国会展业进入高速扩张阶段。据《2013年中国贸易促进会的研究报告》显示，在未来10年内，我国会展业的年增长率仍将保持在15%~20%。大型会展场馆如雨后春笋般在各城市相继兴建，会展业的繁荣也带动了城市相关产业的发展，如房地产业、旅游业、交通运输业和广告业等。随着国际信誉度的积累，我国已基本具备了举办大型国际会展的实力和条件，并逐步成为新的会展大国。目前，北京、上海、广州、深圳等一线城市是大型会展建筑分布较集中的地区。

近年来我国举办的展会中，专业化展会比重逐渐增大，初步形成了一系列品牌展会，如广交会、华交会等精品展会。智研咨询集团2016年的《2016—2022年中国展会展览（会展）市场研究及投资前景预测报告》表明，我国的各类型展会无论从数量还是展览收入方面增幅都非常明显，以年均20%左右的速度增加。从进入21世纪以来我国会展业的发展轨迹来看，大型会展场馆的兴建、具有影响力的国际展会的举办，所带来的影响已辐射到城市的各领域。

第一，会展业的发展促进了国际和城际间的密切交流，也为城市建设注入了各层面的社会力量，提升了城市竞争力。会展业的蓬勃发展凝聚了推动城市建设进步的强大动力，也融合了相关产业力量。

第二，会展业带来的经济收益明显。其作为高盈利行业，利润率一般在20%~25%。根据我国各年度会展行业发展报告，

① 汪鸣．国家三大战略与物流业发展机遇［J］．中国流通经济，2015（7）：5-9.

2001 年我国会展业总产值近40 亿人民币，约占当年国民生产总值的0.044%；而2014 年我国会展业直接经济产值已经达到4190 亿元，约占当年国民生产总值的0.65%，会展业带来的经济效益相较2001 年提高了100 倍[①]。

第三，会展业的蓬勃发展改变着民众的日常生活。人们通过参加展会，不仅能提高自身的科技知识水平，也能及时感受时代的进步和获取最新的信息。

根据《中国展览行业发展报告（2016）》中商务部对会展业的调查统计，2015 年全国共有160 个城市举办了展览活动，展览数量达9 283 场，比2014 年的8009 场增长15.9%；展览面积达11 798 万平方米，比2014 年的10 276 万平方米增长14.8%。中国会展经济研究会自2011 年开始调查统计以来，按照可比口径计算，我国境内展览总体增长趋势表现为：展览面积增长速度快于展览数量增速，大型展会数量增多，平均单体展览规模持续提升。

随着改革开放不断深入，我国经济总量稳步扩大，对于国际、城际之间的信息共享与交流的需求增加，这为会展业的发展提供了良好的机遇。具体表现为以下两点：一是国家经济体量的扩张，国与国之间的贸易往来频繁，必然导致会展业的业务总量扩张；二是加入 WTO 后，我国与世贸组织成员国间的市场开放领域不断得到扩充，许多国外公司前来中国寻求进入中国市场的途径和渠道。

在经济全球化进程中，我国会展业的发展已逐步融合到全球经济体系中。一些国际上知名的会展企业也会进驻我国，将领先的运营模式带入中国市场，形成更加开放的市场环境，从而促进会展业质量的提升。

正是基于以上情况，该时期被称为中国展览业的“产业提升阶段”，主要特征是外资大量介入展览市场、品牌展会不断涌现，办展主体多样化、市场化、国际化。2005 年1 月，国际展览联盟（UFI）、美国国际展览管理协会（IEAM）和独立组展商协会（SISO）在北京共同主办了首届中国会展经济国际合作论坛，在国内外引起巨大反响。我国随即出台了一系列相关政策推动会展业发展，包括《国务院关于加快发展服务业的若

① 商务部服务贸易与商贸服务业司. 2014 中国会展行业发展报告［R］. 上海：国家会展中心，2014.

干意见》(2007 年)、《文化产业振兴计划》(2009 年)、《关于"十二五"期间促进会展业发展的指导意见》(2011 年)等。2015 年国务院公布《关于进一步促进展览业改革发展的若干意见》，第一次从国家层面明确提出要全面深化展览业管理体制改革，加快展览业发展。

我国会展业从2000年起，经过10多年的高速发展，形成了以北京、上海、广州、深圳等一线城市为中心，辐射至周边地区的相对活跃的产业区域。

一是北产业区，即以北京为中心的"环渤海会展经济区"，影响范围包括天津、沈阳等北方重点城市。作为我国会展业最早的区域之一，目前依旧以规模大、规格高、专业性强在全国处于统领地位。

二是东产业区，即以上海为中心的"长三角会展经济产业区"，周边的杭州、苏州、宁波、义乌等城市也是会展经济的集散地。上海作为我国对外贸易最活跃、经济最发达的地区之一，拥有大力度的政策扶持与商贸交流频繁的周边城市群作依托，使得这个本来就具有贸易色彩的会展产业区域起点更高。

三是南产业区，即以广州、深圳、香港为核心的"珠三角"经济产业区。这个区域作为我国最早的对外开放与商贸区，尤其是改革开放后泛珠三角外贸区的形成，为我国南部地区会展业的发展提供了宽松的外部条件。

"北上广"代表着我国会展从北至南的核心城市，也占据着全国会展业很大比例的市场份额。按照2017年中国城市展览业发展综合指数评价指标，对163个城市计算发展综合指数，前三个城市为上海、广州、北京[①]。这也说明三地的会展产业结构合理，对社会资源的整合度高。

近年来，中国会展业发展速度有所放缓，2014年中国展览会数量仅比2013年增加4.2%，展览会总面积比2013年增加2.6%[②]。与此同时，互联网技术在中国展览业市场逐渐被广泛应用，并成为新的爆发点。我国会展业应用互联网技术基本上是使用"网站—自媒体—平台 APP"的形式。"互联网 + 会展业"并不是简单地指两者相加，而是利用如线上线下互动、大

---

① 江军. 我国会展业发展的现状和环境因素研究[D]. 合肥：中国科学技术大学，2009.

② 商务部服务贸易与商贸服务业司. 2014 中国会展行业发展报告[R]. 上海：国家会展中心，2014.

数据、微信公众号等信息技术和互联网平台和会展业进行深度融合，创造出新的发展生态。

第二节 提升时期城市与会展建筑的互动关系

2000年后，我国各地陆续建设了一批具有国际水平的现代会展中心，随着这些会展中心的落成和投入使用，其对城市发展的推动、制约作用也开始逐渐显现出来。本书主要以北京、上海、广州、深圳等重要会展城市与其会展建筑的互动关系进行进一步阐述和分析。

一、北京的会展建筑与城市的互动关系

北京是我国的政治、经济和文化中心，是对外开放、与国际接轨的重要窗口和纽带，有着久远的会展发展历史，同时也是环渤海经济圈的中心城市。这些优势和资源为新世纪北京会展业和会展展馆建设带来了广阔的发展前景。

1. 北京的城市建设对会展建筑的推动作用

2001年有两件重大事件直接推动了北京特大型会展中心的规划建设。一是2001年7月，萨马兰奇宣布北京成为2008年夏季奥运会主办城市，瞬时世界的目光聚焦在北京。二是同年12月中国正式加入WTO，中国经济在更大范围和更深层次上与国际接轨，而国际市场的开放促使我国外贸经济更加活跃。其后越来越多的国际性会展在京举办，这对北京的展览场所提出了更高的要求，建设一个与国际接轨的现代大型会展中心迫在眉睫。因此，2002年北京市政府把会展业作为“十五”期间大力发展的行业之一的意见写进发展纲要，其后委托北京市建筑设计研究院进行中国国际展览中心新馆（以下简称“天竺新馆”）的可行性研究，并通过招标最终采纳了美国TVS建筑事务所和北京市建筑设计研究院的实施方案。

2. 北京的会展建筑在城市中的区位

天竺新馆选址位于市中心东北方约30千米的顺义新区西

南侧，处于五环和六环之间，距离东侧的北京首都国际机场约3千米。2002年这一带属于城市远郊区。在城市规划角度上，依托首都机场在交通上的优势，北京将顺义新区规划成高新技术区和临空经济区，它承担着北京扩大产业规模、调整产业结构、提升产业水平的重要城市职能，而天竺新馆在这次规划中担当了重要的角色。

建天竺新馆时周边配套设施发展程度并不高。其西、南两侧皆为城乡接合部和住宅小区，东侧与航空工业区以京沈高速路相隔，北侧则被规划为展馆综合配套区的建设用地，但由于种种原因，时至今日仅建设了少量商业建筑和住宅。此外，天竺新馆有意识地保留了力迈学校和梨坎村作为二期预留发展用地。

天竺新馆南临城市主要道路天北路，东侧为京沈高速路（不与会展中心直接相接），西侧为一般市政道路裕丰路，北侧暂未建设道路，因此场地的东、西、南三个出口都只能与天北路相连。这种出入口设置方式存在先天的隐患，在我国其他大型会展中心的设计中是十分罕见的。另外，京沈高速路是场地周边几公里内唯一一条南北向的道路，而这也是从市区到达会展中心的唯一道路，平时承载了从市区前往顺义区的车流，可以预见在开展时该道路会承受较大的交通压力。会展中心与京沈高速路之间设置了地铁15号线的展馆出口，参展人员可从会展中心的东广场进出站厅，从该地铁线路往西前往望京、奥林匹克公园、五道口等市中心区域，或沿另一方向前往东北方的顺义火车站。天竺新馆虽然离首都机场不到10千米，但是两者间却没有规划直接的线路连接，参展人员仅能换乘巴士、出租车经天北路到达展厅，不到3千米的路程费时颇多。可见，由于周边道路规划、出入口设计和轨道线路设计的缺陷，天竺新馆的地面交通在开展时承受的客流压力非常之大。不过鉴于天竺新馆的运营未如预期，开展时间较少且进出的人车流也相对有限，所以未出现特别严重的交通问题。

3. 北京的会展建筑与城市的相互影响

天竺新馆在落成和运营近10年后，由于其展会规模低于预期，周边区域的发展并没有达到理想状态。在我国主要城市的特大型会展中心周边区域的发展中，这样的发展情况是非常少见的。周边区域的萧条还在某种程度上遏制了天竺新馆的发展：一期工程内原规划的18.5万平方米商业及写字楼配套项目迟迟未能启动，二期工程更是遥遥无期。造成天竺新馆这个局面的主要原因有以下三点：

一是北京会展业的展会规模未能达到预期，当时来京举办的单个展会规模普遍较小，特大面积展会活动比较少。2006年后北京市的国际会展数量进入一个波动下跌的阶段，使用面积超过5万平方米的展会一直未能超过25个（占比16%~20%）。最大展览面积可达12万平方米的天竺新馆一期的设计初衷恰恰是运营特大型展会活动，虽然天竺新馆也具备小规模展会运营的能力，但是小型展会往往会选在配套和地理位置更方便的市中心。所以天竺新馆的运营情况一直处于低迷状态。

（a）内景一

（b）内景二

（c）外景

图5-1　北京国家会议中心

二是同类会展中心的激烈竞争。天竺新馆作为21世纪初新建的唯一现代化特大型会展中心，本来在大型展会上具有较强的竞争力。但是2008年，北京国家会议中心在结束了奥运会、残奥会的比赛任务之后，经由世界最大的会展管理公司SMG经营，转变为一个拥有45 000平方米现代化展厅、100多个配备先进设备的总面积达60 000平方米的会议中心、两座五星级酒店和两栋写字楼的大型会展中心（见图5-1）。北京国家会议中心地处北四环的奥林匹克公园内，其优越的配套设施、更好的地理条件和先进的会展设备吸引了众多展会承办方的目光，因此大部分中大型展会活动纷纷选择在此举办。天竺新馆的市场份额随之大大萎缩。

由于低迷的人气和来自其他会展中心的激烈竞争，天竺新馆的运营情况并不乐观，场馆租用率较低，相关配套设施的建设也陷入停滞状态。缺乏优良配套设施的不利因素又反作用于天竺新馆的经营，导致更多的展会活动选择其他会展中心，由此形成恶性循环，导致天竺新馆及其周边发展停滞不前。

三是北京宏观规划的转变也在一定程度上导致天竺新馆周边地区发展滞后。天竺新馆地处市中心东北方30千米的顺义天竺区，毗邻首都机场，在原有的城市规划中属于重点发展的新区之一。但是，受国家京津冀一体化的政策影响，更靠近天津和河北省的北京东部与南部成为新的发展重点，这深深影响了顺义区域的发展，规划了近10年的连接城区和顺义新区的轨道线路迟迟未能建设。另外，由于机场的噪声，天竺新馆周边的房地产发展情况一直不佳。各方面的制约使该地区的发展陷入被动局面。

二、上海的会展建筑与城市的互动关系

1. 上海的城市建设对会展建筑的推动作用

进入21世纪的上海，在地理优势、城市历史和国家政策利好等因素下正向建成长三角经济圈的中心这一目标迈进，其经济发展也进入更加宏观的层面。为了与周边城市、国内各大经济圈乃至世界各经济体建立更密切的经济合作，上海的各种经贸活动呈井喷式增长的态势，会展业也随之进入高速发展期。这在面积、规格和配套服务上对会展设施也有了新的要求。

以华交会为例，1991年第一届华交会在上海展览馆举办，有617家企业参加，展会共安排了900个标准展位，展览面积达21000平方米。2001年的华交会，吸引了2807家企业参加，展览面积已达63300平方米。其实从第二届华交会开始，就已经出现参展商过多而导致展览面积不足，需要使用两个甚至三个相邻会展展馆进行联合布展的问题，这给参展商和客户带来了诸多困扰和不便。可见，上海迫切需要一座崭新的、现代化的特大型会展中心以解决会展业发展过快的问题。同时，中央和上海市政府又适时提出了向浦东新区发展的战略，上海新国际博览中心（以下简称“沪国览”）在浦东新区的花木地区顺应而生。

沪国览的落成大大改善和提升了当时上海的会展场所条件，上海会展业从2002年开始进入快速发展阶段，蓬勃的发展势头刺激了展览馆的建设，至2014年，上海市新建了将近10个会展场馆。另外，截至2012年，上海的第三产业生产总值占上海经济生产总值的比重已经超过了60%，而上海政府在此基础上提出了继续提高第三产业比例的目标。由于会展业具有协同发展、联系各经济群体的作用，大力促进会展业发展有利于第三产业结构的转型升级。因此，为了继续加快上海会展业的发展，上海市政府和商务部合作在虹桥区共建了国家级会展项目——国家会展中心（上海）。2015年国家会展中心（上海）落成之后，上海总的可展览面积超过100万平方米，成为全世界展览面积最大的城市[①]。国家会展中心（上海）的建设，对上海建设国际贸易中心、加快现代服务业发展、促进“四个中心”的建设具有十分重要的意义。同时，上海会展业有望和世界进行更深层次的

① 汪欢. 上海会展场馆经营模式研究［D］. 上海：上海工程技术大学，2016.

交流，这给华东地区的会展业带来了新的机遇。

2. 上海的会展建筑在城市中的区位

（1）沪国览在城市中的区位

沪国览坐落于浦东新区花木地区的一块85万平方米的场地中，场地西北侧与浦东新区的中央绿地世纪公园隔路相望，东南侧紧邻上海高新技术区张江高新区。2001年《上海城市总体规划》中明确花木地区为上海的城市副中心之一，离陆家嘴中央商务经济区约6千米，恰好位于上海两大机场连线的中间位置。上海浦东新区是国务院在1990年定位的“以自主创新、现代服务为核心的改革开放先行试点区域”。后来，中央和上海市政府还提出了“以上海浦东为开发龙头，进一步开放长江沿岸城市……带动长江三角洲和整个长江流域地区的新飞跃”的战略部署。因此，从政策和用地规划上看，沪国览选址的目的性非常强，它一方面是承载长三角经济圈的贸易枢纽，另一方面则是上海对外的主要窗口。

图5-2　上海新国际博览中心区位图

从交通配套层面来看，沪国览场地的交通通达性良好（见图5-2）。场地南临龙阳路，东接罗山路，西边是芳甸路，而北边则是花木路。其中罗山路、芳甸路和花木路均为双向6车道，而龙阳路在靠近会展中心的一侧设置了双向6车道。除了城市一般道路，上海内环高架路还从场地的南边经过，再从场地的东边向北而去，在龙阳路和罗山路均设置了上下高架路的出入口。轨道交通也非常发达，共有3条地铁线路在场地周边设置了站点，其中1号线的始发站花木站位于场地西侧的芳甸路上，而在南边的龙阳路站则是连接陆家嘴经济区、浦东机场的2号线中途站以及通往浦南地区的16号线始发站。另外，龙阳路站还接驳了中国第一条磁悬浮线路的始发站，旅客可以在8分钟内顺畅、方便地到达30千米以外的浦东国际机场。

（2）国家会展中心（上海）在城市中的区位

国家会展中心（上海）位于上海市虹桥商务区核心区西部，北接崧泽大道（高架）和北青快速路，西邻诸光路，南接盈港东路，东靠嘉闵高架路。场地东边1.5千米处便是虹桥交通枢纽，西边便是西虹桥商务区，南侧是虹桥世界中心办公区。

从城市规划的角度上看，它没有选址在经济较为发达的浦东地区而落户虹桥，主要有三个方面的原因：一是浦东地区已经有一座自2001年开始运营的上海新国际博览中心（室内展场面积约20万平方米），重复布局可能会导致不必要的竞争；二是成为虹桥机场经济圈的重要一环；三是有助于拉动上海西部的经济，有利于加速虹桥西部商务区的建设，形成上海东西部哑铃式的城市经济区布局。

特大型会展因其潮汐式庞大的人车流对交通配套的要求极高。国家会展中心（上海）选址紧靠虹桥交通枢纽就是为了更有效地解决参展、撤展的人车流问题，如图5-3所示。首先，通过空运参加大型会展的人员比例非常大，而2号线虹桥交通枢纽（机场）站和会展中心站只有一站的距离，两者间的交通非常便捷。其次，周边高速公路网络密布，四通八达，2小时内可到达长三角各个重要城市，对长三角经济区参展商及其他参展人员来说非常方便。选址在虹桥西可以充分依托虹桥交通枢纽以及周边的高速公路网，使国内乃至世界各地的参展商能更为便捷地通过高速路、机场和高铁到达会展中心，降低了开展时上海市区的交通压力。

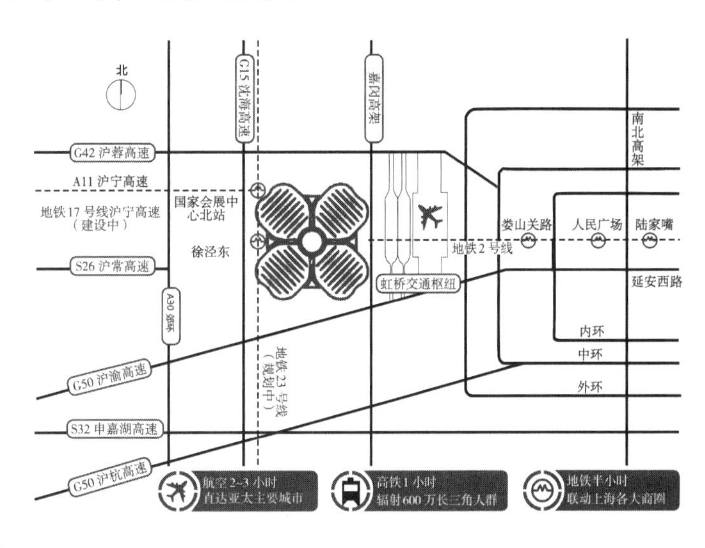

图5-3 国家会展中心（上海）交通示意图

（图片来源：国家会展中心（上海）官网 http://www.neccsh.com）

3. 上海的会展建筑与城市的相互影响

（1）沪国览与城市的相互影响

20世纪90年代浦东新区花木地区还是上海的郊区。尽管浦东与上海旧城市中心相隔较远，但通过跨江大桥、隧道与地铁的连接，浦东与老城已紧密联系在一起。沪国览一期建成后，因为经营理想、使用率高，又迅速建设了二期、三期工程。沪国览选址在浦东的中心地带，对浦东的全面开发也产生了强大推动作用，使周边地区迅速启动了大量的酒店与住宅公寓项目。目前，浦东已经有5家五星级酒店开业，四星级酒店有十几家。上海能够赢得2010年的世博会举办权，与其成熟的会展业配套服务设施是分不开的。

在科学合理的地理位置和通达的交通配套共同作用下，沪国览在建成之后就成为上海乃至整个长三角地区最具影响力且举办展会最多的会展中心。从目前的情况反观沪国览的选址，有两个待斟酌之处。第一是场地过于靠近市中心区域。特大型的会展中心由于其体量巨大和占地较多，往往会给周边的交通带来较大压力。如果特大型会展中心与市中心的距离过于接近，那么两者在交通上的叠加很有可能会造成交通的严重拥堵，这也是常常在特大型会展中心附近遇到交通管制的原因。虽然在规划建设之初沪国览的选址属于城市中心边缘地区，但是决策者显然低估了陆家嘴中央商务区所带来的区域拉动效应。在短短十年里，沪国览所处的城郊摇身一变成为寸土寸金的市中心，其与城市的矛盾便自然地被激发出来。第二是沪国览的用地缺乏延伸性。沪国览的东、南两侧被内环高架路所阻隔，西、北两侧绝大部分为住宅用地，这导致沪国览极其缺乏建设用地来兴建相关的会展配套设施，陷入缺乏发展用地的窘境，同时也削弱了其作为城市触媒对周边的辐射作用。

（2）国家会展中心（上海）与城市的相互影响

从大区域的交通规划来看，国家会展中心（上海）的选址和周边配套设施具有一定的科学性，但是在小区域内其与城市的交通衔接并不理想，主要表现在展览规模与周边区域内交通设施规模不匹配。

2015年5月16日，在国际医疗机械展举办当日，国家会展中心（上海）周边区域出现了大规模的交通拥堵，导致参展人员无法正常离场。这次交通问题非常严重，上海的新闻媒体都纷纷以“一个医疗展，搞摊半座城”来形容。出现如此严重的交通拥堵是由两个原因造成的：首先，会展中心外部主要城市干道是位于南侧的盈港东路和北边的松泽大道。盈港东路与东西向的主要通道延安路高架桥相连，延安路高架桥在上下班高峰、节假日经常会异常拥堵；北侧松泽大道因为东向连接了虹桥交通枢纽也是非常繁忙。国家会展中心（上海）设计将公众参展车辆引向这两条道路无疑是雪上加霜。其次，周边的公交线路和班次均较少，地铁成了公众的首选，但是目前开通的2号线连接了两大机场且又是东西两侧市民通勤的主要线路，每日都处于高容量的运营中，面对会展期间数以万计的人流疏散自然是无能为力。况且，连通会展中心的徐泾东站是按照普遍站台标准进行设计的，站台容量远远不能满足会展使用要求。虽然17号线和23号地铁线路可以加强运力，但是由于这两条线路和目前的2号线呈互通状态，尤其是23号线与2号线的换乘站还设在了徐泾东站，对此处的交通状况没有太大的改善。同时，周边又无大规模的配套设施让参展商及参展人群在此地驻留，国家会展中心（上海）的交通问题将会在很长的一段时间内得不到解决。这也无疑会使会展组织方对该会展中心信心不足而导致使用率下滑。

为了确保国家会展中心（上海）交通的通达性，上海市政府对虹桥商务区的交通基础设施进行了一次更新和提升。除了新增两条地下轨道线路外，在地面新增了10条不同等级的城市道路、3个匝道设施和5个停车场[①]。这些交通设施的建设有望加强会展中心与城市周边区域的关系，增强虹桥商务片区自身的交通承载力。

总的来说，国家会展中心（上海）的建成和投入使用使得上海拥有更多的展览面积，将原本集中在浦东的会展经济妥善引导至相对落后的西侧，扩大了上海会展的整体格局。从上海市会展行业协会、上海市国民经济和社会发展统计公报的年度统计资料也可以看出，国家会展中心（上海）对上海的会展经济起到了一定的推动作用。

三、广州的会展建筑与城市的互动关系

1. 广州的城市建设对会展建筑的推动作用

在21世纪之初，广州是珠江三角洲华南会展经济产业中最大的进出口岸及重要的交通枢纽，也是世界闻名的广交会的举办城市。原流花湖旧广交会展馆由于用地限制，展馆面积已经

① 杨立峰，谢辉．国家会展中心（上海）交通保障方案研究 [J]．交通与运输，2014（5）：4-6.

无法满足经济快速发展的需要，城市急需一个包含大型国际型商品交易会功能和大型会议功能的世界级会展中心。为了更好地带动当时相对滞后的南部郊区，广州市政府希望在海珠区建设一个能拉动区域经济和提升城市空间品质的公共建筑。此时广州南部近郊的琶洲岛有充裕且低廉的建设发展用地，与城市一江之隔且交通线路相对便捷，因此，在琶洲岛建设广州琶洲国际会议展览中心（以下简称“广展中心”）的计划被广州市政府提上了议程。

2. 广州的会展建筑在城市中的区位

广展中心位于广州海珠区琶洲岛上，其四周被珠江及其分支黄埔涌包围，南侧是广州南肺——拥有良好生态环境的万亩果园，在当时属于城市近郊区域，自然景观优美但城市配套设施相对落后。用地东侧是城市主干道科韵路，南临新港东路，西接华南快速干线，北靠滨江环岛路。另外，东西两侧还与广州地铁2号线琶洲、新港东站相接，交通便利。

广展中心的选址主要是从三个方面来考虑的：一是作为广州“南拓”战略的带动项目，可吸引更多的社会资金聚集琶洲区域，带动广州南部新区的建设；二是城市近郊区域的空闲用地较多且地价相对较低，有利于为特大型会展中心和配套服务区提供较为充裕的建设发展用地；三是琶洲岛自古以来是各地商船进入广州的港口之一，广展中心选址于此有一定的历史文化传承意义。

为了解决特大型会展中心产生的巨大交通流量问题，必须对其进行交通可行性研究。交通可行性研究报告是广展中心选址的主要依据之一。广展中心所在的琶洲岛区域与市区距离相对较远，与城市的连接主要通过华南快速干线、科韵路、广州南环和地铁解决，后期建设的琶醍环岛轨道交通也为区域交通集散起到了缓冲作用。广展中心距离广州新白云机场约43千米，从机场驾车通过华南快速干线直达广展中心需50分钟左右，通过地铁交通需要90分钟左右。另外，广展中心与城区轨道交通枢纽都较为接近：距广州火车站15.6千米、广州火车东站（动车站）10千米、广州南站（高铁站）20千米，从这几个火车站驾车前往广展中心车程都在30分钟以内。综上所述，广展中心的通达性较为优良。

3. 广州的会展建筑与城市的相互影响

广交会流花湖展馆落户流花路后周边形成了繁荣的广州旧商务核心区，由此可见，广交会展馆的建设和迁址与城市规划发展息息相关。新建的琶洲广展中心的选址也顺应了当时广州“南拓”发展战略和新城市格局建设。在2002年广展中心投入使用之后，琶洲的城市化建设发生了巨大的变化。例如中洲中心、保利国际广场、香格里拉酒店、保利世界贸易中心等会展中心及会展相关配套设施纷纷落户琶洲，在短短几年的时间里，琶洲中心商务区已经初步成型。广展中心除带动了琶洲地区的会展配套设施、写字楼等商业建筑的建设，同时也大大推动了琶洲地区的土地价格的提升。由于房地产价格是判断一个区域发达与否的重要指标，广展中心的落成和投入使用无疑是该地区房地产的一剂强心针，2005年、2006年广州的“地王”均诞自琶洲。从相关数据可以得知，琶洲地区房地产均价在2004年后平均升幅达50%，有些特别的地产项目甚至翻倍。可以明确的是，广展中心在某种程度上带动了该时期琶洲乃至于全广州市区房地产的急速增值[①]。广展中心除带动了琶洲房地产的建设和增加了土地价值之外，还改变了周边房地产的功能性质，也初显了触媒扩散效应。广展中心投入使用几年后，周边开始出现“馆外馆”的现象。“馆外馆”的出现与广展中心的拉动效应密切相关，它满足了众多参展商对展位价格和数量的诉求，同时也为业主带来了可观的利润，具有鲜明的会展房地产特色。另外，功能转换还出现在周边的写字楼中，部分企业因为广交会产生了商务会议、品牌展示的特殊需求，这使得广展中心周边的写字楼从以往单一办公为主转向以办公功能兼顾品牌展示、常年展、商务会议的复合型写字楼转变。

图5-4　广展中心区位图

从城市规划角度上看，广展中心和珠江新城CBD有便捷的地理联系，两区隔江相望，共同组成广州乃至珠江三角洲商贸、商务和会展的核心区域，体现了广州城市发展中心东移的规划需求（见图5-4）。另外，广展中心作为广州南部最重要的公共建筑，与广州的新城市中轴线也形成了良好的互动。原本广展中心选址于风景良好的琶洲岛上，滨江而建，是其相对国内其他大型会展中心的景观优势之一，但这又恰恰是其发展

① 罗秋菊，卢仕智．会展中心对城市房地产的触媒效应——以广州国际会展中心为例［J］．人文地理，2010（4）：45-49.

问题所在——缺乏未来发展空间。广展中心北临珠江，因而其相关产业配套设施只能往东、西、南三个方向建设。然而，其东西两侧被华南快速干线和科韵路两条城市干道切割，南侧受黄埔涌限制形成一块最深处不过400米、最窄处只有200米的不规则用地。换而言之，与占地面积78万平方米的广展中心最为紧密的配套建设用地却只有1200000平方米左右[①]。这对于一个由国际性的特大型会展中心带动发展的城市新区来说是远远不够的，因而极大地限制了新广展中心对周边地区的带动和辐射作用。

四、深圳的会展建筑与城市的互动关系

1. 深圳的城市建设对会展建筑的推动作用

得益于改革开放政策和得天独厚的地理位置，深圳从20世纪80年代仅有3万人的小城镇迅速发展为21世纪初我国现代化商贸口岸大都市。作为我国重要的对外开放经济特区和经商口岸，深圳会展建设的发展与其经济的高速发展是密切相关的。不过，相比北京、上海、广州等传统会展城市，21世纪初的深圳现代会展业才刚刚起步。

2000年广交会的跨越式发展需要增加新的展览空间，政府相关部门有意将广交会分流至深圳，深圳市政府开始筹备迎接广交会的措施。由于1999年所建的拥有36000平方米室内展览面积的高交会展馆已被定性为临时建筑，因此深圳市政府决定兴建一座新的国际化会展中心。在经历了两次选址变更和多番专家论证之后，2001年由德国著名建筑设计公司GMP设计的深圳会展中心（以下简称“深展中心”）在深圳福田中心区的南端正式动工并于2005年交付使用。深展中心是以展览会议为主，兼顾与展览有关的展示、表演、集会等功能的国际化特大型会展中心，拥有10.5万平方米的室内展览面积。它是当时深圳市投资最大的单体建筑，同时创造了多项世界工程纪录。

随着高科技产业的迅猛发展，经济水平进一步提高，2015年深圳市生产总值在我国城市中排名已跃居第四，仅有10.5万平方米展览面积的深圳会展中心已经不能满足深圳市的会展需求。随着前海片区建设规划的出台和国内外资金的投入和企业

① 面积数据根据百度地图（http://map.baidu.com）测算。

的进驻，2015 年深圳市计划在前海片区的机场附近选址建设新的深圳国际会展中心，并于2019 年9 月全面建成，11 月正式启用。展览面积达到80 万平方米，创下世界之最。深圳会展中心的筹建体现了特大型会展中心对于城市发展的重要意义。

2. 深圳的会展建筑在城市中的区位

深展中心的选址颇具戏剧性，在提出建设会展中心的前后5 年里经历了两次变更。1997 年深圳政府根据之前黑川纪章所做的中心区规划，将会展中心定在了福田中心区的中轴线北部，北靠莲花山、南接市民中心，占地面积约20 万平方米。但在随后的研究论证中，相关专家提出因该场地位于珍贵的市中心场地且无后续发展空间，建议学习外国的经验将选址移至城郊地带。因此，政府又将会展中心的选址定在深圳湾的填海东区，并规划建设高端酒店和写字楼等配套设施。深圳湾填海区临近港口，有市中心不能比拟的运输优势，而且地处郊区，有大量的发展用地，会展中心选址于此是较为科学和合理的。就在一切都进展顺利的时候，情况又出现了新的变化：一是1998 年底深圳市的福田中心区建设发展并不理想，尤其是南部的商务区急需一个龙头项目带动；二是深圳湾填海区的建设也不尽如人意，大量会展配套设施后续建设无果。在这两个因素的共同作用下，在2001 年深展中心再次更址，废弃了原中标方案（美国 M.J 公司方案），在质疑声中落户福田中心区南段中央绿轴的一块原规划绿地上，而这也是其最终选址。

深展中心占地面积22 万平方米，位于福田中心南部 CBD 区的一块矩形用地内，南临滨河大道快速路，北临福华三路，西侧是益田路，东侧是金田路，与北边的市民中心隔深南大道相望（见图5-5）。场地内还有两条道路福田中心四、五路连接用地南北两侧。从场地北侧的地铁1 号线、3 号线的枢纽站会展中心站步行250 米即可到达会展中心北广场，而从西边的1 号线购物公园站步行至场地也只有300 多米的距离。场地周边200 米距离内有6 个公交站点服务数十条公交线路，能满足会展中心对公共交通的需求。从区域交通上来看，通过南侧的滨河大道快速路前往福田、皇岗口岸只需5 分钟，往深圳火车站和机场也仅需15 分钟和30 分钟。当时仍处规划中的亚洲最大地下火车站——福田高铁站与会展中心只有不到1 千米的距离，全国乃至世界各地的参展人员都可便捷地从机场、高铁站到达

图 5-5　深展中心区位图

深展中心[①]。

3. 深圳的会展建筑与城市的相互影响

深展中心的落成使深圳会展业进入了飞跃发展阶段，每年在此举办的高交会、文博会、光博会等大小展览数不胜数。据资料统计，2006年深圳会展业规模已是1999年的20倍；2008年深圳共举办会议247 200场和展会94场，其中12场展会取得了UFI国际认证，展览总面积高达180万平方米[②]。

深展中心的选址具有三个优点：一是相对于深圳湾填海区，福田中心区的各项配套设施较为完善，可大大减少会展中心配套设施的投资；二是交通便利，多条轨道交通线路和滨河大道快速路能便捷地运送参展人员和展品货物；三是深展中心作为华南地区最重要的会展中心之一，能极大地带动城市中心区的建设，特别是写字楼和购物中心等，从而促进CBD功能的迅速形成。不过，深展中心的选址从设计之初到现在一直处于争议之中。首先，是对市中心交通的担忧，特大型会展中心在开展时产生的巨大人车流在场地缺乏次级道路疏导的情况下必然会给周边交通带来巨大的压力；其次，会展中心巨大的体量也对市中心的城市景观造成了一定的影响，另外因其占用原有的规划绿地导致原城市中心中轴线生态化、人性化的设计思想大打折扣；最后，缺乏日后持续发展的可能性。目前，除了西侧留下的27 000平方米的保留地之外已经没有其他的发展空间了，这对日后更大规模的会展业扩张形成了束缚。由上述可见，深展中心的选址其实是众多因素下的一种妥协，它不像别的特大型会展中心选址于城市郊区，而是落户在寸土寸金的中心区CBD地带。这种选址就像一把双刃剑：一方面充分发挥了会展中心的聚集效应推动了周边的发展建设，另一方面与CBD在用地功能和交通上不可调和的矛盾又给中心区发展带来了很多隐患。从更长远的发展来看，对深圳的城市格局也产生了一定的不利影响。在某些研究者看来，原来的深圳湾填海区用地更能发挥滨海城市特色，同时避免城市核心功能过于聚集，达到更为均衡的城市格局，新建成的深圳新会展中心选址于前海机场附近也从侧面反映了这个观点。

---

① 深圳福田高铁站已于2015年12月30日通车运营。

② 田珂．深圳会展建筑发展状况研究［D］．广州：华南理工大学，2011：18.

总之，深展中心与深圳市近20年的经济发展和城市建设有着密不可分的联系，它充分反映了会展建筑的触媒效应和辐射效应对城市的正面影响，同时也揭示了在市中心建设会展中心所带来的副作用。

五、其他城市与会展建筑的互动关系

2000年后，除了北京、上海、广州、深圳一线会展城市以及会展业发展比较成熟的港澳地区，会展城市逐渐从一线城市向二、三线城市转移。东北、中西部会展经济区逐渐形成，会展经济呈现出全面开花的局面，如武汉、西安等重要城市也相继建造了大型会展中心，希望通过会展业来推动区域经济的发展。

（1）武汉

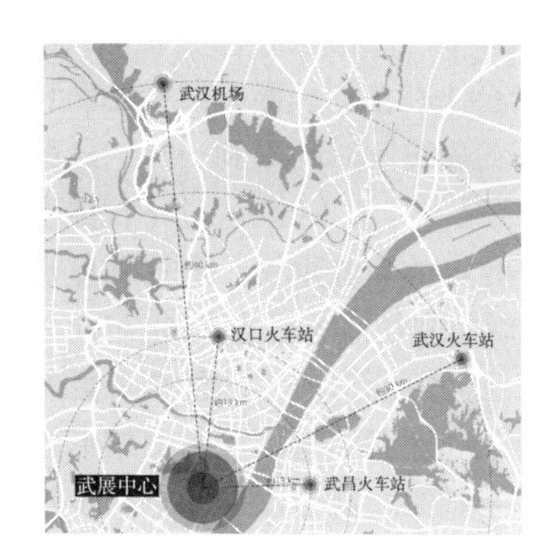

图5-6　武汉国际博览中心交通示意图

武汉是我国中西部会展经济带上的中心城市，曾是会展经济的四大名城之一。得益于2004年国家和相关省市提出的“中部崛起”战略，武汉市提出要成为中西部地区的会展服务中心和会展名城。但在当时武汉的展览建筑只能满足中小型工业展，无法满足武汉日益增长的会展需求。在此背景下，武汉市开展了华中地区最大、功能最完善的武汉国际博览中心（以下简称“武展中心”）的规划建设（见图5-6）。武展中心建成后，武汉的会展业得到了长足的发展，华中地区的大型展会纷纷落户此地，加速了武汉经济发展。

从交通条件来看，目前市内的参展人员可以通过城市公交和地铁到达武展中心，但是其数量和运力还不足以应付会展的人流。同时，武展中心距城市的各大型交通枢纽都较远：其距离武昌和汉口两个火车站均有13千米左右，离武汉火车站则有30千米，武汉机场位于其北部40千米。参展人员通过任何一种交通方式到达这些交通枢纽都至少需要1小时以上[①]。由于武展中心地处城市郊区，较差的市政交通通达性会在一定程度上影响展会的效果，尤其是降低了部分采购商的参与度，这是其目前需要解决的问题之一。同时，武展中心虽临近长江，但仍未规划建设水运口岸，这对于宏观交通的多样性来说无疑是一种损失。

（2）西安

西安作为西北地区的经济中心城市，2000—2005年会展业

① 时间和距离均根据百度地图（http://map.baidu.com）测算。

进入空前的繁荣时期，年均以20% 的速度递增。每年全国性、区域性大型综合会展近百个，特别是东西部经贸洽谈会、世界古遗址大会及欧亚经济论坛等一系列规模大、影响广、层次高的展会成功举办，标志着西安的会展市场渐趋成熟。仅2005 年1—10 月份，西安举行各类会议和展览95 个，成交金额570 亿元，创造社会综合效益31 亿元，参会展客商16 万人，新增就业岗位1.4 万个。于是，在“中部崛起”战略提出的一年后，西安在2005 年提出了把西安构筑成区域性国际会展中心的设想。为了达成这一目标，2006 年陕西省委、省政府提出要建设一座西北地区一流的、具有国际先进水平的会议展览中心——西安曲江国际会展中心新馆。该会展中心由德国GMP 建筑事务所和华南理工大学建筑设计研究院合作设计，其主体建筑总面积为151 866 平方米，可搭建4 000 个国际标准展位。值得一提的是，为了确保第十一届“西洽会”在曲江国际会展中心顺利开展，该项目从开始设计到一期工程竣工时间不到一年，这种速度对于大型会展建筑的建设来说是十分惊人的[①]。这不仅体现了会展选型的重要性，也体现了政府的高度重视，而这种重视也侧面反映了会展建筑与城市发展的密切联系。在21 世纪前，西安市以曲江会展旧馆为中心，已经逐渐形成了曲江会展区的概念，曲江新国际会展中心的落成和运营一方面能与旧馆形成良好的互动关系，另一方面有助于刺激曲江会展区的进一步建设和开发。然而，曲江国际会展中心新馆的选址也存在着与广展中心选址同样的潜在问题，即会展周边“城市障碍物”过多，未来扩展性不足。曲江国际会展中心新馆西侧为电视塔和博物馆用地，北侧和东侧是新落成的居住小区，南侧为西安市胸科医院，三者的拆迁难度都较大，因而其必将影响到曲江国际会展中心新馆未来的扩展（见图5-7）。

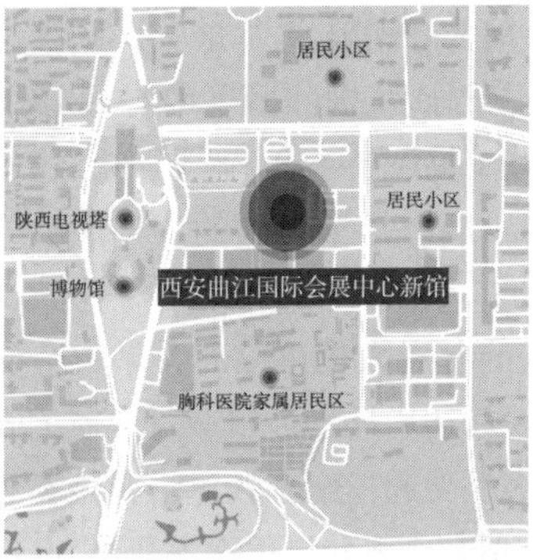

图5-7　西安曲江国际会展中心新馆区位图

（3）香港

在武汉市和西安市皆提出要建设现代会展中心之时，香港特别行政区也在2005 年迎来了其新的现代会展中心——（香港）亚洲国际博览馆（以下简称“港亚览”）。得益于香港天然的区位优势和优越的经济发展环境，香港的会展业一直保持着迅猛的发展态势，在20 世纪完成了从“制造中心”到“采

① 倪阳，林琳，金蕾．西安曲江国际会展中心新展馆建筑设计［J］．南方建筑，2010（1）：48-51.

图5-8 （香港）亚洲国际博览馆区位图

购中心”再到“展览中心”的转变，有了“会议之都”的美誉。会展业的高速发展对香港的展览面积提出了考验，在会议展览中心扩展工程因填海问题而搁置的背景下，香港特区政府决定与包括香港宝嘉建筑有限公司及中国工商银行（亚洲）有限公司组成的私人财团共同投资，在赤腊角机场东北部的“空港城”内建设新的展览场馆。港亚览位于远离市区的赤腊角机场东北角，可获得充裕用地的同时也留有足够的发展余地。港亚览靠近香港机场和码头，交通极为便利，还有快速路和机场快线通往香港中环（见图5-8）。与位于市区的香港会议展览中心定位不同，港亚览以举办重工业型展览、贸易展览为主，客户群定位为国际和珠三角的专业客户而不是普通的市民。差别式的经营模式使得港亚览和市区的老展馆形成了良性的互动、补充关系，有利于进一步促进香港会展业的发展。港亚览投入使用的第一年（2005年）已取得盈利，2008年已为香港带来了90亿港元的收入，还提供了18 000个直接或间接的全职职位[①]。根据相关数据，港亚览在开业五年后，即2010年，香港展览业的税收超过10亿港元，全港有近7万个就业岗位均由会展业提供。表5-1所示为香港展览业对香港经济的贡献。

表5-1 香港展览业带来的经济效益

范畴	时间			
	2008年	2010年	2014年	2016年
直接收益/亿港元	302	358	529	529
政府税收/亿港元	9.2	11	21	19
就业岗位/个	61 000	69 150	83 500	77 000

资料来源：香港展览会议业协会报告。

六、会展建筑与城市的互动关系对比

会展业对城市发展的影响显著，它为城市带来良好的经济效益、积极的政治影响以及广阔的发展机遇。随着会展建筑的综合化、规模化发展而带来的土地成本、发展空间和交通规划等一系列城市问题，使得会展选址开始向城市郊区发展。虽然郊区配套设施的缺乏将在一定程度上影响其初期的使用效率，

① 赵亮星．香港会展建筑发展研究［D］．广州：华南理工大学，2011.

但从长远来看，这种做法是有利于大城市功能的合理分区的。会展建筑可以作为区域的一个城市中心来设计。作为区域发展的“触媒”因素，它可以引导城市土地利用与空间发展的合理发展步调，并极大地改变和重构城市的空间结构。

会展建筑的选址需要考虑诸多因素，如城市新区土地规模、土地成本、服务配套设施、交通设施、可持续发展等，通常会经过长时间广泛而科学的论证才能最终定案。错误的区位选择不仅会影响会展中心的运营，而且会导致许多城市问题。由于大型会展中心具有投资巨大、影响持续等特性，由其区位所引发的问题往往都会成为“顽疾”。比如，深圳会展中心虽然推动了福田 CBD 的建设，但也严重影响了中心城区的交通状况。由于会展建筑占地较多，故大型会展中心一般都规划在可用地较多的新区。从上面介绍的这些案例中可以发现，城市管理者和决策者都将会展建筑作为区域的重要触媒来拉动发展区域的建设，但是具体的规划建设一般只关注会展中心自身的建设问题，缺乏对会展中心周边区域未来的统筹规划，导致大型会展中心的辐射效应和城市触媒效应未能得到很好的利用。沪国览、广展中心的建设均存在这个问题。另外，虽有充足的用地，但远离市中心，缺乏相应的配套设施，在面对市区同规模会展中心的竞争时还会处于下风，天竺新馆便是经验教训之一。由于城市会展经济情况和相关规划欠佳，天竺新馆不但未能发挥其应有的城市辐射作用，相反还使自身的发展受到了制约。这样周而复始的恶性循环，使其陷入困境。反观同样选址在城市机场附近的国家会展中心（上海）和港亚览，因其在会展业品牌、规模的互补方面的考虑使之成为成功的案例。

综上所述，我国提升时期的会展建筑与城市发展密切联系且互相影响。会展业的发展一方面极大地带动了城市经济发展、区域建设；另一方面也影响着城市的空间格局和交通情况等。因此，规划者和建设者应该认识到通过会展中心拉动城市发展的模式并不是都能奏效的，除了需要正确的政策引导和会展业发展准确定位以外，还需要一套完整的、科学的周边城市规划来支持。

第三节　提升时期会展建筑案例与类型梳理

2000年后，我国各大城市先后涌现了众多现代会展建筑，其中以北京、上海、广州等传统会展城市的新会展建筑为突出代表。

一、中国国际展览中心新馆

中国国际展览中心新馆（天竺新馆）是提升时期北京会展建筑的代表作（见图5-9），由美国TVS建筑事务所和北京市建筑设计研究院联合设计。天竺新馆项目计划分两期建设，两期皆设置8个标准展厅，其一期工程在2008年[①]完工，8个现代化的标准展馆能提供10万平方米的室内展览面积。

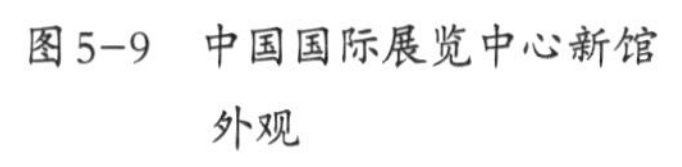

图5-9　中国国际展览中心新馆外观

（图片来源：北京市建筑设计研究院官网 http://www.biad.com.cn/project.post.php?id=89）

1. 天竺新馆建筑功能布局设计

天竺新馆一期工程位于规划用地南侧。展馆的布局和朝向与温榆河产生了良好的景观空间上的互动关系，成为温榆河生态走廊上的一个重要节点。天竺新馆的建筑总体布局借鉴了德国展馆的“以展为主”的功能化布局设计思路，还吸收了美国展馆注重交流空间、西班牙展馆“内外兼修”的人文理念，并结合我国国情、会展业发展现状和传统文化意向，形成了功能性、实用性和人文性并存的布局模式[②]（见图5-10）。

① 这也是北京奥运会的举办年，说明了该会展中心与奥运会的举办有着密切关系。

② 张伟，北京会展建筑发展状况研究［D］. 广州：华南理工大学，2009：119.

1. 登陆厅
2. 会议中心
3. 展厅
4. 休息厅
5. 庭院
6. 卸货区

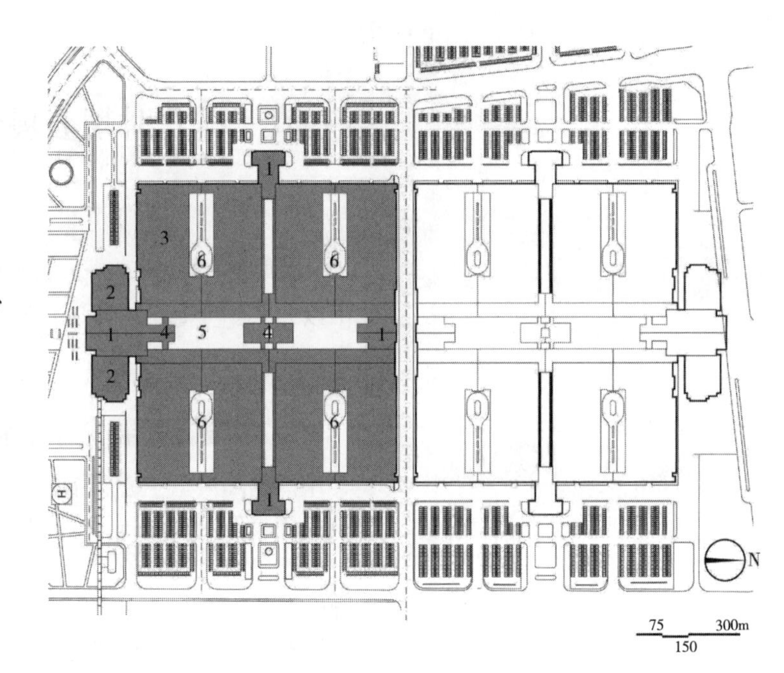

图 5-10　天竺新馆总平面图

建筑平面布局和空间构成上与北京故宫可谓一脉相承：一期建筑主体沿南北方向的主轴线中央步道展开，在步道中间设置了两个递进的室外庭院。从温榆河通过人工河道引入的河水流过各庭院，庭院内栽种了乡土树种，绿树成荫，环境宜人。两个庭院之间的中心位置还配备了餐饮区、洗手间等辅助设施，方便参展人员使用。庭院的东西两侧则是呈并联式对称布局的8个面积为1.25万平方米的标准展厅。为了解决并列式布局展厅无法共同使用的弊端，天竺新馆按两个为一组的方法将8个标准展厅通过4个小型过厅（序厅）连通，形成了4组各达25 400平方米的连通室内展览空间。每组展厅间设置了东、南、西、北四个登陆厅出入口。南登陆厅面向城市干道，为建筑主入口，配备了会议中心。清晰的轴线、递进的院落和方正的展厅共同体现了“秩序”“庭院”和“围城”的传统北京建筑意象（见图5-11）。另外，由于天竺新馆的布局较为紧凑，用地上还留出了较多的广场集散用地、停车场和大面积室外绿化广场，增强了交通集散能力。同时，位于东、西和南侧的绿化广场还可在有需要时作为室外展场使用。

1. 登陆厅
2. 休息厅
3. 中廊
4. 展厅
5. 庭院
6. 会议中心
7. 卸货区
8. 次入口

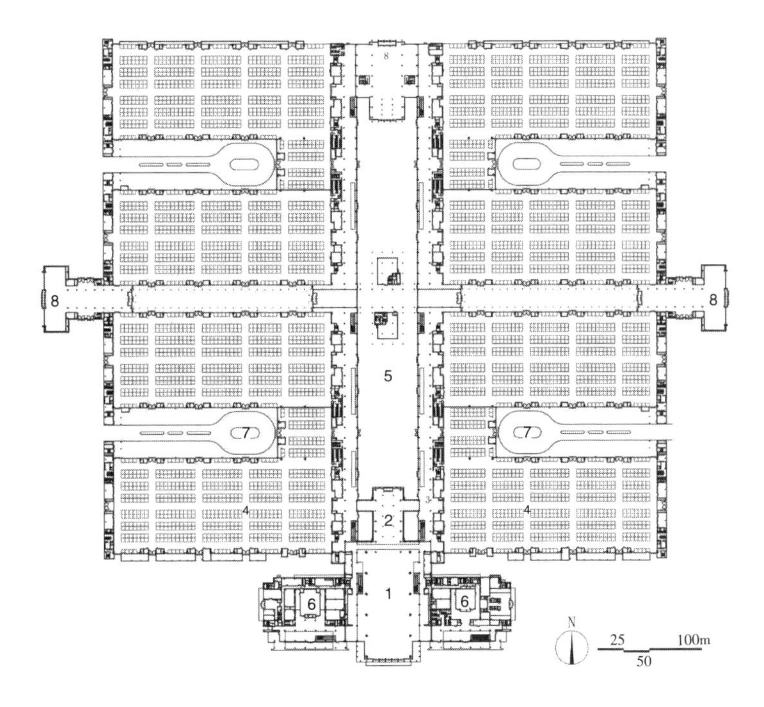

图5-11 天竺新馆首层平面示意图
（图片来源：杨毅，《特大型会展建筑分析研究》）

2. 天竺新馆交通体系设计

在交通体系上，天竺新馆的目标是创造一个兼顾行人和各种交通工具的高效运行模式（见图5-12）。目前一期建筑主体西、东、北侧设有内部单行流线的车行道，形成一个倒“U”形，通过东西两侧的出入口与天北路相连，小汽车和货车均通过这两个出入口进入内部道路。并列式的展厅之间留出了卸货空间，每两个展厅共用同一个卸货区，在备展期间，货车通过环路进入卸货区。开展时，该区可作为工作人员休息区使用。公众小汽车停车场位于建筑和环形道路之间，共有3684个车位。在开展期间，自驾车参展的观众通过内部道路驶入东、西两个停车场就近停车后通过相邻的东、西两个登陆厅进入会展中心。VIP车辆则停靠在南广场的东西两侧，VIP观众下车后通过南登陆厅进入。出租车通过南广场面向天北路的入口进行疏导和上下客，乘坐轨道交通工具到达会展中心的客人则需穿过东停车场后通过东登陆厅进入展厅，四个方向的登陆厅有效且便捷地分流了通过各种交通方式参展的观众。

3. 天竺新馆设计特点

天竺新馆汲取了德国、西班牙和美国的会展建筑经验，利

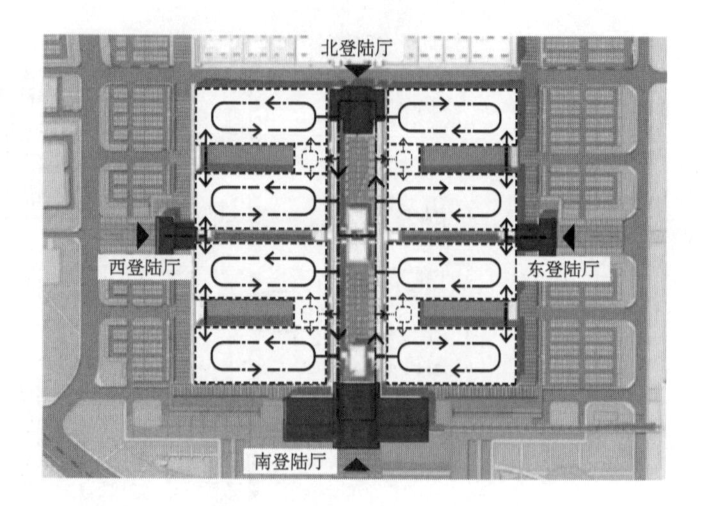

图5-12 天竺新馆总平面人流示意图
（图片来源：杨毅，《特大型会展建筑分析研究》）

用大跨度的三角形钢管桁架实现了大跨度的无柱空间，提供了8个净高为13~17.5米不等的、平面尺寸均为70.2米×168米的标准展厅。每个展厅可提供国际标准展位564个。展厅在短边布置了卫生间、小型会议室和小型餐厅等服务空间，在长边则留有进货口和卸货平台，满足各种展品装卸的要求。天竺新馆展厅最大的设计特色在于考虑了当时中国会展业的发展需求。一是设置了连接两个标准展厅的过厅。当举办10 000平方米以下的中小型会展时，过厅处于关闭状态，由一个标准展厅单独布展；举办中大型会展时，过厅打开，将两个展厅连接在一起成为一个有25 000平方米会展空间的大型展场，足以满足中国80%以上会展活动的面积需求。二是为其中一个展厅配备了特殊设计的灯光、音响系统，可作为特种展览、大型集会甚至体育活动使用的多功能厅。

同时，为了使参展人员的步行路径尽可能短，展厅皆采用了短边与交通空间相接的模式，两个展厅长边之间也仅留下恰好满足集装箱拖车往复行驶及回转需要的距离。这种设计的弊端则是建筑南北间距过短、室内自然光照条件欠佳，在开展期间展厅都需要采用较强功率的人工照明进行光照补充。

4. 天竺新馆类型梳理

如图5-13所示，天竺新馆一期为典型的并列式会展中心，主登陆厅位于展馆南侧，在东、西两侧各有一个次要主入口。八个展厅通过中心走廊连接，各自相互独立。八个展厅分为四组展厅组团，每组的两个展厅可通过一个小型前厅相连。建筑的登陆厅位于四个组团之间，分别处于东、南、西、北四个方位。沿中廊设有室外绿化庭院，自西向东形成了“展厅—交通廊—庭院—交通廊—展厅”的对称式构图。会议室分为大型会议室和小型会议室两种，大型会议室设于南登陆厅之内，小型会议室则在每个展厅的端部。商业设施和写字楼等相关配套设施根据原有规划设计不与展厅直接连接，亦尚未有明确方案设计。

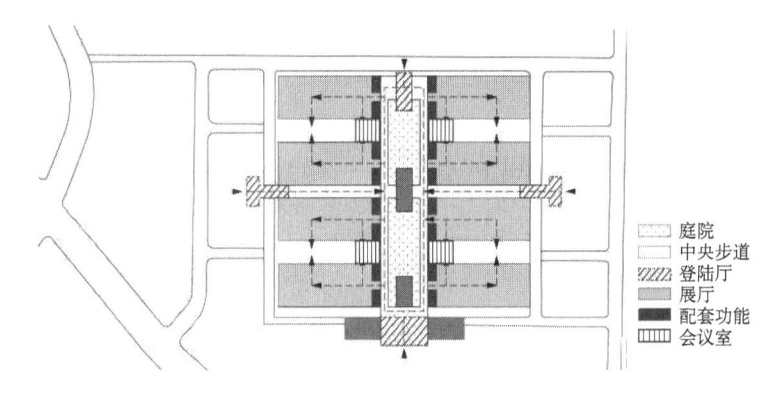

图5-13 天竺新馆空间类型梳理示意图

二、上海新国际博览中心

上海新国际博览中心（沪国览）位于上海浦东新区花木地区，场地周边交通条件良好。由美国著名的墨菲·扬（Murphy Young）建筑设计事务所设计，上海建筑设计研究院作为顾问单位，共分三期建造。设计融合了“城”的理念，将17个标准展厅根据用地边线排列成一个三角形，出入口位于三角形的三个顶部，而展厅围合出的巨大内部三角形空间则成为“城市中心”（见图5-14）。

图5-14 上海新国际博览中心鸟瞰图

（图片来源：上海新国际博览中心官网 http：//www.sniec.net）

围绕这个“城市中心”是一圈连续的长廊，这条长廊将各个展厅和出入口联系在一起。沪国览由上海陆家嘴展览发展有限公司与德国展览集团国际有限公司（成员包括德国汉诺威展览公司、德国杜塞尔多夫博览会有限公司、德国慕尼黑国际展览中心有限公司）联合投资建造。自2001年投入使用以来，每年举办100余场知名展览会，吸引了500余万名海内外客商。作为中外合资经营的第一家展览中心，沪国览已成为中国运营最成功的展览中心之一，从侧面展现了会展业在中国经济发展过程中的重要作用。

1. 沪国览建筑功能布局设计

在功能布局上，沪国览整体呈等腰三角形，西边和北边各设置5个展厅，东边设置7个展厅（见图5-15）。17个展厅可最多提供20万平方米的展览面积。标准展厅分为70米×165米和70米×177米两种规格，每个能提供1万~1.2万平方米的室内展览面积，同时每个展厅的短边侧方及其夹层还设置了小会

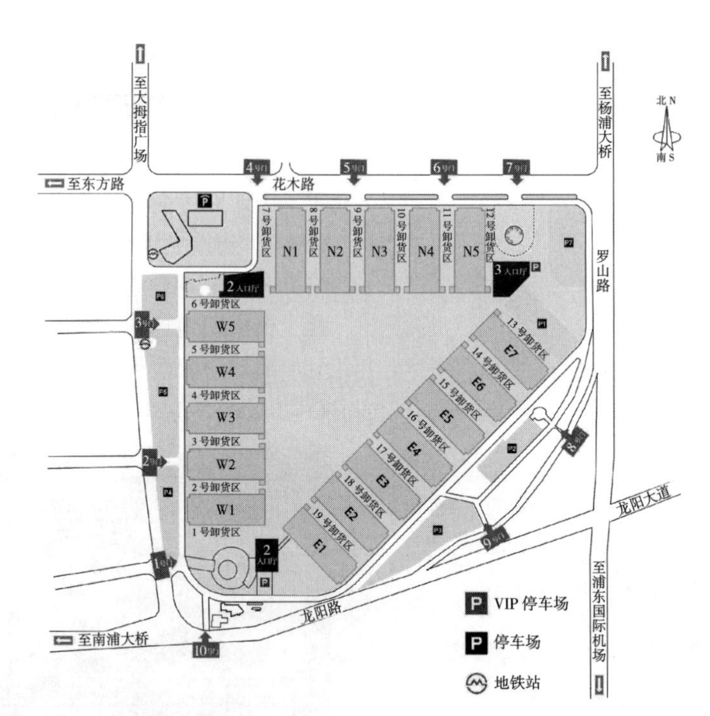

图5-15 上海新国际博览中心总平面图

议室和洗手间等辅助设施。标准化的展馆和交通空间的设计给项目带来了分期实施的可能性，体现了提升时期特大型会展建筑的特点。

17 个展厅皆通过一条三角形的连续长廊连接，彼此之间在靠近内廊一侧也可通过过廊相通。设计环状连续的交通长廊的好处在于：一是通过提前了解展览信息，人们可以有目的地选择最近的入口进入会展中心，减少不必要的穿行；二是环绕式的设计能使参观人流在不走回头路的情况下走完所有展厅；三是通过环绕的交通空间，中间围合出了一个近5 万平方米的室外展场，有利于室内外联合布展，见图5-16。这种设计的缺点在于走廊的利用率较双边式展厅布局低。从另一个角度看，在举行某些中型展览时（5 万 ~10 万平方米展览面积），相比其他双边式布局，沪国览的参展人员需要在走廊上行走更长的距离。

图5-16　沪国览室外展场
（图片来源：上海新国际博览中心官网 http: //www.sniec.com）

相对于当时上海的其他会展中心，沪国览突出的另一特点是提供了大面积的室外展览空间。受制于自身规模，当时上海的大部分会展中心室外广场面积均较小，有些会展建筑甚至只有一些零散环绕建筑的街道空间，这些空间还需要承担装卸货的功能，并没有多余的空间可供室外展览使用。随着上海会展业的发展，其展览商品的种类日趋丰富，不仅有服装、家电等小型生活产品，渐渐地还出现了汽车、重型工业器械等大型产品。因高度、尺寸和重量等原因，这些大型产品的展览往往都需要使用室外展场。沪国览巧妙地通过三角形的围合式布局，在中心创造了一个面积近5 万平方米的中心广场。该广场平时可作为工作人员休憩和户外交流的空间，必要时又能作为室外展场使用，同时还保留了未来展厅扩建用空间，可谓一举三得。

2. 沪国览交通体系设计

由于沪国览建筑高度只有一层，因此其内部交通组织采用了简易的地面式人车分流的方式。小汽车和货车皆通过设置在西边的芳甸路和北侧的花木路进入内部车行环道，小汽车入场后立即停靠在场地西侧的地面停车场和东北角的停车楼，而货车则在封场期进入场地，绕环道顺时针行驶通往各展厅之间的卸货区进行装卸货。沪国览不设置地下停车场，在西侧停车场共设置小汽车车位800 个，东北侧停车楼提供4 170 个小汽车停车位，而100个货车车位则位于3号入口大厅附近，另外在1、3号入口广场还设置了150个VIP停车位。沪国览在有限的用地中通过简易的流线尽可能地组织更多的室内展览空间，同时兼顾了室外展场和地面停车场的空间，土地利用率较高，具有很高的经济价值，在实际使用上也得到较高的评价。

3. 沪国览的设计特点

上海市在20世纪90年代兴建的一批会展中心，由于市中心用地紧张，以点式的多层框架式建筑为主。但随着会展活动的规模和展品类型向多样性发展，参展商对无柱空间和展厅的层高等方面就有了更高的要求，旧有的一批会展中心显然已不能适应新时代会展业发展。因此，沪国览作为上海市21世纪之初设计建造的特大型会展中心，主要目标就是解决国际大型会展所需的面积和层高的问题。

为了满足参展商对展厅灵活使用的要求，沪国览吸取了德国的展厅设计经验，采用了大跨度的柔性钢结构体系。设计采用了标准展厅并列式的布置方式，每一个展厅都为宽70米、长165~177米的标准展厅，能提供1.1万~1.2万平方米、11米净高的无柱展览空间，个别展厅为满足多功能需要更达到了14米的净高。另外，设计方还采用了膜材料的透光屋面、玻璃幕墙端墙，使得自然光能进入展厅内部以降低使用能耗。总而言之，大面积、大净高、明亮的无柱展览空间满足了当时参展商的种种布展需求，而这些设计在当时的上海乃至整个中国的会展中心也都是罕有的（见图5-17）。沪国览因此成为华东地区首屈一指的国际性会展中心，自其落成之后，档期便一直处于供不应求的状态。

图5-17　沪国览室内展场

4. 沪国览空间类型梳理

沪国览的空间布局如图5-18所示，整体为近等腰三角形布局的单层建筑，由西、北侧各5个标准展厅、东侧7个标准展厅共17个标准展厅围合而成。全部展厅通过一条连续的交通走廊以单边并列式相连，彼此之间通过连廊相连。三角形的三个顶点位置则设置了三个入口登陆大厅与环形走廊相连。围合而成的三角形中部空间一般作室外展场使用，参展人员可从环形走廊直接进入。由于采用并联式布局，每个展厅均设有36米宽的内院，可作为卸货、搭建临时展位、临时贮存及服务人员休息之用，货物流线沿外围设置。沪国览没有设置大型集中的会

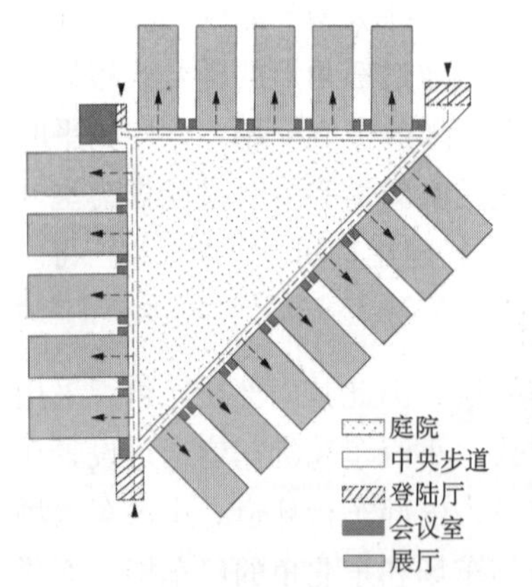

图5-18　沪国览空间类型梳理总平面示意图

（图片来源：上海新国际博览中心官网 http://www.sniec.com）

议中心，而是将会议空间打散成数十个小型会议室，这些小型会议室设置在每个标准展厅的侧方和夹层之中，主要提供小型商务会谈的功能。另外，该会展中心没有设置成体系的办公空间，商业空间对整个建筑主体所占比例极低（小于0.5%），故在此不展开陈述。

三、广州琶洲国际会议展览中心

广州琶洲国际会议展览中心（广展中心）坐落于传统会展城市广州，与上海新国际博览中心是提升时期的两个特大型会展中心。其流线之复杂、规模之宏大，堪称21世纪初我国会展建筑的代表（见图5-19）。

图5-19 广州琶洲国际会议展览中心鸟瞰图

(图片来源：华南理工大学建筑设计研究院有限公司)

2000年伊始设计的广展中心建设分为三期，一期与二期主要功能为展厅、会议和内部办公、车库等，三期则主要侧重于酒店配套设施及后勤服务。第一期工程由日本佐藤综合计画株式会社与华南理工大学建筑设计研究院联合设计，第二期工程的方案和施工图设计完全由华南理工大学建筑设计研究院独立完成，第三期工程由广州市规划设计研究院完成。广展中心全部三期工程已于2008年完成，总占地面积78.82万平方米，总建筑面积110万平方米。其中一、二期建筑面积约79万平方米（由于整体架空一层作为车库、设备层之用，占用了约10万平方米面积），其净展览面积33.8万平方米，共可设置国际标准展位18 000个，远多于占地10万平方米、建筑面积17万平方米的原流花展馆。展览面积达到当时亚洲第二、世界第五的规模[①]。

① 2016年世界会展网（http：//www.expos.net.cn）数据。

1. 广展中心（一期、二期）建筑功能布局设计

广展中心规划用地长1280米、宽560米，呈长方形（见图5-20）。功能区域划分为人流集散区域、展览区域、管理服务区域、设备机房区域、室外展场五大区域。建筑主体在设计中采用“退”的手法：一是在南侧沿新港东路向建筑设坡度为3%的草坡，在解决排水和场地高差问题的同时摒弃了旧有会展场馆常见的大面积硬质广场的刻板印象，使整个建筑悬浮在一个绿色草台上，轻盈飘逸。二是建筑在北侧进行退让，留出沿江风光带，给参展商和参观人士提供了一个舒适的休憩空间。用地的功能分区由南至北依次为树林区、草坪区、建筑主体、主广场及室外展场、水盘池和亲水公园。同时，在东西两侧布置了大型绿化停车场、购票厅、能源中心和步行通道，并在东南角和西南角设置了两个地铁出入口。

图5-20 广展中心总平面示意图

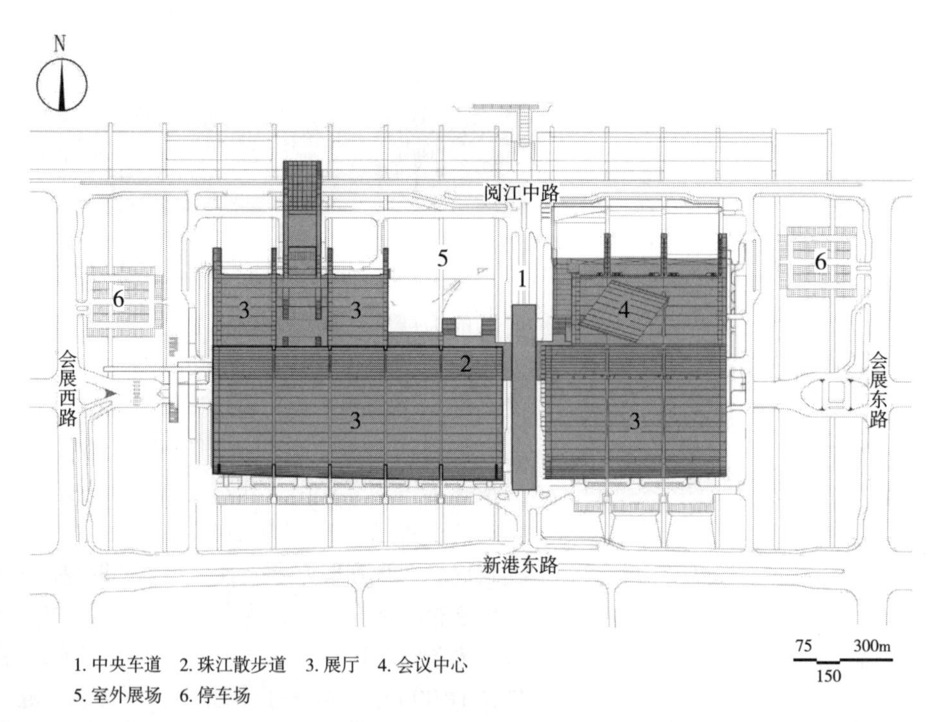

名　称	主要技术指标	设计时间	设计单位	广州琶洲国际会展中心总建筑面积110万平方米，室内展厅总面积33.8万平方米，室外展场面积4.36万平方米，单个展厅面积均在1万平方米左右，一、二层的13个展厅各有开阔的门面，多个展览可同时举办，互不干扰
广州琶洲国际会展中心	建筑面积1100000平方米	2000年	佐藤综合计画、华南理工大学建筑设计研究院有限公司	

从拓扑关系上来看，广展中心的平面布局属于串联式布局。展厅沿珠江散步道两侧均匀布置。一期展厅分为上下两层标准展厅，而二期则增加了第三层的标准展厅，共设计了26个面积平均为10 000平方米的标准展厅。一期工程共有16个展厅，其中南侧以86米 ×126米的标准展厅为基本单元在 ±0.000米标高和16.000米标高布置了两层共10个展厅，一期北侧在 -5.500米标高和 ±0.000米标高布置3个展厅，其中86米 ×114米展厅2个，86米 ×42米展厅1个，由于层高问题和参展人数远超预期，在后期使用中地下的三个小型展厅（-5.500米标高）均改为快餐厅。图5-21为广展中心一期首层平面。二期工程以86米 ×117米为标准展厅模数共建展厅13个[①]。

图5-21 广展中心一期首层平面示意图

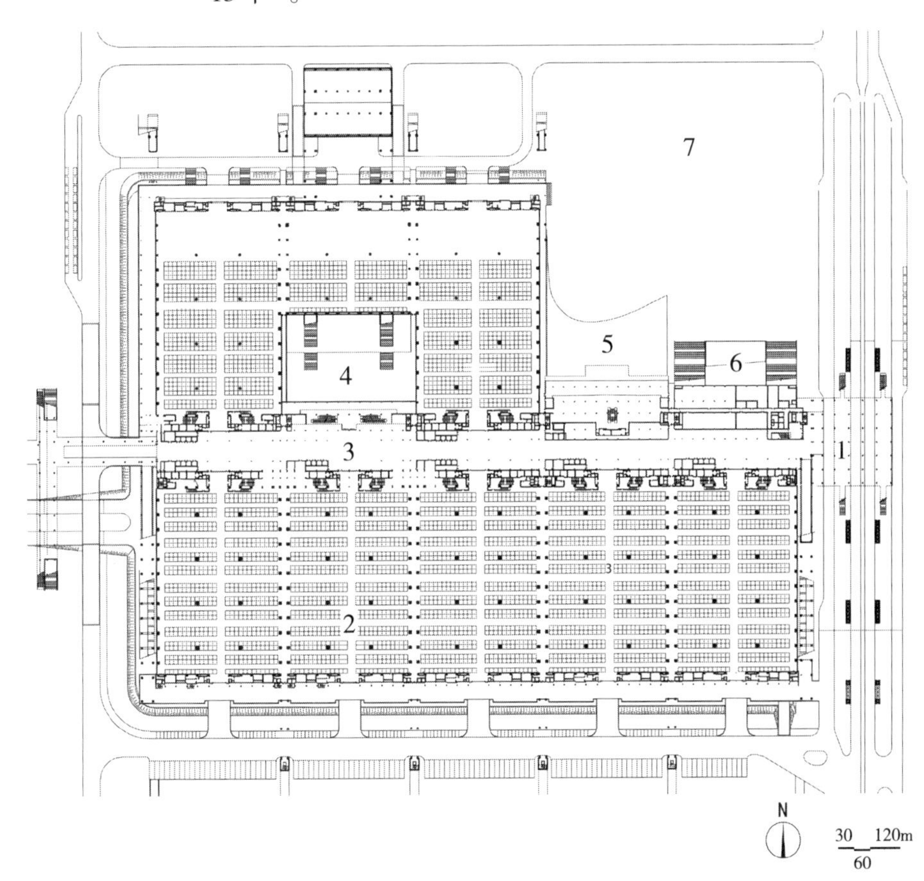

① 杨毅. 特大型会展建筑分析研究［D］. 广州：华南理工大学，2012.

广展中心一期一层展厅建筑采用了30米 ×30米的柱网体系，利于模数化。货车可通过货车通道及东西两侧的坡道到达任一展厅，方便布展和撤展。一层的展厅净高为12米，二层则为无柱展厅，最高可达26米，每一个标准展厅内部均配有洗手间等辅助配套设施和电梯、扶梯及楼梯的竖向交通空间，以方便参展人员使用。展厅面积均控制在1万平方米左右，各种细分展品可在独立的展厅里集中展示，方便专业观众有选择性地参观。但与一般串联式布局不同的是，广展中心一层使用了串联式的标准展厅而在二层却使用了类并联式的展厅，以应对用地限制。一层展厅之间在平时采用卷闸门分隔成独立的部分，有利于布展和节约能源；在有大规模活动时，5个同样的展厅可以连在一起构成一体化展览空间（128米 ×466米，约6万平方米），在必要时，贯穿东西的珠江散步道可将13个展厅连为一体使用[①]。数据表明，我国80%的会展活动都只需要3万平方米以内的展览面积，因此广展中心类并联和串联相结合的展厅设计很好地满足了策展商的各种面积大小的租赁需求。

广展中心在8.000米标高处通过一条连续的直线中央步道将南北两侧的展厅连接在一起。步道宽32米，平行于珠江水岸并在中段设有面向珠江的景观开口，被称为“珠江散步道”。参展人员可以通过珠江散步道方便、快捷地找到自己所选定的展厅。后因需要增加了与三期连接的风雨廊，珠江散步道则从直线形转为了“工”字形。广展中心三期除展厅外还设置了会议中心和酒店等附属配套设施。此外，作为室内主要的交通组织场所，珠江散步道的墙面设计了红、黄、蓝三组颜色。南侧面16米以下为红色，16米以上为蓝色，不同的颜色向参展观众清晰地表明了展厅的位置和方向。

除展览空间、交通空间外，会展中心的另一大主要空间为包括会议中心在内的相关配套空间。除每一个标准单元的夹层内配备了相同规格的洗手间和洽谈室外，还在三层设置了供参展者和商家进一步交流的大中型会议空间。为给参展商和参观者提供更好的就餐环境，广展中心东北侧架空层、首层和 -4.000米标高夹层处均设计了大型餐厅，可供万人同时用餐。广展中心的室外展览空间包括北部展厅所围合的中央室外

---

① 倪阳，邓孟仁．珠江边吹来的和煦之风—中国出口商品交易会琶洲展馆一、二期［J］．建筑创作，2012（12）：89-90.

展场和北侧展厅以北的室外展示场，这些展场面向珠江，与北侧展厅相邻，在必要时内外展厅可连成一体、形成良性互动[①]。

2. 广展中心交通体系设计

广展中心采用了立体式交通模式，通过不同标高平面组织人流、公共车流和货车流等，达到疏解交通，避免流线交叉的目的。在人流组织上，广展中心采用了二层的中央的珠江散步道（8.000 米标高）和中央平台作为人流疏导通道。人流从东西两侧地铁站、公交车站到达会展中心东、西、中三个出入口处，经扶梯到达二层登陆厅并检票进入珠江散步道。一期展馆通过珠江散步道再下 8 米或上 8 米可分别到达一、二层展厅，二期展馆则将散步道与二层展厅平面设为一层，再乘扶梯下到一层或上到三层。面对日益增长的汽车数量，广展中心对车行流线也做了充分考虑。首先，广展中心在场地内部独立设置了不与城市道路交叉的内部环路与地面停车场以供货车通行和卸货，由东西两侧进出。其次，在一期和二期建筑之间的中央位置设置了南北贯穿的出租车、社会车辆专用车道，以方便观众的乘坐出租车和车辆接送（见图5-22）。同时，由于设计团队希望将整个建筑立面无遮挡地展现出来，所以并未设置室外小车停车场，而是利用原低洼的地势将停车场布置在展厅之下。广展中心共设置了 6 个小汽车的地库出入口以供自驾车出行的参展人员使用，并针对有证和无证车辆采取了分口入库的措施

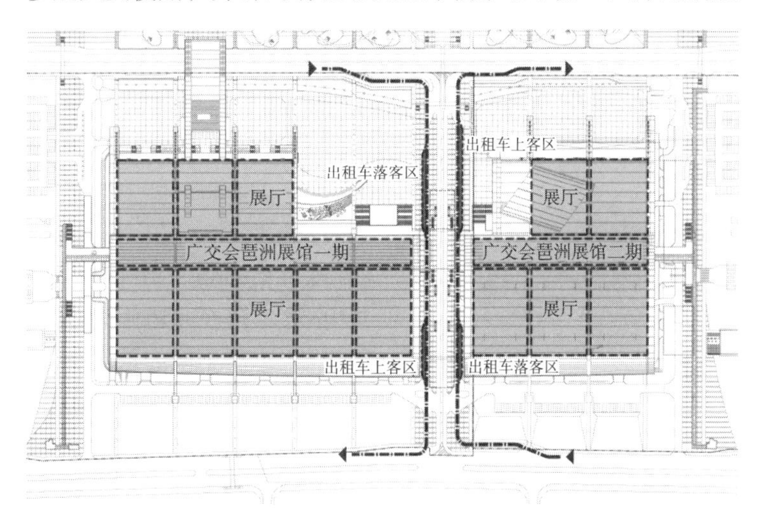

图5-22　广展中心功能示意图
(图片来源：黎少华,《会展建筑的交通设计》)

① 倪阳，邓孟仁．会展场馆精品称雄亚洲杰作——记新落成的广州国际会展中心［J］．建筑创作，2003（1）：22-23.

以减少等候时间。这三种措施在会展中心投入运营后基本解决了场地的车行交通问题，并达到了较好的效果。

不过在后来的运营中，政府有关部门出于对国际恐怖活动的担心，颁布了禁止在广交会期间于广展中心地下停车场停放小车的规定，而这项规定给广展中心的车辆停放带来了很大的困扰。目前，开展期间广展中心附近的小车乱停乱放现象较为严重。更严重的是，管理方为方便管理，没有按照原有设计开放三条南北向贯穿场地的市政道路，致使参观车流只能在场馆周边绕行，造成场馆四周城市道路负荷过大，华南快速干线和科韵路经常出现严重交通堵塞。

3. 广展中心空间类型梳理

如图5–23所示，广展中心共分三期建设，一、二期为主要展览建筑。二层中央步道是“工”字形布局，连接了一、二、三期的所有展厅、会议中心和附属配套设施。中央步道在一、

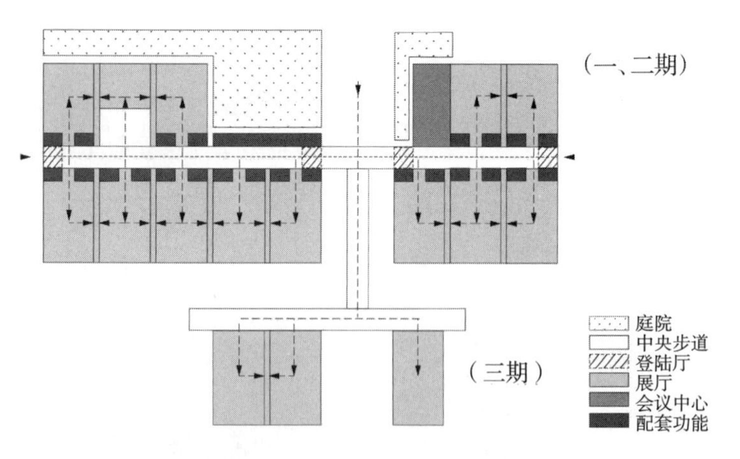

图5–23 广展中心空间类型梳理示意图

二期之间有意打开了面向珠江的景观面，将江景和城市景观与珠江散步道和休闲空间很好地结合在一起。广展中心一、二期在珠江散步道（中央步道）的东、西、中部分别设置了三个登陆厅，而在步道两侧分别布置了多组展厅，展厅间留有6米的间距。所不同的是，在一层，展厅间的空间是互通的，属于“串联式”布局类型，而在二层由于有6米的采光井，展厅则转为了“类并联式”（尽端式入货），这种在同一建筑中上、下层采用“串联＋并联”布局在中国的会展建筑中还是首例。此外，由于没有设卸货内院，广展中心分别在展馆南端和北端设计了卸货平台，一期平台深约15米，二期加深至18米。卸货

图5-24 广展中心卸货平台与造型结合
（图片来源：华南理工大学建筑设计研究院有限公司）

平台可通过两侧的坡道与地面联系，并巧妙地与造型结合在一起（见图5-24）。另外，二期为满足快速撤展的要求，在卸货平台内侧还增加了大型升降电梯和大型垃圾投放井，极大地提升了运力。广展中心平面设计的优点有两点：一是节省用地资源，平面利用效率极高；二是不同类型布局能满足各种规模展览的需求。广展中心的会议中心位于二期建筑主体的三层，与底下的展厅脱离布置，有利于不同人流的分流。

四、深圳会展中心

在经历了两次选址变更和多番专家论证之后，由德国著名建筑设计公司GMP设计的深圳会展中心于2005年正式交付使用。它是以展览会议为主，兼顾与展览有关的展示、表演、集会等功能的国际化特大型会展中心，图5-25所示为深展中心外观。深展中心的落成开启了深圳会展业近20年的飞跃发展阶段。

图5-25 深圳会展中心外观
（图片来源：深圳会展中心官网 http://www.szcec.com）

1. 深展中心建筑功能布局设计

深展中心占地面积22万平方米，东西长540米，南北深282米，建筑面积约28万平方米，拥有10.5万平方米的室内展厅，是目前深圳建成的最大的现代特大型会展中心。深展中心地下两层、地面六层，共八层，建筑最大高度达60米。深展中心采用功能分层的设计思路，将展厅、会议中心和服务配套设施设置在不同的楼层中，各功能流线互不相交，有利于引导和疏散会展期庞大的人流量。各层功能分布如下：–7.500米标高的负二层为商业服务设施、下沉广场，通过地下通道直接与地铁相连；–5.200米标高的负一层为地下停车场和货物贮藏室；首层（±0.000米）、二层、三层为展厅部分，其中一层为展厅，二、三层为相关的服务设施和办公配套设施；30.000米标高的四层为半室外观景平台；45.000米标高的五层是悬浮于空中的大型会议中心；50.000米标高的六层为中餐厅等会议服务配套设施（见图5-26）。

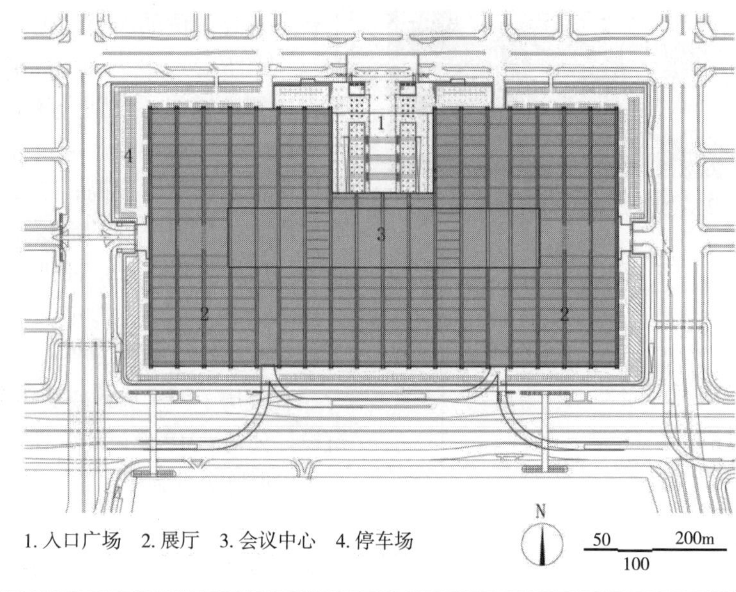

1. 入口广场　2. 展厅　3. 会议中心　4. 停车场

名　称	主要技术指标	设计时间	设计单位	深圳会展中心地处城市中心区，占地 22 万平方米，总建筑面积 28 万平方米，展览、会议和服务功能分层布局，既相对独立又密切配合。一层 9 大展厅铺设成“U”形，可容纳 5000 国际标准展位大型展览
深圳会展中心	建筑面积 28 万平方米	2001 年	德国 GMP 建筑事务所 中国建筑东北设计研究院	

（ a ）总平面图

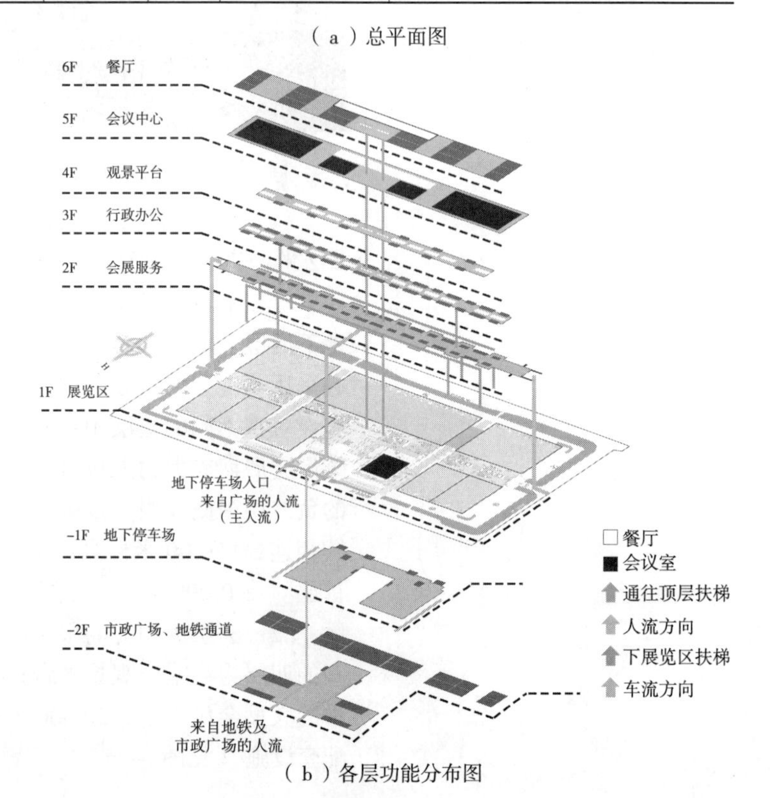

（ b ）各层功能分布图

图 5-26　深展中心平面图与分布图

（图片来源：深圳会展中心官网 http://www.szcec.com）

深展中心展厅区共有9个展厅，高度为13～28米不等。除5号展厅外，另外8个展厅进深皆为125米而宽度有所不同。3、4、6、7、8号展厅为7500平方米；2、9号展厅为15 000平方米；1号展厅为30 000平方米。5号展厅为特别设计的多功能厅，长61.3米，宽43.4米，面积为2660平方米，配备了先进的音响和灯光设备以举办各式的产品发布会。另外，多功能厅南侧还设置了一个配备了5000平方米厨房的就餐区。各个展厅既有串联关系也有各组之间的并列关系，皆通过手扶电梯连接在东西向的7.500米标高的二层中央长廊上。中央长廊和展厅的连接处设置了入口前区。入口前区分为三层，一层为洗手间等辅助设施，二层为行政办公室和检票通道，三层为小型会议室。入口前区和展厅一起构成了完整的会展功能，因此每个展厅都有独立办展的能力（见图5-27）。

深展中心的会议中心位于45.000米标高的五层上，从外观上看像悬浮在展厅之上，这和其他会展中心将会议中心放于

1. 入口广场
2. 餐厅
3. 多功能厅
4. 辅助空间
5. 货运通道

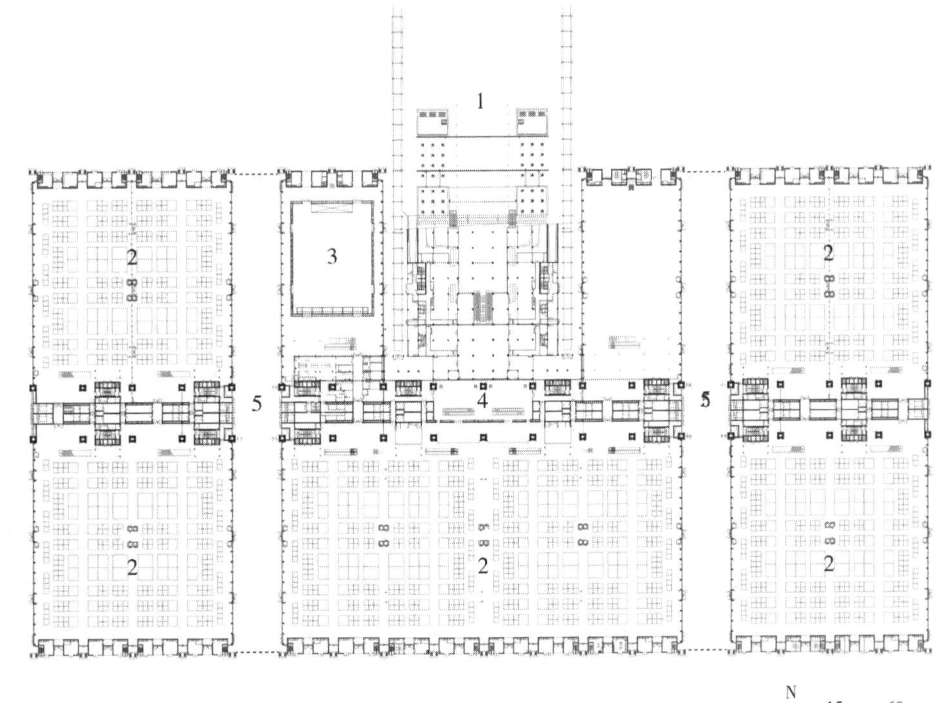

图5-27　深展中心首层平面示意图

低层的做法大相径庭。由于布局的改变，站在会议中心可获得良好的视觉景观感受，可眺望北部的莲花山和福田中心区，配备于六层的空中宴会厅，能举办各种高规模、高档次的国际会议。另外，整个会议中心的1~6层还设置了各种大小和功能不同的会议厅、洽谈室、贵宾室等，总面积达22000平方米，标准席位6400个。

由于深展中心的用地较为紧张，除建筑主体外已无太多额外空间布置室外展场，目前深展中心只能使用北入口广场作为小型的临时室外展场来使用，这给其布展大型展品带来了一定的限制。

2. 深展中心交通体系设计

与立体散布式的功能分区一样，深展中心的交通流线亦做分层设置以实现人车分流：货车流线位于一层，货车从滨河高速路通过高架桥下金田路、益田路的两个货车调度场，从调度场货车通过环路送达建筑的各个位置，在必要时还能通过展厅的开口和消防通道进入展厅直接卸货；参展小汽车则可通过借道下穿会展中心的福田中心五路、六路到达位于负一层的拥有1800个车位的地下停车场，再通过垂直电梯到达建筑各层；人行流线则较为简单，参展人员从会展中心的北、东、西三个出入口通过楼梯和扶手电梯到达7.500米标高的中央长廊，再从中央长廊上的电梯通往建筑各层。分层的交通体系一方面使得人车井然有序、互不干扰；另一方面功能散布在多个楼层的做法给建筑的垂直交通效率带来了问题。目前深展中心共使用了137台各式电梯以满足参展需求，而数量如此多的大型高层电梯则增加了建筑的总体造价和维护成本。

总的来看，分层式的立体人车交通体系给深展中心带来了较好的内部交通效率，各股人流、车流集散有序，充分体现了提升时期特大型会展中心的设计特点。另外，深展中心将会议空间置于高层以突显建筑造型（见图5-28）和设置大型室外广场连接城市公共空间的设计手法反映了现代特大型会展中心已不单单是纯粹的商业建筑，而是承载了提供城市公共空间、作为城市地标等城市性功能，同时，也为高密度城市节约用地提供了范例。

3. 深展中心的设计特点

相对于同时期的其他会展中心，深展中心的设计在与城市

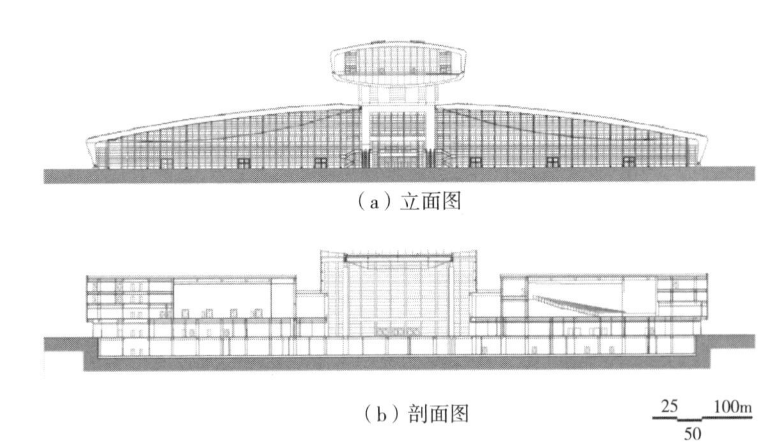

图 5-28　深展中心立面、剖面图

的衔接关系上做了较为仔细的考虑，倡导在特大型会展中心设计更为公共的城市空间。深展中心建筑主体坐南向北，主入口在北侧以室内广场、室外广场的空间序列向北侧的中心区绿地公园和购物商场打开。北部的室外广场长约 115 米、宽约 100 米，面积达 12 000 平方米，配备了音响和喷泉系统，是举办大型节庆活动的理想场所。广场两边悬挂了两面 100 平方米的超大型液晶显示屏，可在活动时转播节庆画面和在展会期间提供详尽的展览信息。观众可通过北部室外广场的手扶电梯和楼梯进入会展中心内部的室内广场。室内广场面积约 1000 平方米，最多可容纳 1000 人，适合举行一些中小型的室内活动。

深展中心的另一项领先于同时代的设计是展厅的多样化设计。深展中心大小不一的展厅共有 9 个，其中 1 号展厅面积高达 3 万平方米，如此大面积的展厅及配套设施在中国乃至世界的各大会展中心中也是非常罕见的。大面积的展厅为会展以外的活动提供了更多的可能性，比如 2011 年第 26 届大运会，深展中心作为主会馆使用，15 000 平方米的展厅全部被改造成临时比赛场馆，高空会议厅成为棋艺比赛的场地，而 30 000 平方米的展厅则被用作数百辆大巴和小车的临时停车场。以特大型会展中心作体育赛事的临时场馆是我国会展建筑的一次大胆、有益和创新的尝试，大运会的成功举办也证明了会展建筑在功能上的更大的使用弹性。

4. 深展中心空间类型梳理

深展中心将功能区分层设置，采取了立体式交通的流线设计，空间结构清晰明确。9 个展厅分组并列连接在二层的中央走廊上，走廊与展厅间有三层设置了各种配套设施的入口前

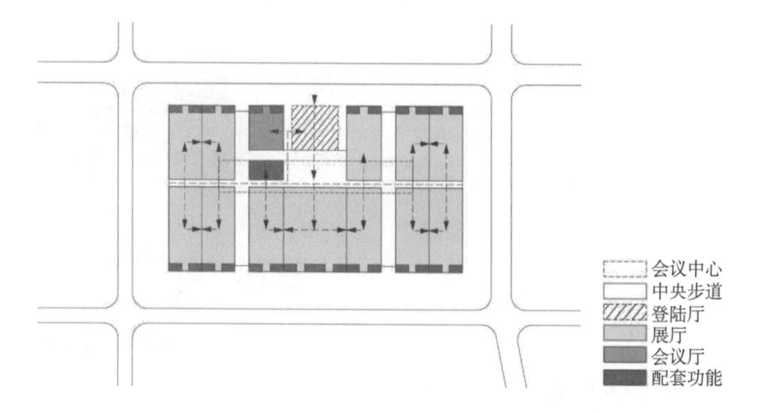

图5-29 深展中心空间类型梳理示意图

区。会议中心设置在了展厅之上的五层，在外观上具有很强的昭示性。参观人流可通过二层中央走廊分别进入两侧的展厅。从展厅大布局来看（见图5-29），深展中心总体属于并联式设计，但其中3、4号和7、8号展厅之间则采用了串联式布局手法。其登陆厅设在了北侧广场一侧，为展厅的单行使用提供了可能性。由于用地面积不大，其货运主要通过穿越建筑的通道和四周道路解决，空间显得逼仄，也给城市景观带来了影响。

五、国家会展中心（上海）

由于会展业的发展大大超出了政府的预期，上海新国际博览中心完全投入运营4年后，国家会展中心（上海）便被列入上海市的展馆建设计划。国家会展中心（上海）（见图5-30）位于上海市虹桥商务区核心区西部，由华东建筑设计研究院和清华建筑设计研究院共同设计，于2014年落成，占地面积85.6万平方米，总建筑面积147万平方米（地上127万平方米、地下20万平方米），总展览面积达50万平方米（40万平方米室

图5-30 国家会展中心（上海）鸟瞰图
（图片来源：清华大学建筑设计研究院，姚力 摄）

内、10万平方米室外）[1]；是目前我国乃至亚洲最大、世界第二大的会展中心[2]，同时也是我国最新的特大型会展中心。

与21世纪初兴建的一系列特大型会展建筑不同，国家会展中心（上海）是一个综合体式的会展中心，除主要展览功能之外，还配套了商业设施、写字楼和酒店等。可以说，它的设计在一定程度上代表了当前我国和世界会展业的前端思想。配套的商业空间也表达了我国特大型会展中心的建筑设计从仅仅考虑会展业本身向多样性使用的转变，体现了以人为本的设计理念。

1. 国家会展中心（上海）建筑功能布局设计

国家会展中心（上海）的用地范围为边长900米的正方形地块（见图5-31），四周是崧泽大道、诸光路、盈港东路和嘉

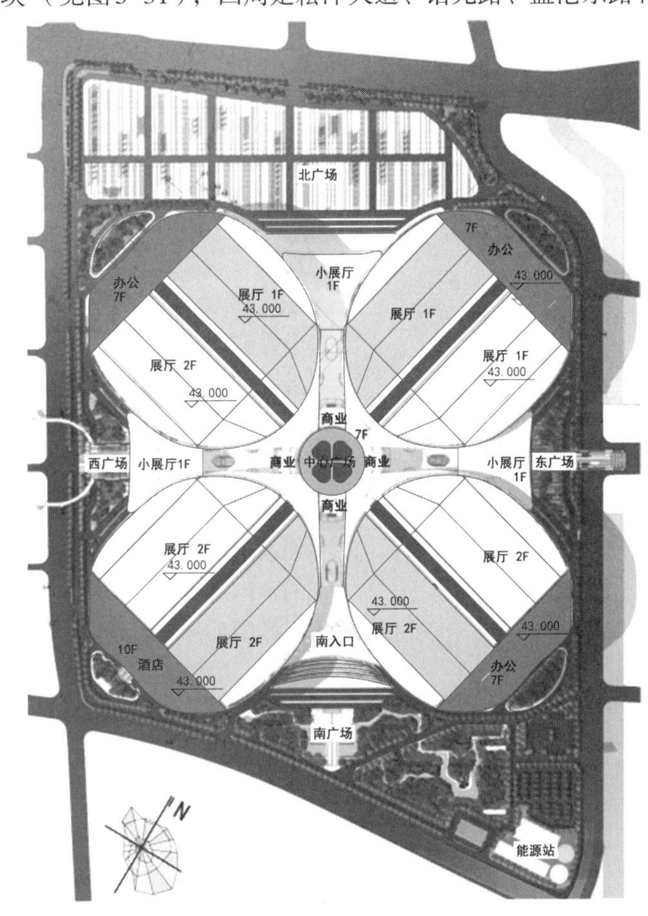

图5-31 国家会展中心（上海）总平面示意图

（图片来源：清华大学建筑设计研究院）

① 数据来源于国家会展中心（上海）官网（http://www.neccsh.com）。

② 该排名以室内展览面积为标准，另外国家会展中心（上海）还是目前世界上建筑面积最大的单体会展建筑。

闵高架路四条城市道路。为了在43米限高的要求下将约150万平方米的建筑体量置入81000平方米的场地中，设计团队经过大量调研和研究后决定使用紧凑集约的布置方式：将四组展览单元对称布置，每组由两个展厅组合在一起。整个建筑平面呈现出“四叶草”的造型。

从展厅、交通空间以及其他功能块的拓扑关系来看，国家会展中心（上海）的布局属于并联式，各功能区通过一定的空间逻辑进行布置，它们既不是简单的线性关系也不是单纯的环绕关系，是一种更为复杂的复合型布局方式。会展中心将综合体的展览、办公、会议和商业功能空间进行了多元整合。以单“叶片”为一个功能组团，每个组团包含2～4个大型展厅和1栋办公（酒店）楼，四个功能组团向心汇聚于中央的商业空间和公共广场，形成结构清晰、多元复合的空间序列[①]（见图5-32）。在展览期间，参展人员先从南侧主入口进入中心广场，再通过位于8.000米标高的“米”字形步行通道进入四个组团单元之中。南广场的东侧布置了大面积的室外停车场。北侧空地为20万平方米的室外展场，在一些情况下也可作为室外停车场使用。

该项目共设置了13个大型展厅，其中16米层高展厅10个，32米层高展厅3个，每个展厅面积约为280000平方米。另外在两片“叶子”组团单元之间的±0.000米标高平面的北部和16.000米标高平面的西、南、东部设置了3个10000平方米的小型展厅。办公、会议功能区位于西北、东北和东南三个端部，底部使用大空间设计，而在8.000米标高设置了各种大小会议室方便参展人员使用。配套酒店则位于西南角，也通过8.000米标高的步道与展厅空间相联系。此外，建筑中央设置了环绕圆形中央广场的环形7层商业空间，提供购物和餐饮服务。中央广场位于最核心的位置，起到汇聚人群、集会、信息展示等作用。

国家会展中心（上海）的这种空间布局带来了两个问题。首先是内部流线设计的问题。展馆大，走得远、走得累是参展观众普遍的印象。“四叶草”式的四组展览单元设计看似合理，即观众可从中心广场出发，参观一个组团单元内的展馆一圈后回到中心广场再选择前往另外的组团单元。可是场馆设计方却

① 周玲娟．国家会展中心（上海）的多元建筑空间设计策略［J］．城市建筑，2016（6）：106-113.

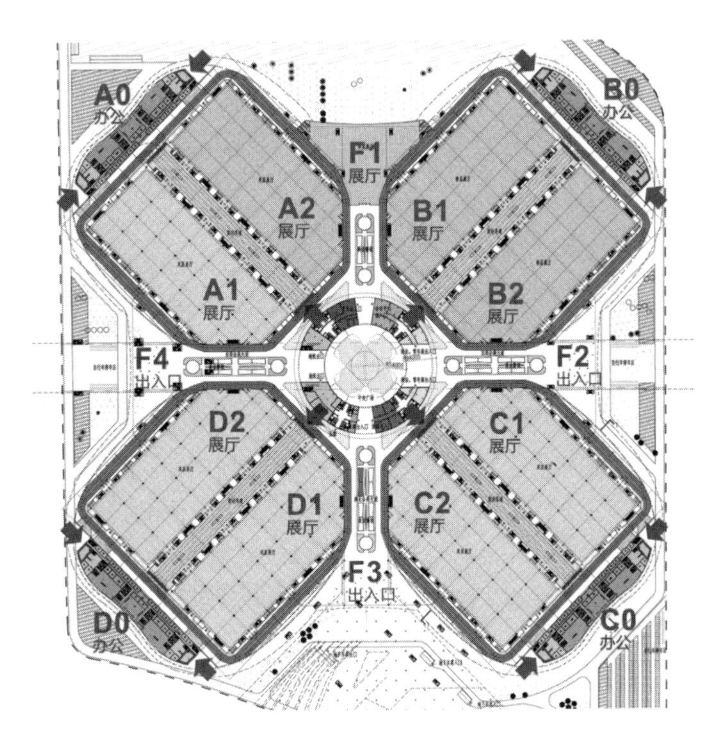

（a）首层平面图

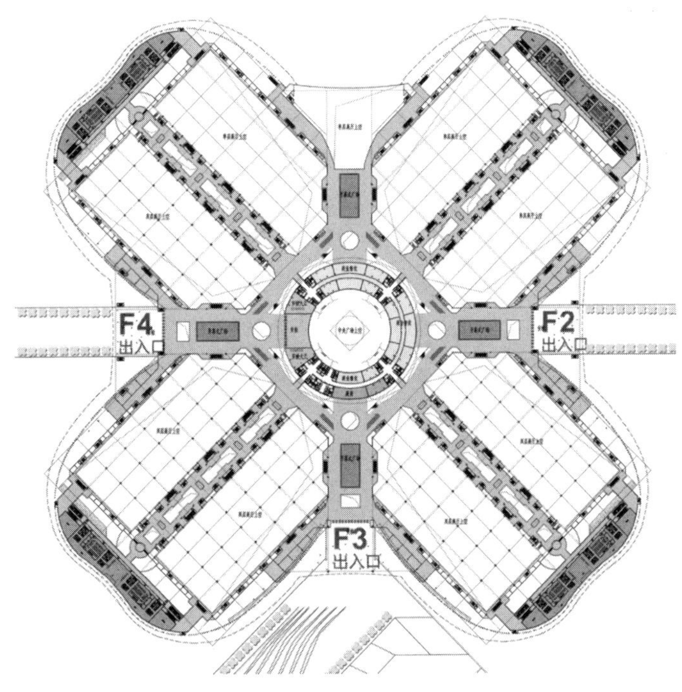

（b）8.000 米标高平台平面图

图5-32 国家会展中心（上海）平面图

(图片来源：清华大学建设设计研究院)

忽略了参展观众的流线是存在变化和差异的，有些观众仅仅希望参观组团单元其中的某几个展区。换而言之，一个观众如果想有选择性地到达某个展厅，那么他需要在参观完一个展厅后，从建筑的最远端步行回中心广场后再选择前往下一个展厅单元，根据平面图测算这样的距离接近1000米。相比之下，处于浦东的上海新国际博览中心任意两个展馆的最远距离仅为650米[①]。另外，用于疏导人流的中心广场的环形步道宽仅30米，其中还夹杂了楼梯、餐饮店、商店等，这也大大降低了观众的通行速度。

其次，国家会展中心（上海）的商业和服务功能设计不尽合理。众所周知，商业是外向型产业，需要和使用者有充分的联系，因此商业休闲空间最好设置在靠近城市道路或者方便到达的区域。但是为了方便参展观众，国家会展中心（上海）的商业休闲空间却被设置在会展中心内部，这从根本上阻断了普通市民与内部商业之间的联系，商业仅成了对内使用的配套功能。

2. 国家会展中心（上海）建筑交通体系设计

国家会展中心（上海）是多层的特大型会展中心，因而采用了立体式的人车分流交通体系。人流组织上，会展中心在四个方向上设置了4个出入口，从任何方向到达的人流均可从其中一个入口进入。地铁2号线的出入口位于中心广场，乘坐地铁而来的参展人员可以直接到达会展中心内部。但是在大型展览开办时，出于疏散安全的考虑，该出入口将会封闭，参展人员需从会展中心外的地铁站口出站转乘接驳车到达室外广场，再步行进入。货车的交通组织较为简单，其轮候区设置在会展中心北侧，货车从北侧入口进入场地，通过建筑首层和二层环绕展厅的专用货运车道直接驶入展厅内部，确保高效地完成布展、撤展工作。

3. 国家会展中心（上海）的设计特点

国家会展中心（上海）是我国最新建设的会展建筑，目前是亚洲最大的会展建筑。它的设计表现了当前我国和世界会展业的前端思想。与21世纪初我国兴建的一系列大型会展建筑不同，国家会展中心（上海）是一个功能复合型的会展中心，除

---

① 崔国．设计硬伤或致上海国家会展中心“久病难愈”［J］．城市中国，2015：20–23.

了提供主要展厅空间外，同时配套了商业设施、写字楼和酒店等，属于现代特大型综合体会展中心。配套的商业空间设计也表达了我国特大型会展中心的建筑设计从仅仅考虑会展业本身向多样性使用的转变，体现了以人为本的设计理念。

国家会展中心（上海）的一大特点是功能复合性。以往我国会展中心的大部分空间为展厅与会议中心，只配有很少的其他功能。国家会展中心（上海）127万平方米的地上建筑面积中仅有40万平方米（约占31.4%）是展厅空间，剩下有接近70万平方米（约占55%）的酒店、办公空间和商业空间，这在我国以往会展中心中是少见的。建筑在外部通过一、二层的大空间与城市空间紧密联系，而在内部则通过8.000米标高的会议区入口直接连接会展区，创造了商贸交流的空间，建立两区自然、有效的人群联系和互动[①]。这种便捷设计的出发点消除了以往参展商和专业人士的商贸谈判只能在展览区嘈杂的现场环境中进行的窘况，体现了现代会展“展洽”的新模式。酒店位于建筑西南方向的边缘，共10层，地上建筑面积约69 000平方米，共有以五星级标准设计的客房543间。从经验上来看，在特大型会展中心附近都会有投资商兴建不少的酒店供参展人员使用，但在每次开展期间，来往于酒店与会展中心的通勤流量往往给附近交通带来较大的负担。因此，会展中心将酒店功能并入内部，一方面可以大大降低开展期的交通流量，另一方面可使参展人员在入住过程中提前进行办证和存包，大大减缓了入口的人流压力。与以往特大型会展中心更大的不同是配备了大规模的商业空间。七层的商业空间位于会展中心中部，呈圆环形，分为内外两层，建筑面积共15万平方米。外层商业空间在展厅层直接与展厅相连成为集中餐饮空间，而内层商业空间则为业态更丰富的购物空间。内部商业空间的设置既能在展会期间为会展中心提供餐饮和商务洽谈空间，又是平日虹桥地区市民购物、休闲的去处，可谓一举两得。

总的来说，通过在会展中心引入写字楼、酒店和商铺，国家会展中心（上海）成为我国少有的综合性会展中心。这是会展产业的专业化提升的必然结果，也反映了现代会展从专业型向大众型发展的趋势。

---

① 周玲娟．国家会展中心（上海）的多元建筑空间设计策略［J］．城市建筑，2016（6）：106–113.

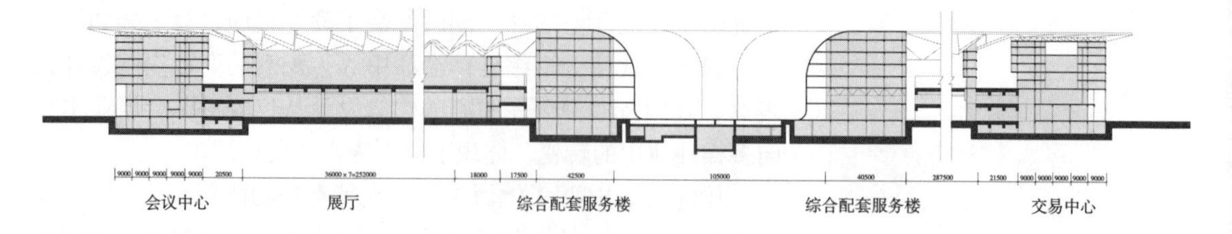

图5-33　国家会展中心（上海）剖面图

（图片来源：清华大学建筑设计研究院）

国家会展中心（上海）的另一个特点是设计了较大的公共空间。在最中心位置是一个直径约50米的圆形公共广场。从功能上来看，它是一个休闲、交谈、集会和信息展示的场所。在流线组织上，它与四个展厅功能单元形成了等距的联系，开展时参展人员都先从中心广场集中再选择性前往建筑各翼，最终又回到中心广场，起到了人群汇聚和疏导的作用，而围绕中心广场设置的商业和餐饮空间也一定程度上加强了这种向心效应（见图5-33）。设计师在中心广场设置了通往地铁站的出入口，这为参观人员提供了另外一种参观路线。与其他会展中心从外部进入相反，国家会展中心（上海）希望能将人流更便捷地引入会展中心内部。特别是在闭展时期，市民可以通过轨道交通到达中心广场再前往内部的商业空间，大大增强了与城市外部空间的联系，体现了会展中心从封闭性转向公共性的一次探索。

令人惋惜的是，国家会展中心（上海）的公共性仅仅停留在内部。由于外部城市规划的原因，它所提倡的公共性在城市外部空间上并未得到很好的贯彻。基于城市尺度的视角来看，会展中心的外部公共性缺失也与其“孤岛”式选址规划有关。整个会展中心被四条城市道路限定在了边长900米的区域当中，超大尺度的街区划分意味着低效的交通和人流互动，而这导致了较低的市民参与度，因此其内部商业休闲空间在闭展期被闲置，并没有展现出设计的初衷。这只是国家会展中心（上海）的“内忧”，从其与周边城市区域的关系上来看，它还存在“外患”。用地南北两侧已建设了大量的住宅区，而在东西边则分别是规划设计中的西虹商务区和已落成的虹桥商务区，因此从理论上来说会展中心周边城市区域对商业是有一定需求量的。但是，市民出行时一般会选择就近的商业区，而目前会展中心与东侧已落成的虹桥商务区隔了两条河涌及一条高架桥等城市空间障碍物，连通性较差，而且商务区中还规划建设了配套的商业中心，这就意味着东侧人群进入会展中心的可能性

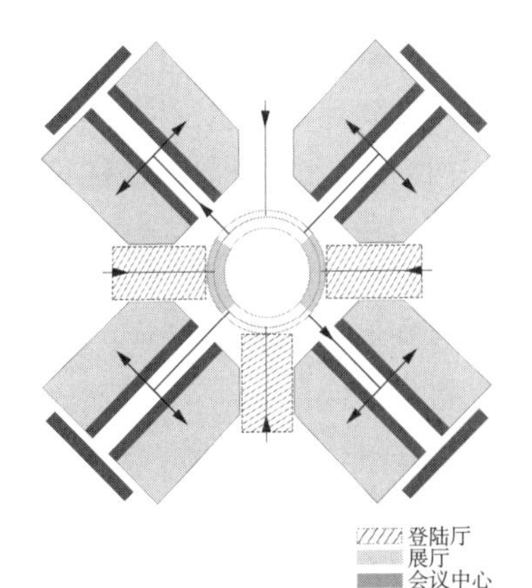

图5-34 国家会展中心（上海）空间梳理示意图

大大降低；在会展中心的南边则有一座建筑尺度更为亲民的虹桥天地，所以在南边的市民也不会选择进入会展中心的商业区；而在北边，市民通往会展中心的道路又被城市主干道、大型货车轮候区和公共停车场所阻隔；至于西侧的西虹商务区仍在规划中，还不能形成有效的人流。因此，国家会展中心（上海）在闭展期间成了城市中的一座“孤岛”，它在设计之初希望提倡的公共性在城市层面上便已经被瓦解了。

4. 国家会展中心（上海）空间梳理

国家会展中心（上海）是我国近期落成的会展建筑，它与提升时期初期建设的其他会展中心有一定的差异，主要表现在会展区面积占整个建筑的比例大大缩小，配备了较多会展配套功能空间和一些城市功能空间。它的平面布局模式既不是并联式也不是串联式，是一种介乎两者之间的混合模式（见图5-34）。参观人流通过登陆厅进入中心环道，然后通过环道进入各个展厅。周边四组展厅是并联设置的，每组展厅采用了对称布局，中间设有中央步道，为展览提供了另外一种组合模式。

六、武汉国际博览中心

武汉国际博览中心（武展中心）是华中地区最大、功能最完善的特大型会展中心（见图5-35），它的建设体现了武汉市政府大力发展会展经济的积极态度。武展中心位于武汉市的一

图5-35 武展中心鸟瞰图
（图片来源：武汉国际博览中心官网 http://www.wniecm.com）

个综合性城市副中心——四新地区，是一个规划为现代化的生产性服务中心和生态型的居住新城。四新地区的建设体现了武汉城市发展从汉口、武昌、汉阳往西南发展的过程。武展中心选址于此也表明了其重要的战略意义。四新地区离武汉市中心区位较远，其距江汉路商圈约为11.5千米车程，距光谷商圈21千米车程。武展中心位于城市二环线和三环线这两条快速路之间，可以便捷地通过高速公路连接机场、武昌等地，而不需穿越汉口和汉阳的商业中心。场馆四面有城市干道围绕：东面为滨江大道、南面为四新南路、西面为拦江堤路、北面为四新北路，并且场地在四个方向上均有出入口与市政道路相连[①]。

1. 武展中心建筑功能布局设计

武展中心设施一应俱全，可承办各种规模的具国际标准的展览。武展中心由会展核心区、北边的文化娱乐建筑区、西侧的商业办公区和南面的高层住宅区四个部分组成。会展核心区是由展馆、会议中心、酒店、写字楼等建筑组成的A组团；文化娱乐建筑区包含海洋馆、科技馆等。本书在此介绍和分析的武展中心主要是指A组团中的展览场馆和会议中心。

武展中心展馆建筑面积约46万平方米，建筑高度34.7米，地上分为架空层和展厅层两层，共设12个标准展厅，可提供13万平方米的室内展览面积和4万平方米的室外展场，提供国际标准展位12500个，相当于5个武汉国际会展中心[②]的规模（见图5-36），是武汉目前规模最大、功能最完善的会展中心。2006年开始施工，2010年底竣工并交付使用。武展中心的建成使武汉一跃成为中部会展之都。基于华中现代制造业基地、生产性服务中心、文化旅游中心的功能定位，武展中心以承接大型、国际性展会活动为主。

武展中心各功能分区明确，在使用上既相互独立又具有密切联系。展馆于西侧呈圆形围合状，在面向东南角的长江景观面打开；酒店位于东南侧，毗邻长江，拥有最好的观景面；会议中心则介于展厅和酒店之间，是联系展厅和酒店的中间体，是中心广场的视觉焦点；两栋超高层办公楼对称设计在会议中

---

① 杨毅．特大型会展建筑分析研究［D］．广州：华南理工大学，2012：34．

② 该方案是2001年在中苏友好宫原址重建并投入运营的会展中心，建筑面积约12.7万平方米，可提供2800个国际标准展位。

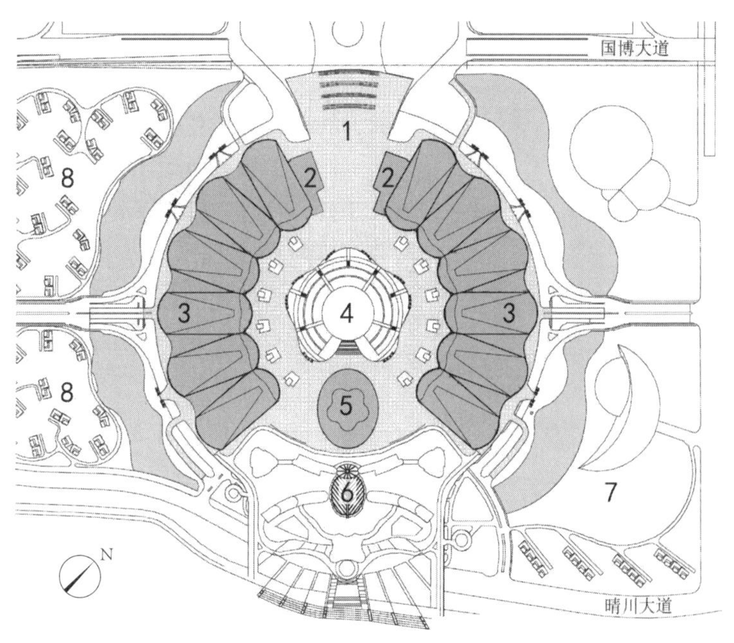

1. 入口广场　2. 登陆厅　3. 展厅　　4. 下沉广场
5. 会议中心　6. 酒店　　7. 室外展场　8. 住宅区

名　称	主要技术指标	设计时间	设计单位	武汉国际博览中心展馆建筑呈环形，以圆形广场为中心，分为上下两层。一层为公交枢纽、停车场、商业区、展览配套餐饮区等，展览展示厅集中在二层区域
武汉国际博览中心	面积 457 000 平方米	2011 年	中信建筑设计研究总院	

（a）总平面图

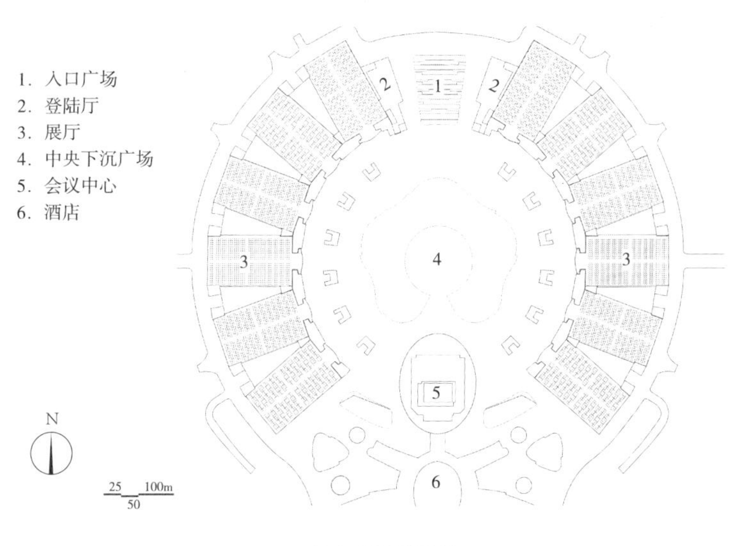

图 5-36　武展中心平面图

（b）二层平面图

心两侧，控制着该区域的城市天际线。

为满足该地区防洪要求，武展中心的主体建筑位于7.000米的标高上，底层架空作为停车场等辅助空间。建筑首层与东侧的江堤平接，争取了最大范围的景观视线。绿地系统由防护绿化带、城市公园、滨水景观、公共绿地、组团绿地等组成。武展中心的12个标准展厅呈圆环形排列，整体虽为圆形，但实则可归类为串联式的展厅布局模式。每个标准展厅尺寸为140米 ×72米，可提供560个国际标准展位，其辅助区位于短边一侧。由于展厅的排列呈环形，展厅和展厅间有梯形的连接空间，两侧展厅通过大型移门与该梯形空间连接，当所有移门打开时可提供约65000平方米的连续展览空间，满足绝大部分大型会展活动的面积需求，体现了展厅的灵活性和可塑性。12个标准展厅围合出一个巨大的中央广场，可作临时室外展场使用。在中心位置则为下沉广场，用于参展人员的集散和架空层的采光。

2. 武展中心建筑交通体系设计

武展中心采取人车分流的立体交通体系，人流主要在7.000米标高的展厅层活动而车行外部环路、停车场则位于0.000米标高。公共交通的车行出入口设置在西侧，承担了公共交通枢纽的作用，设置了9条汽车通道：一条大巴闲时掉头通道、两条出租车上下客车道、三条团队大巴上下客车道、两条专线大巴上下客车道和一条VIP车道。在运输高峰时期大巴闲时掉头车道则会关闭，所有车流必须遵循单进单出原则，从西入口上下客后，从会展北路离开场馆。这种分类设置多条车道和站台的方式有助于车港内部交通的梳理，从而有效提升运输能力和交通效率。私家车可从建筑周围5个入口进入，经外环路进入一层架空停车场。货运交通方面，车辆可通过6条立体坡道进入7.000米标高展厅卸货。货车停车场设置在一层架空层与外环路的交接处，货物也可在架空层卸货后经货运电梯二次运输至各展厅。

为了应对开展时庞大的人流，建筑提供了多个不同楼层的进入方式：从东侧滨江大道进入的人流可通过空中过街连廊到达展馆层（7.000米标高）；而从西侧拦江堤路到达的人流则可经过主入口的水景广场从0.000米标高通过大楼梯到达展馆层；乘公交车及大巴车由西出入口进入的人流可通过自动扶梯进入

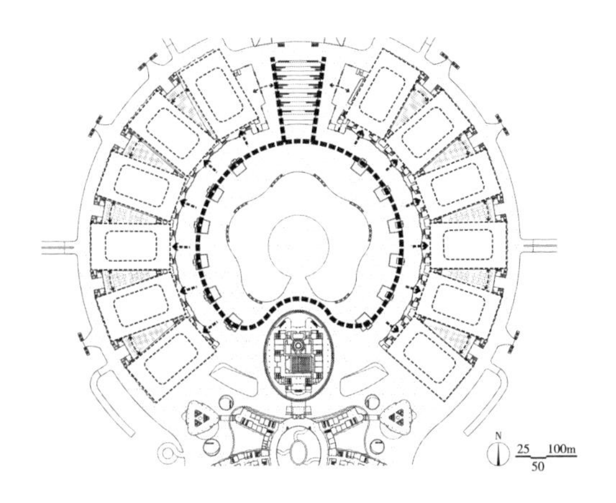

图 5-37　武展中心人流示意图

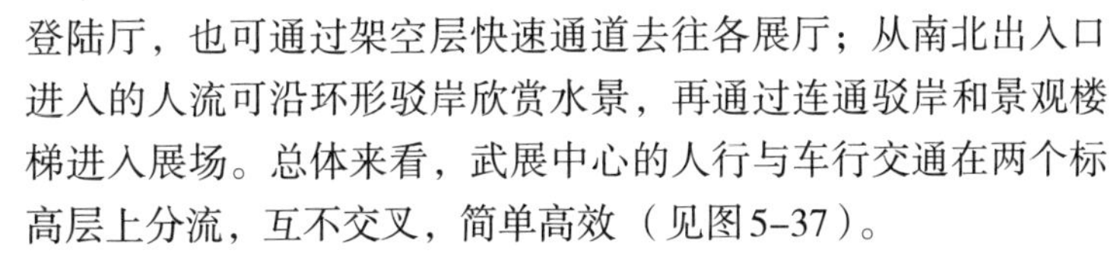

登陆厅，也可通过架空层快速通道去往各展厅；从南北出入口进入的人流可沿环形驳岸欣赏水景，再通过连通驳岸和景观楼梯进入展场。总体来看，武展中心的人行与车行交通在两个标高层上分流，互不交叉，简单高效（见图5–37）。

3. 武展中心类型梳理

如图5–38 所示，武展中心整体造型呈圆形，人流可通过两端登陆厅进入两边交通步道，通过交通步道再进入各个展厅，交通流线简洁明了。但由于展馆分成两翼布置，会造成两侧展厅的交流较弱且行走距离较远。这种平面布局虽然有追求形式之虞，但在拓扑学结构来看仍为典型的串联式展厅设计，即每边6 个标准展厅以弧线的交通空间串联相通。通过展厅的围合形成圆形中央广场，提供了大面积的室外展览面积和疏散面积。

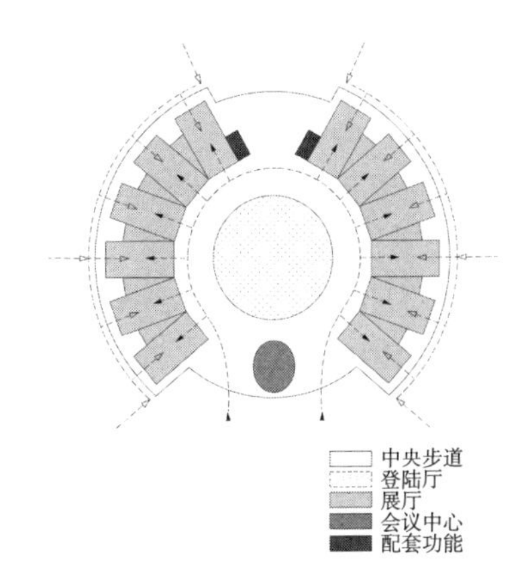

图 5-38　武展中心空间类型梳理示意图

七、西安曲江国际会展中心新馆

西安曲江国际会展中心新馆（以下简称“曲江会展”）是2006 年陕西省委、省政府共同设定的省市重点建设项目。它由德国 GMP 建筑事务所和华南理工大学建筑设计研究院联合设计，总建筑面积约15.2 万平方米，地面一层包括7 个标准展厅，共可提供4000 个国际标准展位（见图5–39）。2006 年7 月开始施工，2007 年3 月一期竣工，是目前我国西北地区一流的具有国际先进水平的会议展览中心。曲江会展选址于西安市南部，紧邻曲江会展旧馆的南边。场地四面被市政道路包围，北侧为城市主干道雁展路，西侧为长安南路，东侧为汇新路。环绕的四条市政道路确保了场地上各种交通工具互不干扰，使得场地交通能高效运行。出租车、大巴等社会车辆均可由会展外环路到达三个主入口的下客区，而私家车则可按照交通引导系统前往四个机动车出入口驶入。另外，在会展中心南边几百米处还有西安环城高速入口，与跨区的高速路及机场有着最方便快捷的联系。同时，西北部还设有地铁2号线会展中心站出入口，参展人员可通过南北向的2号线在短时间内往返市区和会展中心两地。

图5-39　曲江会展效果图

（图片来源：华南理工大学建筑设计研究院有限公司）

1. 曲江会展建筑功能布局设计

曲江会展的建筑布局与旧展馆的关系是设计团队的首要考虑，即如何在保留原有广场的前提下，将新旧展厅联系在一起。最后，团队决定用一条南北向的步行长廊将两者连接起来，该连廊垂直于电视台和原展馆间的轴线，形成了“两横一纵”的布局。这种理性布局在保持原有展馆与周围环境关系的同时又很好地组织了与新展馆的空间联系[①]（见图5-40a）。

曲江会展采用了典型的并列式展厅布局模式，将7个同样的标准展厅沿一条东西向的中央走廊两侧错开排列，连续顺畅的参观流线高效率地组织了内部人流（见图5-40b）。北面、南面各设4个和3个标准展厅，每个展厅为一个设计模式展厅，均为72米×144米的无柱展厅，面积约10000平方米，能提供570个国际标准展位。展厅最小净高14米，除了会展活动外亦可用于举办体育比赛、音乐会等其他活动。曲江会展的主要交通空间是一条宽42米的东西向步行通廊，全长约380米。在其东、西两面皆设有开放的登陆大厅，大厅内设售票处、登记处、问

① 倪阳，林琳，金蕾．西安曲江国际会展中心新展馆建筑设计[J]. 南方建筑，2010（1）：48-51.

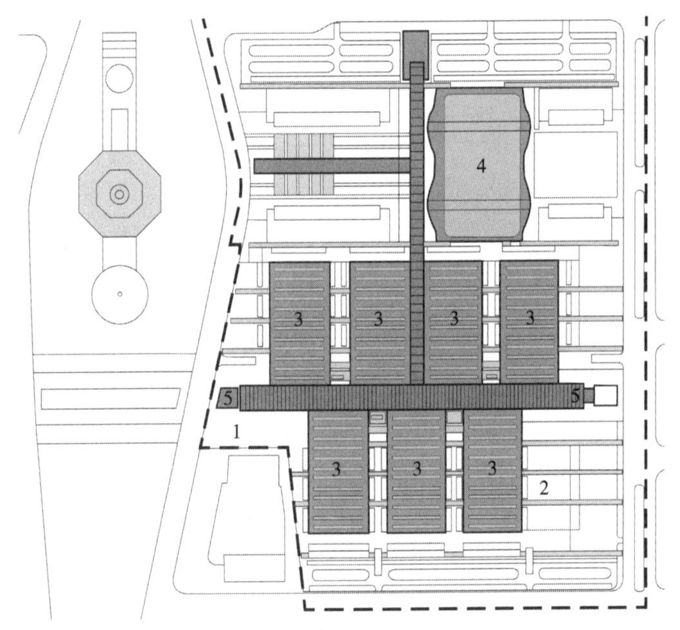

1. 入口　2. 室外展场　3. 展厅　4. 会议中心　5. 登陆厅

（ a ）总平面图

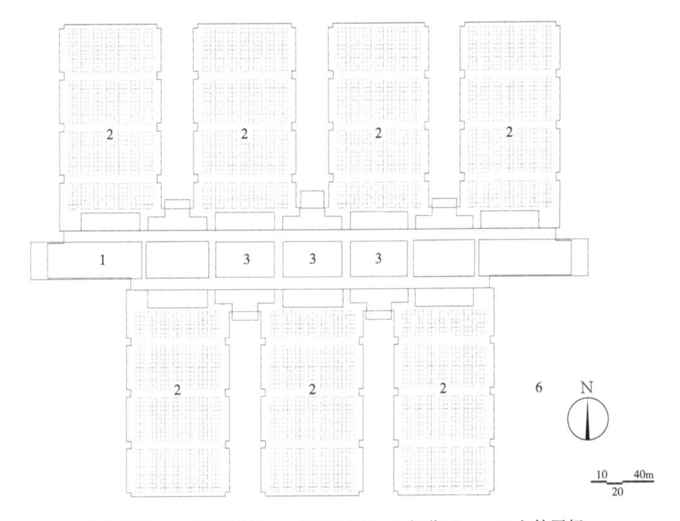

1. 中央步道　2. 标准展厅　3. 绿化庭院　4. 卸货区　6. 室外展场

名　称	主要技术指标	设计时间	设计单位	
西安曲江国际会展中心	总建筑面积约15.2万平方米	2006年	德国GMP建筑事务所、华南理工大学建筑设计研究院有限公司	曲江会展由7座新展览馆沿东西走向的中央走廊交替布局，每个展厅的尺寸为72米 ×144米，可容纳570个展位，最小净高为14米

图5-40　曲江会展平面图

（ b ）展厅平面图

讯处、安检处等，还有存衣间等便民设施。三个绿化庭院均等分布在通廊之中，可供参展人员临时逗留、憩息和用餐，赋予了整个会展中心一种舒适、明朗的氛围。建筑内各处都散置了包括问讯台、快餐售卖处在内的小型构筑物，进一步营造了公共空间中轻松的气氛，同功能主义色彩的展厅设计形成鲜明对比。此外，通廊两侧与展厅相连处还设置了12米宽的条形辅助功能带，配备了技术间、卫生间和仓库等辅助用房。

2. 曲江会展设计特点

为适应快速设计与快速建造的要求，展厅的模块式设计是曲江会展建筑设计上的最大特色，即每一个展厅的规模，长宽比例、服务配套设施、各项设备的组合控制及消防疏散的形式均采用相同的功能块设计。所有展位均由地坪下每隔9米设置的管沟提供必要的水、电、通信等功能。主管沟由中廊的设备房引出，到达展厅中部，然后向东西向展开，从主管沟顺着展位的布置，再分别向南北向延伸出。每两排展位共用一条设备管沟。会展中心的屋顶采用圆筒式钢结构屋架，结构轻盈、形式独特。北面和南面的山墙设计为玻璃幕墙，与其对比，侧立面为混凝土框架结构的实墙（见图5–41）。沿侧立面设一个大型的封闭式通风道，

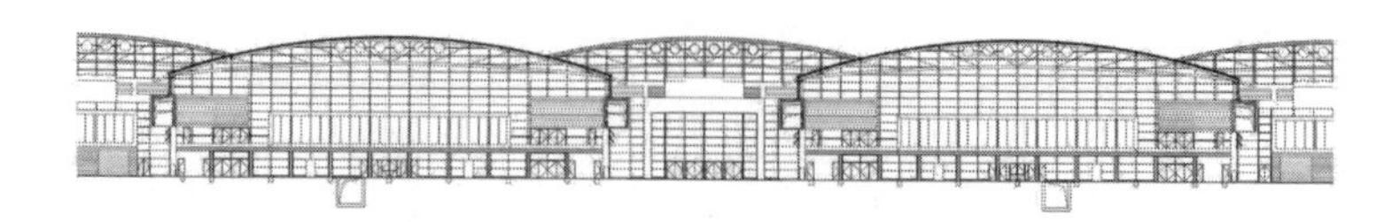

图5–41　曲江会展剖面图

由它为展厅冬天供暖、夏天供冷。展厅设计了天窗及侧高窗，解决了采光与通风问题，很大程度上节约了能源[①]。

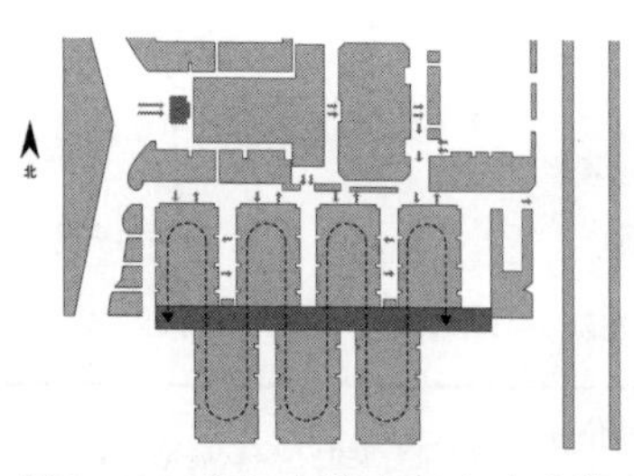

图5–42　曲江会展内部人流流线示意图

如图5–42所示，曲江会展展厅平面的观展线路使每个展厅自成体系，既能够独立运作，又可合可分，体现了现代会展中心灵活、弹性、实用的特点。设备控制也是按照每两个展厅一套控制模块进行设计，地下层设备用房及布管隧道的布置均采用模块式设计，各展厅之间可通过位于中部的建筑区域进行连通，连接空间为会议功能，各展厅之间的连接空间也是相同的模块，可根据展会规模的不同进行组合，整个会展中心的平面

① 倪阳，林琳，金蕾. 西安曲江国际会展中心新展馆建筑设计［J］. 南方建筑，2010（1）：48–51.

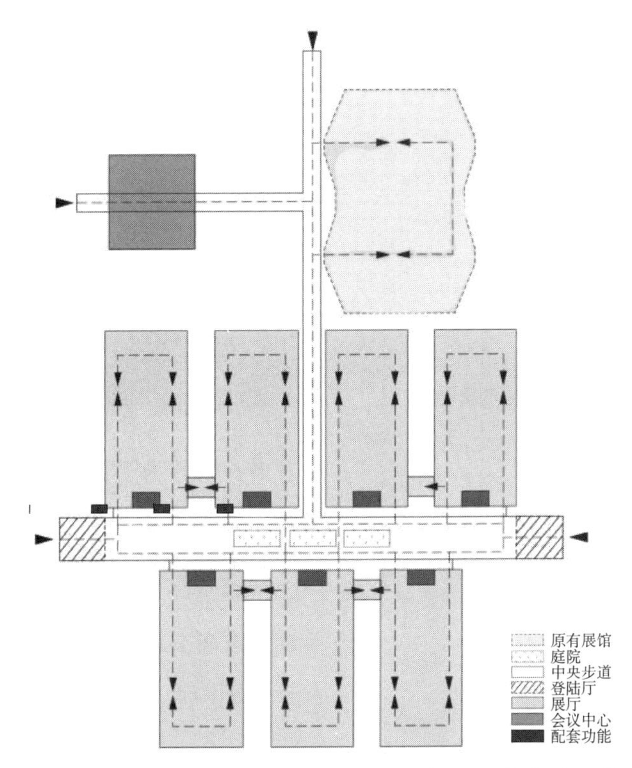

图5-43　曲江会展空间类型梳理示意图

设计就是模块式的装配设计。这种模块式的设计满足现代会展“公平”的经营理念，同时展厅的模块式设计又使得大部分建筑构件，如钢结构、幕墙等可以在工厂里进行预制，有利于节约建设成本和时间成本，方便展馆在短时间内快速搭建。

3. 曲江会展空间类型梳理

曲江会展为典型的并联式会展建筑（见图5-43），7个标准展厅、1个会议中心和曲江会展老馆通过连廊连接在一起，参展观众可以从连廊的各端进入会展中心，而辅助空间位于标准展厅和连廊的连接处。每个展厅均采用模块化设计，展厅之间留有30米的卸货区。曲江会展整体布局紧凑、灵动，充分反映了现代会展中心作为平台式设计建筑所具有的简洁、高效的特性。

八、（香港）亚洲国际博览馆

香港回归后，会展业的发展速度超出预期，于是会展行业向香港特别行政区政府提出了增建会展中心的诉求。由于原

图5-44　港亚览外观

香港会议展览中心地处市中心，附近已无地可扩且填海工程也受到限制，因此最终选址在赤腊角机场东北部的“空港城”内。展馆用地由香港机场管理局提供，香港特别行政区政府（主要股东）与香港宝嘉建筑有限公司及中国工商银行（亚洲）有限公司组成私人财团共同投资。2005年12月（香港）亚洲国际博览馆正式落成启用（见图5-44），由此香港拥有了两馆同时办展的能力。目前两馆相距约40分钟车程，而在港珠澳大桥全面通车后，参展人员有望通过机场东面的香港口岸直达会展中心。

1. 港亚览建筑功能布局设计

如图5-45所示，港亚览平面呈折线形。由于受制于航空限高，展厅皆为单层建筑，10个无柱展厅共可提供66420平方米室内展览面积。展览馆通过主入口的东大堂分为东西两侧，西侧是两组沿走廊对称分布的4个串联式标准展厅，展厅间采用活

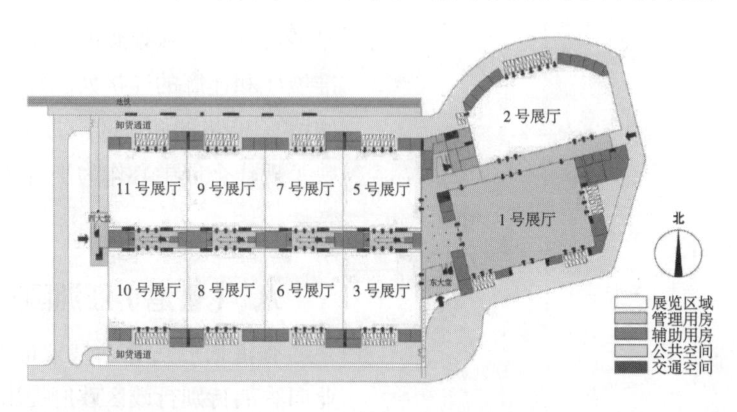

图5-45　港亚览平面示意图

动伸缩墙分隔，具有良好隔音性的同时也具备了连通使用的可能性；东侧为两个独立的展厅，其中1号展厅是香港最大的室内场馆博艺馆，可提供13 500个座位，用于演唱会及大型体育、娱乐活动。东大堂呈直角梯形，面积约2500平方米，主要用于组织和引导从主入口进入和乘地铁到达的两股人流。展览中心在西边另设一西大堂次入口，面积较小，但方便乘坐巴士到达的人流进入。从西大堂可以直接进入10号和11号展厅，而前往会展中心的其他区域则需先乘电梯到达西走廊的二层。

港亚览的交通空间为中部公共走廊，由东西两条走廊组成，它们分别联系了东侧1—2号馆和西侧的3—11号馆[①]。西边的公共走廊分两层，首层的公共走廊是四组互不相连的集散单元，不对外开放；二层的公共走廊宽度约15米，设置了各展厅的入口。东走廊宽度同为15米，西端连接东大堂而东端为会议及宴会厅的入口。整个会展中心的走廊长约300米，皆为内廊，参观人员在其中行走无法看到外部景物，只能依靠墙上的标识来辨认自己所在的具体方位。港亚览的会议区面积较小，7个会议室全部位于东大堂北侧的三层之上，总使用面积4 200平方米。举办大型会议时，馆方一般会使用拥有会议设备的1、2、8、10和11号展厅。餐饮区面积也较小，包括会议区的亚景轩海景餐厅和东大堂二层1个小型餐厅。

2. 港亚览的交通体系设计

港亚览的车流主要分为私家车、货车和公交大巴。私家车和货车从展馆南边的入口进出，大巴则从北边入口进出，这样有助于在展期将私家车和大巴分流，减缓道路压力。货车从南侧入口进入后可进入专用的货车道，方便到达每个展馆，减少货物的二次搬运。私家车从南侧入口进入后可停放在展馆南边的停车场。巴士从北边入口进入后停放在展馆西北角露天停车场，参展人员下车后可从西大堂进入展馆。总的来说，港亚览因其规模适中且为一层展厅，交通体系较为简单明了，在实际的使用中亦取得了不错的效果。

---

① 粤语中“4”与“死”为谐音，故西侧的8个展馆编号为3、5、6、7、8、9、10、11。

3. 港亚览空间类型梳理

如图5-46所示，港亚览为串联式布局的会展建筑。10个展厅位于展馆东西两侧，西侧为8个分为两组的串联展厅，而东侧为2个独立的多功能空间。展厅通过一条连续的内廊相接，展厅的三个出入口分别位于走廊的东西两端和中部。由于展厅采用串联式布局，使其只能通过走廊和对外长边一侧伸展，导致展馆进深较浅，这是串联式布局展览建筑所特有的通病。但其优点是展厅组织灵活，展览时展品均位于同一个大空间内，更具有开放性和公共性。这种类型更适合中小型的会展中心。

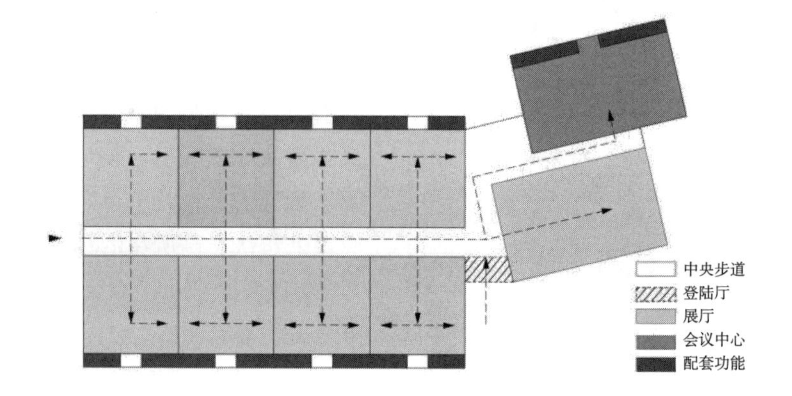

图5-46 港亚览空间类型梳理示意图

第六章 会展建筑类型提取

本章掠影

中国的会展建筑发展从类型上看，有一条清晰的演变路径。早期的展览并无固定场所，一般以公园现有建筑为依托，通过新建、搭建展棚（馆）来组织展会，个体建筑尺度较小，并有很多是临时建筑。

1949 年之后，先后建成了北京、上海、广州、武汉四个中苏友好大厦（展馆），它们均采用了对称嵌套式布局，并成为国人对会展建筑的初始印象。

改革开放后，开始出现分散式布局和串联式布局的会展建筑，但总体规模较小，布局也不成熟，可以定义为一种过渡时期的产品。

2000 年以后，中国经济高速发展和会展业迅速扩张，并联式会展建筑布局被引入并在全国范围内迅速普及，且在此基础上拓展出单梳式、双梳式、三角形、圆形等多种布局，极大地丰富了并联式的次类型发展。近些年，复合式会展建筑也开始出现，这是对大型，特别是特大型会展类型的补充。

纵观近百年来的会展建筑发展，可以发现这样一个演变过程：从类型上看，会展建筑走过了从自由组合的散状布局，到较为古典的嵌套式布局，再发展到规模较小的分散式、串联式布局，直到现在的并联式布局及复合式布局；从发展趋势上看，一是单一的展厅有从小尺度向大尺度发展的趋势，二是更强调展厅的标准化、公平性，特别是可以满足多种会展组合的弹性化需求，三是强调人流、车流的分流处理，以满足会展这一特殊建筑的高效使用。

第一节　会展建筑发展背景概要

一、会展建筑与城市的互动

中国古代的集市是展览活动模式的起源之一，虽然不具备近现代会展的一些特征，但其与城市的对话模式对后来会展与城市的互动关系是一个很好的借鉴。中国会展业的开端应从洋务运动开始，特别是清末的天津、上海、杭州、武汉等地的展贸活动，发展至今已有一百多年的历史。对比在前几章节详细的论述，现沿纵向对各个方面进行梳理与总结，以找出面向中国城市发展的会展建筑类型的演变脉络与城市之间的互动关系。

1. 会展建筑发展历史轨迹

集市源于原始社会后期，经过夏商周时期的不断演变，到秦汉时期形成“里坊制”，唐朝时更强化了这种城市制度的建设。由于当时重农抑商的政策，使得城市管理相当严格，所有商业活动均限制在特定区域。直到北宋，随着一定规模的沿街商业活动的出现，商业活动才真正融入市民的生活中，这时的街市、集市与城市互动非常活跃。到了元、明、清代，朝廷均实行重农抑商的政策，城市的商业活动大幅回落，纵然明朝商业有所恢复，但仍难以比肩宋朝城市的活跃程度。

晚清政府面对经济萧条的状况，开展了洋务运动，试图挽救颓势。一时间，进出口贸易迅速发展。随着商品流通范围的扩大，一些沿海城市或内陆重要的交通枢纽城市，如上海、广州、武汉等逐渐发展成为商贸中心。在多次参加世界博览会后，清政府和后来的民国政府先后举办了天津展览会（1901—1928年）、上海中华国货展览会（1928年）和杭州西湖博览会（1929年），这也成为该时期最具代表性的展会。此时中国会展业尚处于萌芽阶段，经历了从无到有，从一点到多点开花的发展过程。

中华人民共和国成立初期，社会主义经济建设正处于起步阶段，加上西方阵营对我国在政治、经济、军事上的孤立与封锁，这时期的展览会更多地被用作宣扬国家政策的平台。抗美援朝战争结束后，随着政府将精力集中在发展经济上，展览会的内容也顺势从政治宣传转向经济宣传，农业展、工业展等展览会应运而生，这时新中国会展业进入起步期。在当时的财政状况下，本着学习和借鉴苏联社会主义建设的经验，同时向国人展示社会主义建设成就的出发点，在北京、上海、武汉、广州先后建设了四座中苏友好大厦，这些展馆成为我国历史上第一批永久性的展览建筑。1957 年，第一届中国出口商品交易会就在广州中苏友好大厦举行。1966 年后，由于“文化大革命”的影响，会展业及会展建筑的发展受到了冲击。改革开放后，国家再次重视展览业在经济建设中担当的角色，并将工作重点转向商贸展示，会展业从此走上健康的发展之路。

2000 年后伴随着经济建设快速发展，我国会展业得以高速扩张。随着外资大量涌入展览市场，我国会展业向着多样化、专业化、国际化的方向不断迈进。经过十多年的发展，逐步形成了以北京、上海、广州三个重点经济城市为中心的三大会展产业区。近几年，互联网技术开始被广泛应用，互联网平台与会展业的深度融合将成为会展市场新的爆发点。

2. 选址与城市的关系

纵观古代集市与城市的关系，有源自宫中带有局限性的“前朝后市”。到了汉朝，“市”走出宫城，成为城市功能的一部分。“市”在城市中有了固定的位置是从唐朝开始，它们沿中轴线对称分布在东西两侧，同时远离宫城。“市”从相对封闭的状态走向开放是在宋朝，这时的宋城打破了“里坊制”并出现开放式商业街，让原来固定的“集市”自然地融入城市的生活之中，真正达到了城市与商贸活动的互动。到了明清时期，商业又回到了半封闭半开放的集市形式，其组织方式与“里坊制”类似，区别在于这时的商业沿南北向大街分布，商业集市的发展也在一定程度上被限制了。从中国古代集市与城市的关系可以得到启示，具有“展销模式”的集市只有融入城市并打破彼此之间的界限，才能真正成为市民生活的一部分，最大限度地提升城市的活力。

我国现代会展业的萌芽阶段，从最具代表性的三个展览会（天津展览会、上海中华国货展览会、杭州西湖博览会）的人数及规模可见，展览会受到了民众的普遍欢迎。这时展览场地并不固定，也没有永久性的展馆，通常是在所选的用地上（公园）因地制宜，通过改建、加建和搭建组合临时展馆、展棚。展销会布局上也呈自由分散式摆布，展览模式是“展览 + 销售”，对象以非专业的普通市民为主。当时展销会与民众的生活联系非常紧密，市民将去观展和去公园景点游憩当作城市生活的一部分。这个时期的展会选址一般位于城市公园、码头等交通便捷的城市中心地带，这在很大程度上激发了市民的参与热情，使展览会的举行与市民的生活有了良好互动，从而增加了城市的活力。

中华人民共和国成立初期，我国开始实施第一个五年计划，重点经济城市的建设对会展建筑的发展起到直接的推动作用。受苏联社会主义建设的影响，同时也作为政府宣传国家政策的平台，北京、上海、武汉、广州四座中苏友好大厦相继建成。当时的展览模式以“展览 + 宣传”为主，对象转为社会主义阵营的外国客商和特定的国内参观者，广大市民被屏蔽在参观人群之外，所以这时的展会与城市的互动并不密切，更像是城市中的一座“孤岛”。这一时期的会展建筑在城市中的区位主要集中在临近火车站的城市区域，这样规划选址除了便于展品的运输外，也更便于来自全国的参展者参与，从而扩大展览会的影响。广州中苏友好大厦与其他三大展馆相比规模最小，也是四大展馆中唯一一个选址不在城市中心区的展馆。它选址位于越秀山西麓、流花路北的一块用地上，距广州火车站不足1000 米。随着展馆规模的扩大，在附近先后兴建了友谊剧院、东方宾馆、流花宾馆、白云宾馆、旧白云机场等配套设施，形成了由广交会流花展馆作为触媒点，带动周边发展的大商贸区，使广州的城市空间架构发生了根本性的变化。可以说，广交会流花展馆是会展建设与城市发展相互作用演变的范例，也是触媒效应的真实案例。

1980 年后，重点经济城市的会展业在经历了十年的蛰伏后迅速壮大起来，展会模式也由以宣传教育为主转向以交流和贸易为主。这一时期为了适应会展发展而兴建了北京的中国国际展览中心静安庄馆、上海国际展览中心以及广交会流花新展馆等会展建筑。这些规模不大的会展建筑选址大多在城市新区的中心，周边以高速路、环城高速交通为主。会展中心与开发的新区协同发展，亦成为新区建设的加速器。此时，会展业的主要展览对象也变成以专业人士为主的中、外客商，展览模式也发展到“展览 +

洽商”的阶段。由于这一时期会展业的展览倾向于对专业人士和非专业人士同时开放，展览本身与民众的互动也开始恢复，但远远没有达到20世纪初展会与城市的互动盛况。

进入21世纪后，我国陆续建设了一批具有国际水平的现代会展中心。中国国际展览中心新馆、上海新国际博览中心、广州琶洲国际会议展览中心、深圳会展中心等核心经济城市会展中心的建成，使会展业的整体发展步入提升阶段。这一时期，从城市大的规划来看，政府着重考虑老城区的功能更新、新区的带动发展以及建设规模等问题。在选址规划上，考虑整个城市大的空间布局及会展中心与未来城市组团功能的发展互动关系，使会展建筑的选址有远离城市中心、向近郊发展的趋势。由于会展建筑远离城市中心发展，加上会展业向专业化、规模化方向迈进，导致会展业与市民生活逐渐疏离，也极大地削弱了会展建筑与城市的互动需求。

3. 场地与城市交通的联系

“里坊制”是我国漫长的封建社会时期国家政策和意识形态下的产物，它在城中位置固定，均匀分布。相对封闭的边界以及限定的开放时间，使之与城市难以形成良好的互动。直到宋朝，随着“里坊制”被打破，各种商铺散布在各条开放式街巷中。这种既生活化又具灵活性的商业布局与城市交通衔接融洽，极大地方便了市民的城市生活。到了清朝，“大街小巷”制的有组织的集市布局方式，使商业有序地融入城市交通体系中，但城市的活力与宋时相比已不可同日而语。

萌芽时期的会展业发轫于晚清的商品展览会，长三角一带的商业较发达地区是这一时期展览会发展的中心地区。同时，天津、广州、武汉等河运交汇的港口城市也是博览业重镇，货品运输主要通过当时相对发达的水运交通。这一时期的展览场地并不固定，通常选在城市中心的公园或码头等交通便捷地段，一是方便运输，二是吸引市民前来参观，三是给场地与周边留有一定的缓冲空间以应对大量的人流。靠近交通枢纽与留有缓冲空间的展销会是我国会展演变过程中的独有形态，也为现代会展建筑在选址、与周边城市交通的联系上奠定了良好的开端。

中华人民共和国成立后，在北京、上海、武汉、广州兴建了四座中苏友好大厦。这四座代表性展馆都被建在城市的交通枢纽——火车站附近，以便于货品的运输和全国的观众前来参观。由于基本选址在市中心区，随着会展业的快速发展，后来给周边城市交通带来了超负荷的压力。

改革开放后，会展建筑与城市发展的互动越来越紧密。此时的会展建筑主要选址在城市的新城区，会展中心与新区协同发展，慢慢形成以会展业为龙头，辐射周边的产业建设，发展为更大的触媒体。如上海的虹桥新区、广州的流花新区都是围绕会展中心发展起来的。这时期的会展建筑规模不大，选址是以高速路、环城快速交通为主，与机场、火车站等距离也都不远，交通便捷仍是选址的首要条件。

自20世纪后半叶，世界各国与各地区之间的经济商贸往来在很大程度上通过会展活动来实现，会展建筑已成为拉动区域发展的重要触媒。会展中心与城市交通的衔接与以往相比也更多样。当前的大型会展建筑的选址大多在机场周边，如中国国际展览中心新馆、（香港）亚洲国际博览馆等，通过拉近与城市核心交通枢纽的空间距离，增大交通上的便利性。

纵观100多年的会展业发展历史，由于其特殊的产业结构，展馆选址虽然各有不同，但都遵循着一条规律，即交通的通达性。从早期的船运、路运，到中期的以铁路运输为主，到后期的高速路、环城路，直到现在的以靠近航空机场为主的多元化运输手段，无不指明这一点。有所不同的是，由于会展业规模化、国际化的发展趋势，会展场地的交通设计也从原来的单一的手段向多元、复合的方向演变。

二、会展建筑类型的脉络梳理

总体来说，中国会展事业的发展是一个由外引到内生转变的过程。在中国历史上曾经发生过四次较大规模的学习和引进。

第一次引进发生在20世纪初期，该时期的展销活动主要受英法美世博会和样品展销会等的影响。此时，处于萌芽时期的中国博览会展事业刚刚起步，展馆大多选择在原有建筑上进行改造，或者直接将现有的建筑布置为临时展馆。有时因展厅面积不够或展品无法直接利用现有建筑布展的，就会新建展馆，例如西湖博览会的工业馆，其在展会结束后留为工厂使用；有时会因财力有限，因地制宜把展销会选在城市公园里进行。展销会与城市空间的互动非常直接，两者以这样的方式结合是展销会演变过程中的一种独特的形态，同时也是一种积极的城市空间形态。在萌芽时期，展场内的展馆及展棚均自由散落地布局，展馆建筑以临建、改建和加建为主，此时会展建筑还未形成特定的类型特征。到二十世纪二三十年代，展览会发展达到了较高的水平。后来由于中国进入了战争年代，会展活动被迫中止，故这一时期的场馆只能被看作是我国会展建筑的启蒙阶段。

第二次引进发生在中华人民共和国成立初期，这一阶段是一个特殊的历史时期，我国的展览会与政治紧密关联，所展示的内容是新中国在政治经济领域建设的成就，展览物以图片为主，兼有农产品和工业产品。当时由于政治局势，中国开始全面向苏联学习，建设了一批由苏联建筑师主持设计的展览建筑，如北京、上海、武汉、广州中苏友好大厦（展馆）。由于受苏联模式的影响，这一时期的展览建筑基本上采用了“山”字形平面布局，展厅除主展馆外均尺寸较小。展厅采用紧凑型的布局、互相嵌套式的连接方式。因为整体规模不大，展品内容有限，同时又限制参观人数，这一类型的会展建筑从形态特征到生成逻辑，都与人在当时的审美与活动模式是相适应的。

第三次引进发生在改革开放时期。1980 年后，建筑设计方面从模仿苏联转向学习西方现代主义设计风格。随着展览会实行企业化管理，展览业也走向规模化、多元化和专业化，这一时期的展馆布局模式也由原来的嵌套式转变为以串联式为主的模式。但此时的展厅受技术和造价影响，规模一般较小，串联式布局使展厅之间可以连续串接，以弥补面积上的不足。这种空间适应性极强的布局模式，是和朝着专业化方向发展的会展业相匹配的。此时的会展建筑逐步远离城市中心，不再是市民心中的城市中心地标节点；同时，商业展览的展销模式是展览和批发，服务对象也开始从普通市民转向专业人群。随着会展业规模的扩大以及面对经常同时举办多项展览的需求，串联式布局这种适合于中小型会展建筑的布局模式显然已经不适应时代的发展需求，为了使会展中心重新在城市的动态体系中协同发展，新的会展类型在新一轮的演变过程中被引入中国。20世纪末是我国建筑师运用现代主义理念尝试设计会展建筑的时期，这一时期作品不多，设计也缺乏国际视野。

第四次引进发生在2000 年后的当代，这时西方国家的会展业已日趋成熟，会展建筑也经过几十年的演变形成了一整套固定的模式。当代会展建筑远离城市中心，选址向城市近郊、远郊转移，这种巨型体量的建筑往往成为新区开发的重要标志。为了配合新时期会展业的国际化需求，并联式的大型会展设计类型被引入中国，并成为城市人群对会展建筑最典型的记忆认知。中国国际展览中心新馆、上海新国际博览中心、南京国际博览中心等是当代大型会展建筑并联式布局的典型代表。并联式会展建筑的中央步道作为建筑中与各功能块相连接的公共空间，相比之前其他的会展建筑类型，可提供高效的参展流线、良好的指向性和更好的交往平台，在一定程度上是城市公共空间的延伸。随着会展建筑的不断演变，近期又出现了一种复合形式的会展类型，即将两个展厅先串联为一组，然后每组展厅再并联在一起，这种布局的好处是兼顾了两种布局的优点，既有串联式展览大空间的优势（适合中小型展览包场），又具有并联式高效、人货分流的特点，对一些大型会展建筑，特别是用地有限的特大型会展建筑，是一个较好的选择。这次引进极大地拉近了中国会展建筑与国际先进国家的差距，并为今后国内的会展建筑的发展和演变奠定了坚实的基础。

第二节　会展建筑五大类型

在我国的城市发展历程中，会展建筑经历了数次的类型演变，在以类型学方法对其进行分类研究的过程中，本书采用的分类标准是会展各功能区块之间的生成逻辑。会展建筑包括展厅、会议厅、登陆厅、室外展场等主要功能元素和服务设施、卸货平台等配套功能元素。这些功能区块与中央步道等公共交通部分的联系方式、会展整体的布局模式等，即会展建筑所呈现之空间内在生成逻辑，是类型提取的本质分析范畴。因此，需要对构成会展建筑生成逻辑的几个主要功能区块进行一个简单的介绍。

①会展建筑的主要功能元素，指的是以展厅、室外展场、会议厅、登陆厅等为主的功能区块。展厅是承办各项活动的“平台”单元，满足会展业多元的使用要求。会展建筑通常由多个展厅单元组成。展厅作为会展建筑最主要的元素之一，在

各个历史时期为适应会展业发展需求，其空间形式、彼此之间的关系、其与中央步道的联系演变都会呈现不同的特征，这也正是类型提取的重点。与展厅相比，会议厅、登陆厅在各时期演变中都相对稳定。会议厅（会议中心）和登陆厅通常会协同布局，一般布置在会展建筑入口处的一端，如中国国际展览中心新馆总体布局中的会议厅和登陆厅位置，如图6-1所示。如果会展建筑的规模较大，也会将会议厅布置在中间的入口位置，如广州琶洲国际会议展览中心和米兰新国际展览中心。将会议厅放在会展建筑主入口，一是为了与会展建筑建立更好的联系，二是方便独立使用。会议厅与登陆厅的结合现已成为常态，由于它们在会展建筑的布局中不处于支配地位，因此规模与展厅相比也处于从属地位，故会展建筑所呈现的生成逻辑主要体现在展厅的布局方式上。至于室外展场、货物堆场，有些因其规模过小或位置的随意性，不适合作为讨论的重点，有些则在建筑之外，亦不做深入探讨。

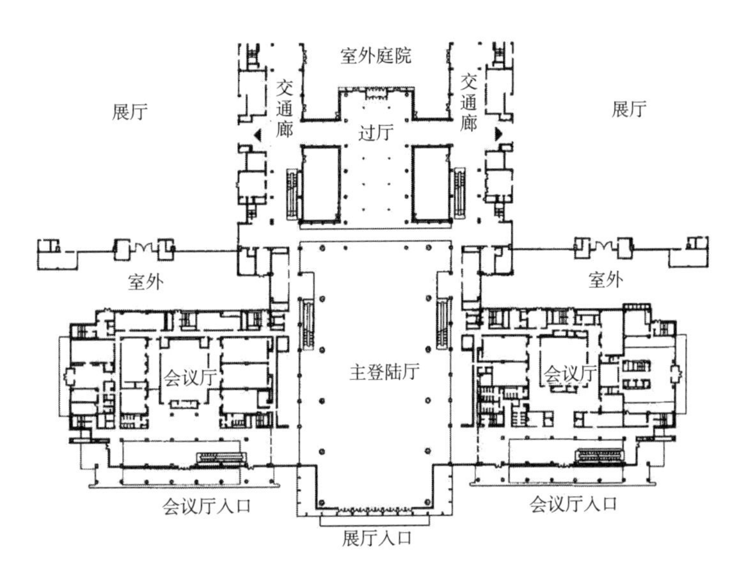

图6-1　中国国际展览中心新馆主登陆厅简图

②会展建筑的相关配套功能元素，包括餐饮、洽谈、休息、服务、卸货区等一系列可以匹配会展活动的功能空间，其尺度相对展厅较小，在不同会展类型中与展厅的关系也各不相同。卸货区一般靠近展厅，可沿展厅长边或短边设计，其主要功能是临时装卸展品、堆放展品和货运中转。开展时，也可以作为服务人员的休息场地。其他相关配套区块中人的活动模式，以及展厅与城市中人的活动模式之间的交互关系，是探讨

会展建筑类型的重点。

③公共交通空间如中央步道、庆典广场等承载着参观、交流等不同人群的不同活动，甚至会与城市公共空间和交通系统建立联系。中央步道是联系各展厅及相关配套功能元素的交通纽带，其与展厅和相关配套功能元素之间的联系方式正是会展建筑生成逻辑的显性体现。庆典广场一般设在会展建筑的主要入口处，既是大量人流集散的场所，也是会展活动中如开、闭幕式等仪式举办的场所。庆典广场一般形式不限，是联通城市与会展建筑的过渡性空间。

根据类型的概念范畴，会展建筑中的主要元素、相关配套功能元素和公共交通空间之间的布局关系，即会展建筑所呈现的生成逻辑，是会展建筑类型的本质。以其为标准在对会展建筑进行类型提取和梳理的过程中，还需要考虑场所因素、活动模式两大基本概念，并对功能、形式等其他因素进行简要说明。根据类型提取研究，现有会展建筑的类型可以分为分散式和集中式两种，其中集中式又包括嵌套式、串联式、并联式和复合式。

一、分散式

分散式是一种在较长的时间跨度内，由不同形制的展厅和室外展场陆续建设而完成，总体呈现自由散布生长的布局模式（见图6-2）。相比集中式，这是一种灵活性极强但整体性不

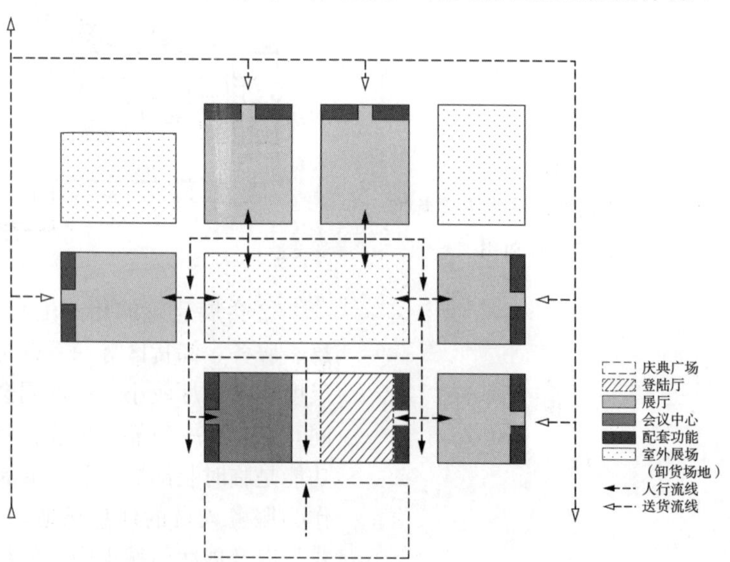

图6-2　分散式会展建筑示意图

足的会展建筑类型，原则上可以适应各种规模的会展活动，但要统筹设计。从生成逻辑层面分析，分散式的展厅形制各不相同，且不经由公共交通空间联系，而直接散布生长，在逐步建设的过程中，整体的生成逻辑和与城市空间的关系都需要不断地协调。

从场所因素层面分析，分散式会展每个时期所建的展厅类型都大不相同，其场所因素也因时而异。一般在最重要的建筑前设庆典广场，作为面对城市的门面。由于建筑分散布局，单体体量适中，对于身处其中的城市人群而言，能感知到场所所蕴含的精神，而不会被设计者所要通过建筑表达的思想所禁锢，其场所氛围是自由、自然、复杂而交叠的，甚至与在城市中的氛围有类似之处。但整体来看，差距过大的展厅类型难以适应新时代会展所需要的公平氛围，未经设计统筹的建设也难以实现整体化的认知形象。

从活动模式的层面分析，分散式会展中的布展人员一般在外部进行物流作业，而参观人群在内部自由流动参观。由于每个分散的展厅都具有最多的开放面，故分散式会展类型具有极强的灵活性。但由于缺乏统一的非室外公共交通联系，各方面人群的活动时常会出现交叉与干扰。对于管理活动要求较高，受气候影响较大的地区适应性较差。若与城市进行类比，分散式会展中人的活动模式相对自由多样，与城市空间中人的活动模式有较多类似之处，体现了建筑与城市的同构联系。人在分散式会展建筑中的活动与在一个微城市中类似，这也是对未来会展建筑新类型演变的重要启发。

关于其他因素，分散式会展相比集中式需要占用更大的场地，但拥有更好的通风、采光和消防条件；这种布局适应分期建设，可以与时俱进，但也因此要付出更大的成本去单独处理不同时期的各种问题，不利于日常维护。此种类型的代表案例有中国国际展览中心静安庄馆、宁波国际贸易展览中心等。

二、嵌套式

嵌套式是指展厅之间嵌套连接，展厅空间兼作展览和交通用途的布局模式，是一种由美术馆布局模式发展而来的较为早期的会展建筑类型，适用于较为小型或以图片宣传为主的展览活动。从生成逻辑的层面分析，各展厅之间不经由公共交通空间，而直

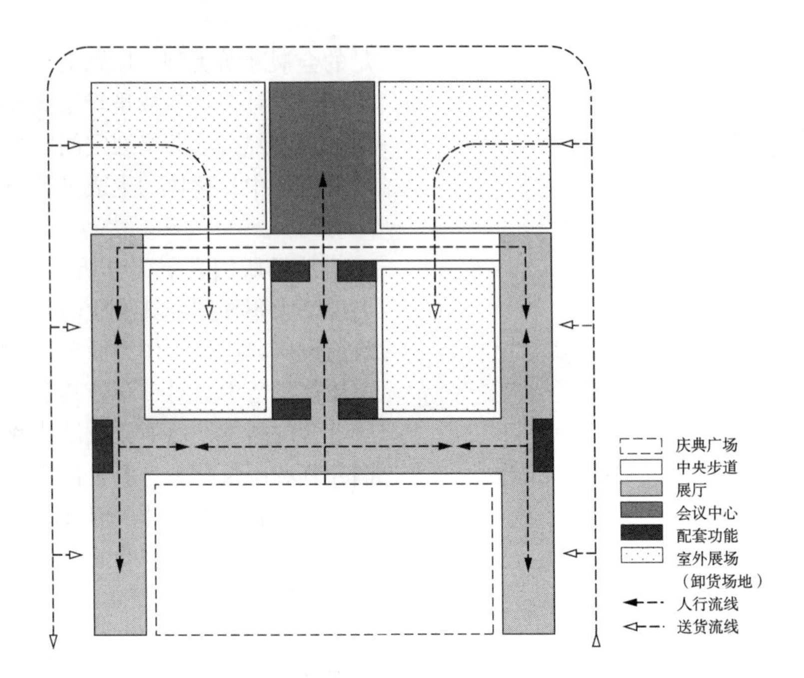

图6-3　嵌套式会展建筑示意图

接互相嵌套连接展厅，有明显的主次之分，并呈现出有节奏变化的空间序列（见图6-3）。其室外展一般放在内院进行布展，有时也会借用主广场布展。嵌套式会展建筑常呈现为相对集中、对称的整体体量，是城市中重要的地标节点，并以一种环抱周边环境的态势，使其广场成为良好的城市公共空间。

从场所因素的层面分析，这样的生成逻辑是具有一定适应性的。在嵌套式盛行的时代，政治方面具有明确的主导性，而经济方面尚没有特大型会展建筑的开发建设需求，也还未产生公平竞争的会展行业氛围。因此，这种集中、对称、主次分明的生成逻辑有助于表达恢宏雄伟的建筑形象，宣扬特定的意识形态，适应主次分明的统筹布展。嵌套式会展规模不大，但造型宏伟，与半围合的庆典广场交相辉映，往往成为城市人群集体记忆中的重要地标，是城市认知地图中的重要节点。在内部参观时，其与博物馆等展览建筑具有类似的场所感，而如果在庆典广场等外部来感受，又具有相当强的纪念性氛围。

从活动模式的层面分析，嵌套式会展中的观展人群必须按照既定的顺序逐个参观展厅，没有自由选择的机会；而参展方对展品物流进行运输时，某些位置的展厅需要穿越其他展厅才能达到，会造成一定的活动干扰。事实上，当会展规模普遍偏小，又以展示宣传为主，且所展的物质信息等并不繁杂时，人们尚可以习惯这种依次全程参观的模式，也没有自主选择的迫切需求和意愿。可见这种类型的生成逻辑，与当时人的活动模式是较为适应的。

至于其他因素，嵌套式会展建筑的功能流线相对简单，形式也大多依附于生成逻辑和时代风格而直接生成，平面的通风采光等问题都较易解决，并且不存在大跨度空间构造的技术要求。此种类型的代表案例有北京、上海、广州、武汉的中苏友好大厦。

三、串联式

串联式是一种单元展厅之间串接，可分可合，并与公共交通空间并列相连的布局模式，是一种具有极强灵活性的会展建筑类型（见图6–4）。它适合中小型会展建筑，不适合在大型会展建筑设计中选用。从生成逻辑的层面分析，串联式的各单位展厅通常规格一致，紧密连排，可分可合；并附有一条公共廊道，灵活多变。串联式的单元展厅在进深方向因消防疏散距离需要而有尺度限制，一般不超过70米，但在面阔方面可以无限延展，整体布局态势相对狭长；末端的庆典广场也是城市的重要空间节点。

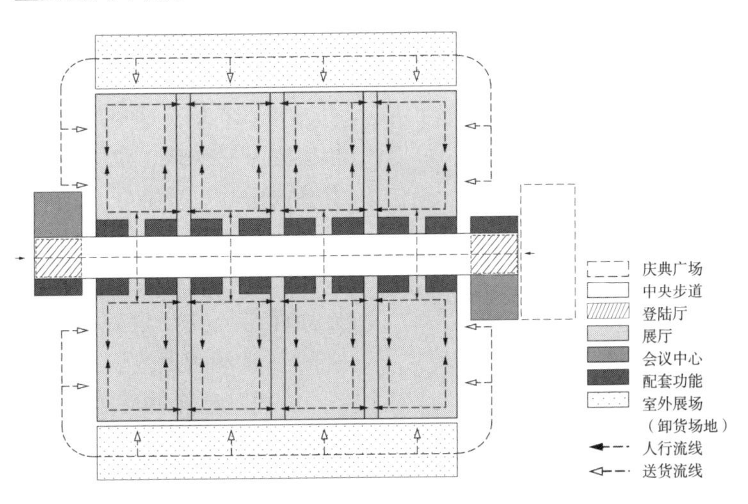

图6–4 串联式会展建筑示意图

从场所因素层面分析，串联式是在专业化会展建筑时代应运而生的。随着市场经济日益发展，众参展商需要更为公平的展示空间；此时的会展行业也逐渐兴盛，更多的展品和展览类型需要更为灵活的会展建筑类型来承载。在建筑思潮方面，20世纪80年代后，功能导向的设计理念逐渐深入人心，造型设计理念不再拘泥于早期严苛的对称布局，一切根据实际需要来生成功能性的空间关系。此时的会展建筑逐渐远离市中心，成为相对独立的专业场地，其场所氛围也逐渐脱离早期的博览建筑而自成一体。事实上，这时的会展建筑已经逐渐远离城市普通市民，不再是城市集体记忆中的重要节点，而逐渐进入专业人群的领域。

从活动模式的层面分析，此时的会展活动展品数量巨大，种类繁多，每个展厅的布展任务都十分繁重，有时需要若干展览同场举办；多数参观者也没有时间和精力来逐一看完所有展品，迫切需要更大自由度的自主选择。因此，对于这样的活动模式，嵌套式的空间类型已经难以适应。相比之下，串联式会展所涉及的布展物流活动和参展活动各自独立，互不干扰。对于布展物流活动来说，货车可以直接开进每一个特定展厅而不需要穿越其他展厅；对于参展活动来说，人们可以任意地在自己选择的区域之间以最短的路径自由穿梭，具有很大的自由度。

串联式的其他兼顾因素，最显著的在于其单元展厅的模块化特性。这样的特性使得结构设计也必须单元化，节地节材，消防便利，但也不利于自然通风采光以及分期建设。此种类型的代表案例有广州琶洲国际会议展览中心、深圳会展中心等。

四、并联式（梳式布局）

并联式是一种单元展厅之间并列排布，通过公共交通空间相接的布局模式，也称梳式布局，分单并联和双并联两种。一般会议中心、登陆厅会结合庆典广场放在一侧或中间的位置，是当今应用最为广泛的会展建筑类型（见图6-5）。并联式适合大中型会展建筑，其生成逻辑与串联式有相似之处，都由单元展厅与公共步道并联而成。不同之处在于，并联式的展厅之间一般不能大范围串通（不排除部分有过厅连接的特殊情况），也不能合并使用，但单个展厅可以做到更大的规模（通常达到10 000平方米以上），且整体体型具有更大的自由性。并联式的公共交通空间结合相关配套功能元素，能形成品质良好的步道和广场，是城市中重要的空间节点。

从场所因素的角度理解，并联式与串联式也有类似之处，标准化的展厅能适应公平竞争时代下专业化的会展氛围。在认知意向方面，并联式往往比串联式更为贴近当代会展在人们心

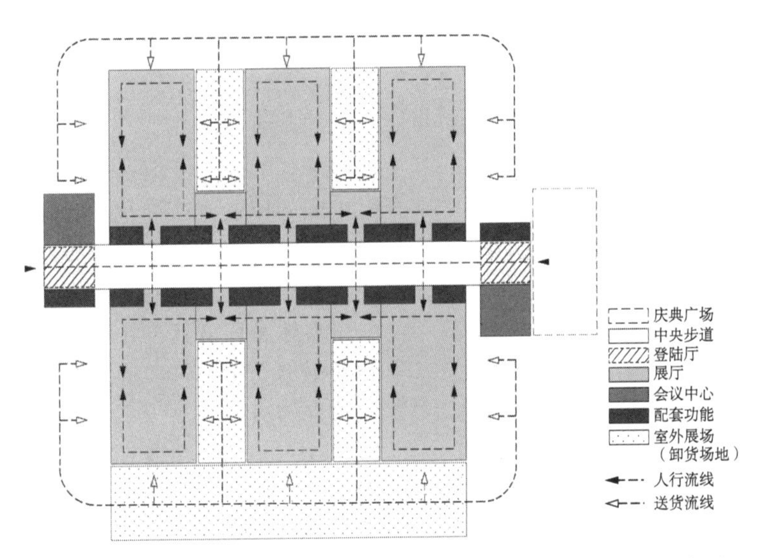

图6-5　并联式会展建筑示意图

中的标准形象。一方面，整齐排布的标准化展厅、空间形象丰富的中央步道、尺度巨大的城市建筑空间，形成了当代会展在城市人群集体记忆中最典型的认知图示。另一方面，并联式将当代会展建筑的场所因素进一步明确化、典型化，使得会展场所与城市非专业人群的生活越来越远，开闭展之间热闹与萧条的潮汐反差也日益加大。

并联式会展类型所对应的人的活动模式同样是当代成熟会展活动的典型。并联式的展厅连续排列、各自独立，且都有三个面直接对外，进行布展物流作业的人群可以方便、直接、互不干扰地进行活动，而且不会像串联式那样影响城市界面景观。对于参观人流来说，并联式同样具有选择性参观的灵活性，但相比串联式，则因为必须经中央步道而行经更长的距离。并联式的中央步道和庆典广场成为其活动最为丰富的地方：出入展厅前后的登陆与穿行、观展人群去各配套设施的交流和临时休息、在城市与会展公共空间之间发生的仪式和庆典等，会展中的各种典型活动模式均在这里发生。

关于兼顾的其他因素，并联式和串联式一样具有单元式展厅模块化的特性，尤其便于维护，且在消防、通风采光和分期建设方面更为优越。此种类型的代表案例有上海新国际博览中心、中国国际展览中心新馆、武汉国际会展中心等。

五、复合式

随着会展业的不断发展，会展建筑的类型也在不断演变。

近期又出现了一种复合的形式，即将两个展厅进行串联形成一个单元模块，然后每个单元模块之间再通过并联的方式组织在一起（见图6-6）。在公共交通的组织方式上延续了串联式、并联式的公共步道系统，会议中心和登陆厅依然放在一侧或者中间的位置。这种布局的好处是兼顾了两种布局的优点：单个展厅的规模没有进一步扩大，串联式展厅可以发挥更大的空间组织优势（适合中小型展览包场），同时节省用地；而会展建筑整体布局又具有并联式的高效性、人货分流的优点。对一些大中型会展建筑，特别是用地有限的特大型会展建筑，是一个较好的选择。

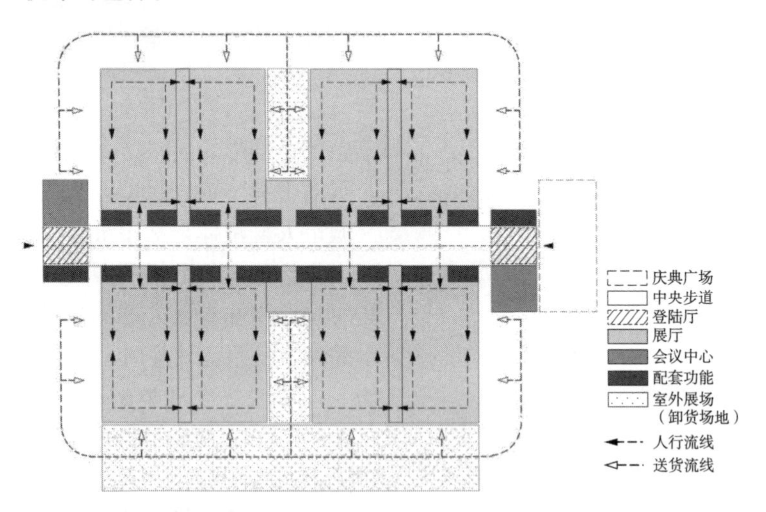

图6-6 复合式会展建筑示意图

从场所因素的角度来看，复合式是结合串、并联式两种布局优势的解决方案，其展厅使用的灵活性进一步提高，也能适应更大规模的会展建筑建设和未来扩展建设，同时可以与城市空间产生更紧密的结合。在认知意向方面，复合式布局给人们带来更加接近城市空间的体验，因为展厅的组合、交通的组织层级都进一步细化，更加贴近城市建筑群空间的复杂性。但另一方面，复杂化的组合会更加强化并联式会展建筑所带来的场所因素上的明确化、典型化，而并没有促进会展活动与城市生活的互动。

复合式会展建筑类型所对应的人的活动模式是会展规模进一步扩大化的产物。其每两个展厅组合成一个大单元，而单元之间形成并联，这意味着每个单元中的展厅都有较强的适应性，以满足中小型展览（中国约80% 展览面积在3万平方米以下）所要求的将所有展示品放在同一空间下的需求；同时每个展厅也可以获得两个单独对外的长边，在展厅单独使用时为布展物流提供了方便，降低了展厅串联的干扰。但中央步道及其他公共空间的规模也会随着展厅组织方式、可承办的展会活动规模而进一步扩大，因此需要提供更多的公共空间细化设计和辅助功能设计，提高广场、休息、餐饮等节点的密度。

关于兼顾的其他因素，复合式继承了并联式和串联式的特性，具有更高效和灵活的单元式展厅模块化的特性，利于节地节材，便于维护，且在消防、通风采光和分期建设方面更为优越，在建设的规模上也可以进一步扩大。此种类型的代表案例有意大利米兰国际会展中心、我国的晋江会展中心等。

表6–1对会展建筑的几种类型进行了总结与对比，以期更为清晰、直观地呈现会展建筑的类型演变之路。

表6–1　会展建筑类型总结对比

类　型	图　示	特　征	案　例	案例图示
分散型	庆典广场 会议中心 登陆厅 配套功能 展厅 室外展场（卸货场地）	①布局自由，但占地较多； ②适合分期发展，与时俱进； ③展厅均可单独使用，又可灵活组合，适合各种规模的展览； ④由于展馆分期完成于不同时期，建筑设计和其他工种均为单独处理，系统性较差； ⑤由于展馆空间规格不均衡，容易对参展商造成不公； ⑥人流通过室外空间穿越各馆，受气候影响较大，对地域性要求较高，一般人流在内部流动，货物在外线装卸布展，室外容易产生人、车混流的现象，对交通管理要求较高； ⑦自然通风采光最优； ⑧消防设计条件最优； ⑨需要预留更多的展览用地	中国国际展览中心静安庄馆： 建筑面积60000平方米； 室内展览面积53 000平方米； 室外展览面积约7000平方米； 展厅层数为3层； 展厅净高为3.1～13米	（图片来源：中国国际展览中心官网 http://www.ciec-expo.com）
	特征指向图 人流／货流组织 规模 改／扩建 展厅组织灵活性 通风采光 消防设计		宁波国际贸易展览中心： 建筑面积140 000平方米； 室内展览面积96 300平方米； 室外展览面积20 000平方米； 展厅层数为2层； 展厅净高为7.5～25米	（图片来源：宁波国际贸易展览中心官网 http://www.expo-nb.com/hzzx_info/Default.aspx）

（续上表）

类型		图示	特征	案例	案例图示
集中型	嵌套式	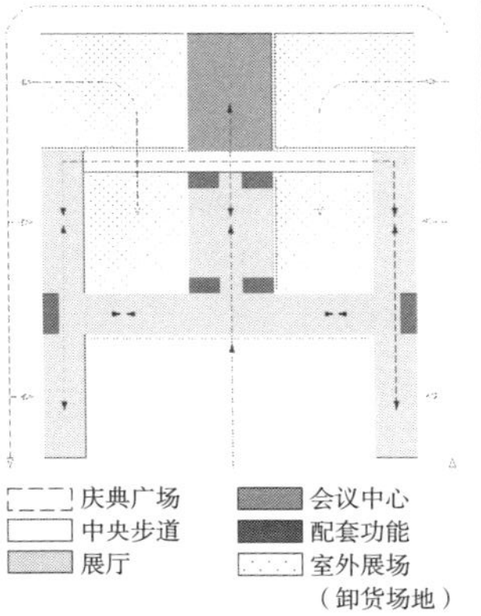 庆典广场 中央步道 展厅 会议中心 配套功能 室外展场（卸货场地） 特征指向图 人流 / 货流组织 规模 改 / 扩建 展厅组织灵活性 通风采光 消防设计	①占地较少，总平面紧凑； ②难以分期发展； ③由于规模较小，一般设有一个主展厅，流线互相串联，展厅空间互相套嵌，无法进行弹性划分，适用于小型的、单一的展览； ④参观人流穿行于每个厅，路线不能选择；货车一般在左右两侧道路停放，货物由人工搬运，汽车无法进入展厅； ⑤通常无会议、商洽功能； ⑥自然通风采光良好； ⑦消防设计容易处理	广州中苏友好大厦： 建筑面积19 700平方米； 室内展览面积15 800平方米； 室外展览面积10 000平方米； 展厅层数为3层	 （图片来源：《羊城晚报》2017-03-04，B4）
				上海中苏友好大厦： 建筑面积80 000平方米； 展厅层数为2层	

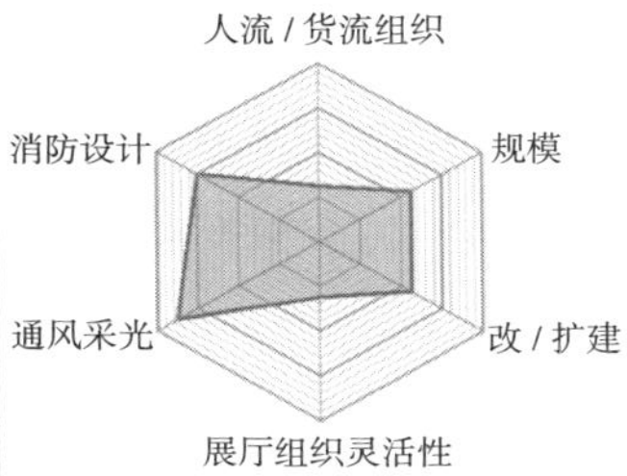

（续上表）

类型		图示	特征	案例	案例图示
集中型	串联式	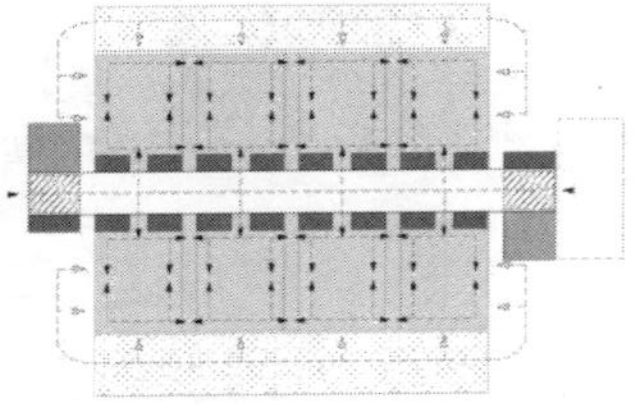 庆典广场 中央步道 登陆厅 展厅 会议中心 配套功能 室外展场（卸货场地）	①总平面紧凑，占地极少； ②不利于分期发展； ③展厅空间可合可分，适合展览空间的弹性调整； ④适合展厅模块化设计； ⑤由于展览在划分区域后的同一空间进行，对各参展商而言有良好的公平性； ⑥人流可在展厅内随意穿行，也可选择性地进入，展厅灵活性最优；货车在长边卸货或直接进入展厅，但卸货区一般紧靠路边，影响城市景观； ⑦自然通风采光均较差； ⑧按消防规范，疏散人流沿长边撤离，所以展厅进深尺寸比较小，一般不会超过70米，而横向尺寸可以根据需要延长	广州琶洲国际会议展览中心（一期、二期）： 建筑面积790000平方米； 室内展览面积338 000平方米； 室外展览面积43 600平方米； 展厅层数 为3层； 展厅净高为8～26米	 （图片来源：华南理工大学建筑设计研究院有限公司）
		特征指向图 人流 / 货流组织 规模 改 / 扩建 展厅组织灵活性 通风采光 消防设计		（香港）亚洲国际博览馆： 建筑面积70000平方米； 室内展览面积66 420平方米； 展厅层数为1层； 展厅净高为10～19米	 （图片来源：吕元祥建筑事务所）

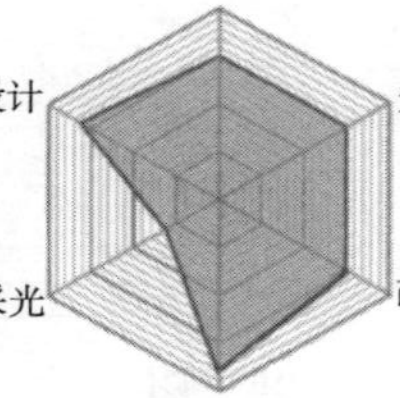

（续上表）

类型		图示	特征	案例	案例图示
集中型	并联式	庆典广场 中央步道 登陆厅 展厅 会议中心 配套功能 室外展场（卸货场地）	①总平面紧凑，占地较少； ②适合分期发展，适合建设大型或特大型会展中心； ③展厅空间可合可分，展览空间可弹性调整； ④适合展厅的模块设计，节约建材、能耗且便于维护； ⑤每个展厅均为单元式的标准化设计，对参展商具有良好的公平性； ⑥参展人流参观完一个展厅，需要回到中央步道再进入下一个展厅，有时会在展厅之间设过厅，便于联系；展厅可三面开口用于货车进入，极为便捷，特别是内凹式货运空间（宽度≥27米），可作为临时堆放区，也可作为临时休息区，不影响城市街景； ⑦自然通风采光良好； ⑧由于展厅有三个面直接面向室外，消防设计条件优良	上海新国际博览中心： 建筑面积250 000平方米； 室内展览面积200 000平方米； 室外展览面积100 000平方米； 展厅层数为1层； 展厅净高为13～22米	（图片来源：上海新国际博览中心官网 http://www.sniec.com）
		特征指向图			
		人流/货流组织 规模 改/扩建 展厅组织灵活性 通风采光 消防设计		武汉国际会展中心： 建筑面积127000平方米； 室内展览面积50 000平方米； 展厅层数为2层	（图片来源：武汉国际会展中心官网 http://www.whicec.com/）

（续上表）

类型		图示	特征	案例	案例图示
集中型	复合式	庆典广场 中央步道 登陆厅 展厅 会议中心 配套功能 室外展场（卸货场地）	①总平面紧凑，占地较少； ②适合分期发展； ③每两个展厅组合为一个单元，而单元之间采取并联式组合，空间可合可分，适合展览空间的弹性调整； ④适合展厅的模块设计，节约建材、能耗且便于维护； ⑤每个展厅及展厅组合成的单元均为标准化设计，对参展商具有良好的公平性； ⑥应对中小规模的展览活动时，可以在两个单元内部组织实现；而应对大规模的展览活动时，参展人流参观完两个展厅，需要回到中央步道再进入下一个展厅，有时会在展厅之间设过厅，便于联系；展厅可三面开口用于货车进入，特别是内凹式货运空间（宽度≥27米），可作为临时堆放区，也可作为临时休息区，不影响城市街景； ⑦自然通风采光较好； ⑧展厅消防设计条件良好	国家会展中心（上海）： 建筑面积1 470 000平方米； 室内展览面积400 000平方米； 室外展览面积100 000平方米； 展厅层数为2层； 展厅净高为12～17米	（图片来源：国家会展中心（上海）官网 https://www.neccsh.com）
		特征指向图 人流 / 货流组织 规模 改 / 扩建 展厅组织灵活性 通风采光 消防设计		晋江会展中心： 建筑面积99 500平方米； 室内展览面积47 900平方米； 室外展览面积5 600平方米； 展厅层数为3层； 展厅净高为12米	（图片来源：华南理工大学建筑设计研究院有限公司）

第七章 会展建筑类型转译

本章掠影

在对面向城市发展的会展建筑的类型进行提取的基础上，结合我国当前的实际问题和发展需求，对未来会展建筑的类型进行转译和设计展望，是本书研究会展类型演变的关键所在。前文概述了当前国内政治、经济、文化环境的变化以及“互联网 +”经济的到来对会展模式的影响，为后续分析做了支撑和铺垫。通过对不同时期的会展业模式发展脉络进行梳理，讲述了我国展览模式从萌芽时期的“展览 + 销售”，到调整时期的“展览 + 宣传”，再到发展时期和提升时期的“展览 + 洽商”，直到现在“展览 + 洽商 + 线上销售”的发展脉络。

本章对当前会展建筑在城市规划层面与建筑设计层面上存在的一些问题进行总结，并结合罗西的《城市建筑学》理论、《马丘比丘宪章》及城市触媒理论进行分析与论述，为未来会展建筑的改进提出了三个观点：开放性——会展建筑是一个小城市，应具有城市的开放格局；多元性——会展建筑是一个综合体，应具有多功能、多业态的联动机制；拓展性——会展建筑的触媒效应将推动周边区域的城市功能和交通进行多层级的拓展，形成以会展为中心的“会展城”。

此外，结合所提出的问题及改进的观点提出了未来两种新的会展新概念类型，从而完善了对面向城市发展的中国会展建筑类型演变的探讨。最后，结合笔者参与设计的四个案例和美国最新会展改建的案例，对两种新的会展概念类型进行了转译和说明，虽然所举的例子与概念类型存在一定差异，但并不妨碍案例从侧面印证会展建筑将会向这两种会展类型演变的趋势。

第一节　会展建筑演变脉络概述

一、中国社会政治、经济、文化等背景概述

当今世界政治、经济、文化等呈现多元化发展态势，国与国之间贸易交流、经济合作及文化沟通等越来越密切。在这样的大背景下，我国在国家建设、经济发展、对外贸易等方面经过改革开放40多年的快速发展，现已步入稳步发展的新常态时期[①]。新时期国家又适时提出了新的发展思想和战略目标。

2013年，上海先行成立自贸区，以综合发展方向为主。2015年，广东、福建和天津成为第二批自贸区。从战略部署的角度来看，广东地处泛珠三角的核心，当前力推共建粤港澳大湾区，实现与香港、澳门经济贸易一体化；天津作为京津冀地区重镇，致力于与北京协同发展；福建不仅仅是海上丝绸之路的东方起点，同时也是重要的经贸窗口，关系着海峡两岸的经济合作。这些大自贸区的建成是我国对几大经济带发展战略的重要部署。

2015年国家发改委、外交部、商务部联合发布《推动共建丝绸之路经济带和21世纪海上丝绸之路的愿景与行动》，未来将从加强基础设施互联互通、打造全球创新高地、携手构建"一带一路"开放新格局、培育利益共享的产业价值链、共建金融核心圈、共建大湾区优质生活圈六个方面重点谋划。随着"一带一路"建设的不断推进，我国会展业积极拓展在全世界范围内的影响力，并找到了新的增长点。

从全国经济总量上看，2020年按汇率法计算的中国GDP总额预计接近或者达到美国的水平[②]。经过改革开放40多年的高速增长，中国的经济体量已今非昔比。

如今，经济与文化一体化是社会发展的大趋势，无论是中国与其他国家之间的对话与交流，还是中外文化企业之间的经贸往来，都基于不同国别、不同地域间的文化互信和文化认

① 关园. 全面理解中国经济新常态［J］. 人大建设，2015（7）：50-51.

② 刘伟. 中国经济增长报告2016——中国经济面临新的机遇和挑战［M］. 北京：北京大学出版社，2016.

同。文化传播推动了经济的长远发展，而经济上的发展也会带来文化上的认同。

伴随着“互联网+”时代的到来，移动互联网的全面普及正深刻改变着传统媒体相关产业结构内部的整合、转型与升级。“互联网+”是未来电商的发展趋势，在大数据、O2O、移动化与社交化、个性化与定制化、去中心化和去中介化等方面表现出明显的发展特征，并呈现出新的发展趋势。随着“互联网+”电子商务的加快发展，我国在个人消费领域形成了一批消费品交易类平台和生活服务型平台，很大程度扩大了消费的层面与广度。除了电子商务还有各种各样的创新模式，新的创新模式在推动中国经济发展的同时，也为会展业的发展带来巨大机遇[①]。

二、会展业发展趋势

1. 不同时期会展业模式的转变与发展

从清末举办的几个具有代表性的商品赛会状况可以发现，当时会展业的发展程度与西方工业国家相比，无论在规模、产品和组织等方面都相去甚远，但也不失为一个良好的开端。民国时期，会展业仍然延续着不错的发展势头。这一时期是“展览+销售”并举的展览模式，展览的对象是普通市民。

中华人民共和国成立初期，展会是为了宣传国家政策，特别是在抗美援朝时期。随着社会趋于安定，中央政府集中精力发展经济，展览的主题也开始从宣传转向农业、工业。1957年，第一届中国出口商品交易会在广州举办，虽然当时我国会展业仍处于初级发展阶段，但通过出口商品交易会向世界展示了新中国建设的成就和优质产品。由于当时只限于产品对外出口，参展的单位均以国家的名义参展，展览并不对普通市民开放，属于“展览+宣传”的模式。

随着改革开放的深入，展览会的内容和形式也发生了深刻的变化。其一，展览会逐渐实行标准的企业化管理；其二，参展主体和展览市场变得多元化；其三，展览功能走向多样化、综合化；其四，展出商品结构的变化。展览会向着大规模、专业化、综合化的方向发展[②]，呈现出专业展览的模式，即从对个人的展示

① 林莉梅．中国境内国际性展览会的拓展和运营策略研究［D］．上海：复旦大学，2009.

② 董姗姗．中国会展业的产业聚集和产业竞争力研究［D］．北京：北京工业大学，2005.

逐渐转变为对公司的“展览 + 洽商”，有了新的发展方向。

2000 年后，我国会展业进入高速扩张阶段，每年平均增长率超过20%。随着举办大型国际会展经验和信誉的积累，21世纪的中国会展业实力不断增强，我国逐渐发展成为新兴的会展大国。此时期的最大特征是引入“互联网 +”共享经济的概念，即线上信息共享和产品销售，通过“网站—自媒体—平台APP”等形式达到最大程度的资源、信息共享。

不同时期会展与城市互动关系具体如图 7-1 所示。

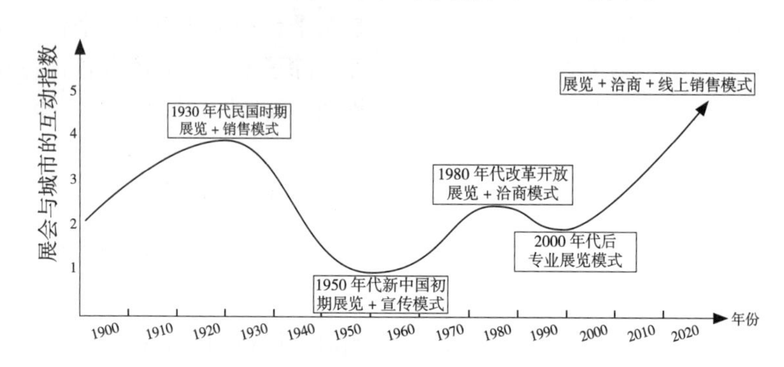

图 7-1 会展与城市互动关系

2. 会展业发展趋势总结

（1）中国会展业的发展整体呈现螺旋上升趋势

纵观我国会展业的整体发展，初期无论是规模还是产品都与国际水平相去甚远。现在，中国会展业已朝着规模化、专业化、综合化和国际化的方向发展，实力不断增强。虽然由于历史原因，会展业发展出现过暂停、放缓，但总体还是呈现螺旋上升的趋势。

（2）展览模式和展览对象改变

从萌芽时期的“展览 + 销售”模式到调整时期的“展览 + 宣传”模式，进而到发展时期的“展览 + 洽商”模式，展览会模式在不同历史时期不断变化发展，并朝着更加专业化的方向发展。展览对象也相应地从早期非专业的普通市民，到中期特定的中、外人士，再到后期的以专业人士为主的中、外客商。由于展览逐渐倾向于对专业人士开放，普通市民渐渐地被边缘化，他们参加会展的热情也逐步淡化，这是导致现代会展业与城市市民互动不足的一个重要原因。基于这种现象，现在的展览模式朝着更加亲民的方向发展，普通市民的参与度也不断提高，极大地推动了会展业的发展。

（3）“互联网 +”为会展业的发展注入了新鲜血液

展览不仅是新产品展示、发布的平台，也是信息、文化交流的平台。除了视觉之外，展览现场可以提供网上视图无法提供的真实性和全方位感受，如产品构造、材料、质感、做工、声响、味道和体验等。展览模式从“展览 + 洽商”转变为“展览 + 洽商 + 线上销售”的形式使体验和线上购买变成日常生活的一部分——会展业又重新回到了市民的生活中。这种模式从更深层次推动会展建筑与城市的互动，也为会展业的发展注入了新鲜血液。

三、城市理论发展趋势

1. 从《雅典宪章》到《马丘比丘宪章》

《雅典宪章》的提出，无论在城市领域还是建筑领域，同样具有革新性。《雅典宪章》中把城市按不同使用功能划分，这对于中小尺度的城市是适宜的，但对于20世纪中后期的大城市和超大城市来讲却造成了诸多问题，如城市交通拥堵、城市中心和郊区能源结构早晚不均衡、工作和生活效率低下、尾气污染等。

在反思了《雅典宪章》中为了追求功能分区清晰而牺牲了城市的有机构成和空间的连续后，《马丘比丘宪章》提出了复合、多元的城市理论，认为应该多打造多功能的、综合的城市化环境。《马丘比丘宪章》肯定了城市发展的动态过程和其组织结构的连续性，提出城市应向多中心和综合化发展，建立城市各部分之间的有机构成和相互联系。

2. 城市建筑同构理论

如第二章所提到的，罗西将城市类比作一个“大建筑”，建筑也是个“小城市”，并借此类比设计的思想来研究城市发展。罗西将城市与建筑的同构性理念作为基础，构建了研究建筑类型与城市发展之间关系的桥梁。通过城市建筑同构理论，可以认识到会展建筑既是单一建筑，亦可以看作是一个小型城市。会展建筑规模如果大到一定程度，则更应该当作“城市”来设计——城市的功能布局、空间布局、形体设计、交通组织等，均应以城市系统进行规划。会展建筑也应像城市一样成为一个开放体系，而不再是一个相对独立的“孤岛”，设计时要协调好各区块功能、交通、空间、连续性等。

3. 城市触媒理论与城市发展

城市触媒理论以城市中的重要节点为出发点，综合了政治经济、区域功能、空间形态、历史文脉、环境心理等诸多因素，以触媒点对周围的辐射作用进行专项研究。对于城市问题的研究应从多层面出发。触媒大多是经济性的反应，也可能是社会的、政治的、文化的等多方面的综合反应。会展业是现代服务业的重要组成部分，它是连接生产与消费的桥梁和纽带，不但能畅通流通渠道，对城市产业及周边经济发展也产生着巨大的带动和放大效应。作为会展业的载体——会展建筑，对城市发展的带动作用也同样适用于触媒理论。会展建筑作为城市触媒从最初只作用于其周边的城市功能元素，而随着自身及相邻元素的发展与整合逐步形成影响范围更广的城市触媒体[①]。

例如，如今的广州琶洲国际会议展览中心虽然规模更大，参展人数更多，但对周边并没有展现出巨大的辐射作用。具体原因有以下两点：一是展览中心规模巨大，又进行封闭式管理，无法与城市产生良性互动，形成“城市孤岛”现象；二是受周边城市空间障碍物的影响，如用地北侧的珠江河道、不远处的南侧河涌自然保护区及东西两侧的高速路等，造成会展区与周边城市功能区的疏离，致使城市空间的延续性不够，无法更好地带动产业集群的发展和更多的土地开发，使会展的触媒效应严重衰减。无独有偶，新的深圳国际会展中心（宝安）的选址也有类似的问题。会展中心位于空港新城，邻近机场航站楼，其周边均被入海河道、高架路等城市障碍物阻隔，严重影响了城市空间的延续性。同时，庞大的体量与其周边的城市肌理产生极大的反差，无法与城市产生积极的互动，势必会减弱会展中心的城市触媒效应，对将来周边的联动发展带来不利影响。由此可见，选址对会展的触媒作用、区域联动至关重要。

---

① 罗秋菊，卢仕智. 会展中心对城市房地产的触媒效应研究——以广州国际会展中心为例［J］. 人文地理，2010，2（4）：45-49.

第二节　当下会展建筑存在的问题

从城市发展和会展建筑的历史发展中不难发现，会展建筑及会展业的发展与城市的发展息息相关。对具体案例研究的相关证据表明，会展建筑当前存在的问题也与城市的发展紧密地联系在一起。现将问题总结为两个层面：城市规划与城市触媒；会展建筑设计的多元性与适应性。

一、宏观层面城市规划与城市触媒

一般的城市大型公共建筑的选址都会考虑到城市诸多发展要素的影响，从本书的案例研究来看，有三个主要因素会影响会展建筑的使用状况。

1. 选址规划合理性

城市的会展建筑选址需要决策者根据城市会展业与城市的综合能力，对会展建筑的规模和选址做出综合、科学的考量，未经全面分析和规划，一味追求以会展中心来推动城市新区发展的做法并不一定能取得理想的效果。以天竺新馆为例，其在运营近十年后，周边区域的发展并没有达到预期，而周边区域的萧条也在某种程度上遏制了天竺新馆的发展，目前一期工程建设都未能完全实现预期目标。

由于北京会展业的特征和相关规划，天竺新馆不但未能发挥其理应具备的城市带动作用，相反还使自身发展受到了较大的制约。这样的不良循环周而复始，成为一个难以解决的问题。天竺新馆的例子给予规划者和建设者一个警示，即通过会展中心拉动新区发展的模式不是都能奏效的，它不仅需要正确的政策引导，还需要一套完整的、科学的周边城市设计作为依托。最重要的还是会展建筑的设计必须与当地会展业的特征（如规模、优势产业、参展模式）相匹配。

反观同样选址在机场附近的沪国览和（香港）亚洲国际博览馆，其在选址时对区位互补方面的考虑是值得借鉴的。沪国览选址上海虹桥区，一来避免了与位于浦东区的上海新国际博览中心产生竞争；二来有利于拉动和提高西部的经济水平，与虹桥交通枢纽形成机场经济圈，加速虹桥西部商务区的建设，形成东西部“哑铃式”的城市经济布局模式。（香港）亚洲国际博览馆的选址远离市区，以求相对充裕的用地，避免重蹈香港会议展览中心因预备用地不足而扩建受阻的覆辙。同时它与老牌的香港会议展览中心在策展定位上也有意拉开距离：（香港）亚洲国际博览馆以举办重工业型展览、贸易展览为主，客户群定位主要是通过飞机和水运交通到达的国际、珠三角的客商，而不是在市区内参加消费展览会的公众。因此香港会议展览中心和（香港）亚洲国际博览馆形成了区位互补下的共同发展、相辅相成的良性关系，一起为香港会展业作出了重要贡献。

2. 潮汐人流与交通压力问题

由于展览活动客观上是大规模人流聚集的活动，因此在会展建筑的选址上，交通的便利性是首要考虑的问题。从起初选址于城市中心靠近火车站，到选址于城市郊区通过高速路、快速环线、地铁等与城市进行接驳，再到近年选址向机场靠拢并利用机场与城市沿线交通路网，不难发现我国会展建筑选址一直都是围绕城市主要交通体系进行布局的。此类案例有（北京）中国国际展览中心新馆、上海国际展览中心、（香港）亚洲国际博览馆以及深圳新国际会展中心。值得注意的是，选址的交通条件和质量对会展建筑与城市的连接性会带来影响。例如天竺新馆虽然离首都机场直线距离只有3千米，但是两者间却没有直接的捷运线路连接，参展人员只能换乘巴士、出租车经天北路到达展厅。另外，京沈高速路是场地周边几公里内唯一一条南北向的道路，也是从市区到达会展中心的唯一道路，平时承载了从市区前往顺义区的车流，地铁也只有15号线通过，这必将使京沈高速路承受较大的交通压力。交通的规划缺陷也是导致天竺新馆目前经营状况不佳的原因之一。广展中心的交通也存在同样的问题。在回访过程中，受访者最大的意见就是展馆周边的交通疏导问题。由于地铁运力不够，大量人流依然依靠地面交通输送，而原设计三条穿过展馆场地的道路又被封闭，使大量车辆只能绕展馆行驶，造成周边交通严重堵塞。参观者从展厅出来到坐上专车耗时颇久，给展会服务造成极大的负面影响。因此，广展中心正在通过发展和完善地铁、常规交通、水上巴士、环岛有轨电车等高度便捷、无缝衔接的公共交通体系实现“70/70”客运目标，即日常交通采用“多方式组合协调模式”（见表7–1），会展时期交通采用“公共交通主导模式”（见表7–2），同时发展各类功能停车系统，最终形成公共交通（地铁 + 常规公交）出行占机动化出行的70%、轨道交通出行占公共交通（同上）出行的70% 的目标。

表7–1　广展中心日常交通方式分担率数据统计 （%）

范　围		主要方式（机动化）			
		轨道交通	常规公交	小汽车	出租车
日常交通方式	通勤	≥55	20～25	≤15	≤5
	全部	≥50	20～25	≤20	≤5

注：数据来自广州市交通规划研究所。

表7–2　广展中心会展时期交通方式分担率数据统计 （%）

范　围		主要方式（机动化）				
		轨道交通	常规公交	小汽车	出租车	其　他
日常交通方式	通勤	≥50	10～15	5	≤10	15～20
	全部	≥45	10～15	7	≤13	15～20

注：（1）会展时期交通方式分担率不含非机动化方式和区内循环巴士比例。

（2）表中“其他”指临时专线车和水上巴士等。

（3）数据来自广州市交通规划研究所。

上海新国际博览中心（沪国览）的交通条件则相对便利很多，沪国览选址恰好位于上海两大机场连线的中间位置，场地周边交通良好，南面罗山路、西面芳甸路和北面花木路均为双向6车道。除了城市一般道路，上海内环高架路还从场地的南边经过，再从场地的东边向北而去，在龙阳路和罗山路均设置了上下高架路的出入口。场地周边的轨道交通路线非常发达，共有3条地铁线路在场地周边设置了站点，可通往多个城市区域和两个机场。另外，龙阳路站还接驳了中国第一条磁悬浮线路的始发站，旅客可以在8分钟内顺畅、方便地到达30千米以外的浦东国际机场。两个案例相比，沪国览的交通体系是一个较好的范例，有诸多优点，如交通线路多，且每种交通的承载力也相对较高。面对巨大的潮汐人流问题，如何解决好会展与城市的接驳？如何利用会展周边区域进行交通疏导？这是会展交通专项设计迫切需要解决的问题。

3. 城市触媒效应与建设的可延伸性

虽然城市大型会展中心一般都规划在可用地较多的新区，但很多缺乏对会展中心周边整个区域进行长远的统筹规划，导致大型会展中心的辐射效应和城市触媒效应未能得到很好的发挥。广展中心和深展中心、深圳新国际会展中心的选址均有争议，即用地缺乏延伸性。

广展中心北临珠江，因此其相关产业配套只能向东、西、南三个方向发展。然而其东、西两侧500米处便是华南快速干线和科韵路两条城市干道，而南侧是一块最宽处不过400米、最窄处只有200米的不规则用地，广展中心四周被各种城市障碍物阻断，用地缺乏延伸性，这将极大地限制广展中心对周边地区的带动和辐射作用。早期的流花路的广交会展馆则是值得学习的成功案例。广交会流花展馆前身是广州中苏友好大厦，选址在城市新区的流花路，规划之时，流花路还属于尚未开发的广州市郊区。广州的展览中心另辟新区而建，原因首先在于广州老城建筑空间逼仄，难以觅到足够大的用地来兴建大规模的展馆，也难以找到有足够面积的旧建筑来改造。经过详细研究，最后选址位于接近铁路运输线的流花路之北。直到广展中心投入使用以前，历年的广交会几乎都在流花展馆举办，并且取得了极大的成功，成为我国对外贸易的旗帜和窗口。20世纪70年代以后，为了适应规模的扩大，国务院批准立项“广州外贸工程”，先后兴建了交易会新展馆、东方宾馆新楼、流花宾馆和白云宾馆，这些都是与交易会相配套的城市设施，还完善了越秀山公园和流花湖公园等城市文化休憩设施。经过多年经营，在广交会的强力带动下，该地区发展成一个活力十足的集对外贸易、批发、金融、旅游、交通为一体的城市新区。可以说，正是广交会流花展馆的触媒效应，辐射并带动了周边地区的发展。

深展中心的选址落户福田中心区南段中央绿轴的一块原规划绿地上。从规划的角度看来，它所在的区位有利于带动福田中心区，特别是写字楼和购物中心的建设，从而促进CBD功能的迅速形成。但是规划的场地除了西侧留下的27000平方米的保留地之外已经没有其他的发展空间，这对日后更大规模的会展业扩张形成制约。深圳新国际会展中心选址宝安空港新城，交通条件优越，但整个会展场地三面环水，除了会展建筑本身的建设之外，剩下可用于其他配套建设的用地相对不足，也同样缺乏未来的发展空间，很有可能面临着与广展中心同样的命运。

由以上案例可以发现，一些会展中心在前期选址时都只优先考虑会展建筑的建设规模，而对会展建筑的触媒效应及周边用地发展的延伸性并没有充分考虑，致使会展建筑的触媒效应得不到有效的发挥，减小了因会展中心的发展而带动周边各产业群体发展的可能性。因此，于城市新区选址时，应该尽可能选择周边拥有充裕的可开发土地的片区，同时也要兼顾到周边交通体系的建设。

二、微观层面会展建筑设计的多元性与适应性

1. 功能单一问题

从当代的城市发展理论来看，《马丘比丘宪章》主张打造功能综合化的城市环境，强调城市发展的动态过程和其组织结构的连续性；在罗西的城市建筑学理论中，也强调建筑与城市拥有着相似的特性和内在的结构。综合来看，即是由建筑和其所构成的城市空间环境应具有功能上的多元与共生发展。在我国会展建筑的实践中，很多时候会展建筑的发展目标都面向专业性会展活动，在这样的思想指导下建设的展馆虽然具有一定的规模和尺度，但会导致功能单一，缺乏环境多样性。我国会展中心周边配套情况参差不齐，如沪国览、深展中心在市中心则拥有较好的配套；处于城市近郊、远郊的会展中心如广展中心、武展中心等的配套情况则不容乐观。其中，由于华南快速干线和科韵路两条城市干道的影响，广展中心用地受限，与此同时，广展中心周边也集中建设了一些“搭便车”的展馆，致使住宿、购物、餐饮等功能用地严重不足，这导致了广展中心的功能较为单一化，无法形成会展产业城这样的共生发展的空间环境。

观察近年会展建筑发展趋势，很多在定位规划上不再将会展建筑作为唯一的核心功能，而是引入和会展相关的产业链功能，共同开发、优势互补。如近年建设的新加坡金沙国际会展中心，建设目标就是核心综合体，集会议、展览、商业、旅游、休闲娱乐、文化等功能于一体，并且项目在设计阶段就是各个分部同步进行。由于整个项目规模巨大，建筑分成了几个

功能模块，彼此通过公共空间、商业空间作为过渡将整个区域联系在一起，构成综合化的城市娱乐新区，以此带动金沙湾地区的全面发展。此类案例还有韩国 COEX 会展综合体，选址于首尔市中心区，该地块地价较高，所以建筑采用了集约型的多层综合体组合方式，见图 7–2。由于首尔市区日常人流量大，除了会展必需的展览、会议功能外，还提供了面向市民和游客的商业购物功能。作为综合体的一部分，展厅直接与商业功能连接，通过展览活动将人流引向商业空间消费。2000 年初期，我国会展中心主要是简单的展览功能，之后会议功能逐渐被引入。近年来，我国大型会展中心的设计也开始考虑将酒店、办公配套和商业等社会功能引入会展建筑之中，这体现了对会展功能局限性的反思。在归纳统计了 2000 年至今我国建设的各大型会展中心的展厅与配套功能面积，并计算了二者间的比例关系后，可发现我国大型会展中心展厅与配套面积的比例呈快速增加的态势。例如从上海新国际博览中心（建于 2000 年）的 1：0.047 上升到国家会展中心（上海）（建于 2014 年）的 1：0.87，升幅近 20 倍（见表 7–3 和图 7–3）。

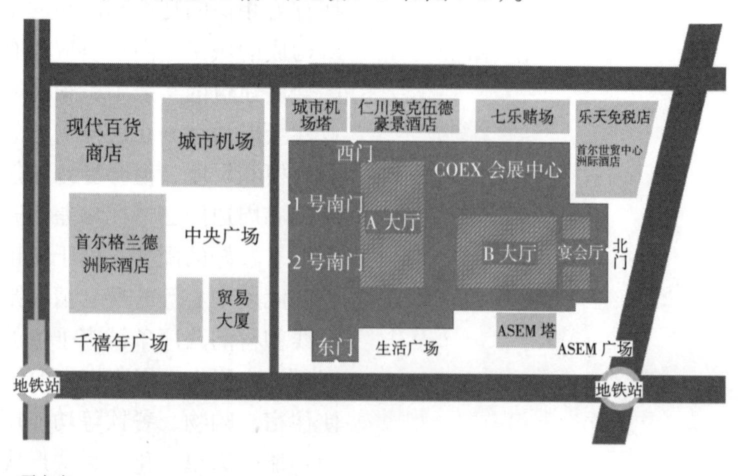

图 7–2　韩国首尔 COEX 会展综合体总平面图

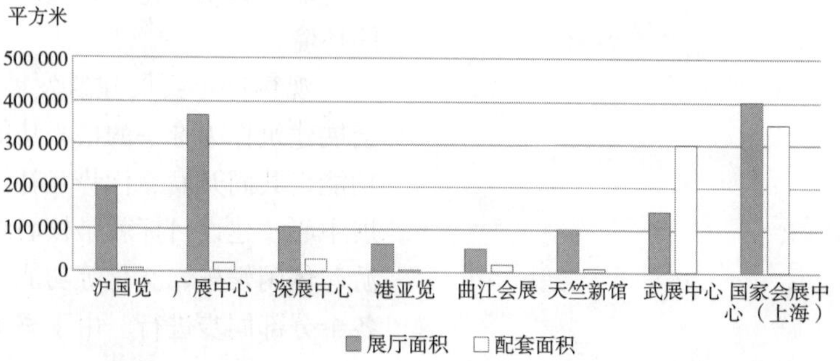

图 7–3　我国重要会展中心展厅面积与配套面积统计图

表 7-3 我国重要会展中心各功能面积统计情况

会展中心	运营年份	展厅面积 / 平方米	会议面积 / 平方米	餐饮面积 / 平方米	酒店面积 / 平方米	办公面积 / 平方米	商业面积 / 平方米	展厅：配套	备注
上海新国际博览中心	2001	200 500	5573	3870	0	0	0	1：0.047	
广州琶洲国际会议展览中心	2002	365 000	5000	13 600 (50 400)	22 000	0	0	1：0.111	因使用需要，后将两个展厅改造为餐饮空间
（香港）亚洲国际博览馆	2005	66 500	1140	3880	0	0	0	1：0.075	
西安曲江国际会展中心新馆	2007	57 200	18 110*	（17 000）	0	0	0	1：0.32（0.61）	餐饮中心为规划数据，未建成
中国国际展览中心新馆	2008	101 600	3070	6900	0	0	0	1：0.098	
武汉国际博览中心	2011	141 900	27 100	8900	266 630	（110 000）	0	1：2.1（2.9）	写字楼未建成
国家会展中心（上海）	2014	400 000	14 500*	22 765*	87 000	138 000	88 765*	1：0.87	

注：括号内数据见备注释义，注 * 号数据为推算值。

2. 会展建筑设计的本土化适应性问题

①外国建筑师水土不服的问题。我国会展建筑在2000年进入发展建设的高潮期，很多外国建筑师也都积极进入我国市场参与设计。他们将国外最新的理念与技术带入中国，在为中国的会展建筑发展起到了积极作用的同时，也出现了“水土不服”的情况。很多外国建筑师对中国国情和各城市具体情况缺乏了解，直接将国外的方法植入，使得一大批会展中心出现了相当程度上的使用问题。如上海新国际博览中心，其方案直接由德国会展建筑移植而来，在屋顶采用了张拉膜结构，由于未认真考虑气候适应性问题，夏季开展时即使开足空调，室内温度仍比较高，使人感到不舒适。

②会展建筑的综合利用问题。由于对会展建筑的多功能使用模式的先导研究不足，加上完善我国会展业的发展条件仍需时日，目前的会展开发建设存在闭展期间利用率低下的问题，造成极大的资源浪费。会展建筑的展厅具有良好的空间品质和使用上的适应性，完全可以在闭展期间转换功能，承接各种市民性活动，如转作宴会厅、表演厅、小型体育场馆等。会展建筑在闭展期间又呈现极度富余的公共空间和交通承载力，其商业、餐饮等配套设施实际上也具有营业的潜力。因此，会展建筑在闭展期如能善加利用，可以为展馆运营方和城市带来极大的活力。

目前国内会展建筑的设计多参照或照搬西方设计模式，特别是较早期的美国会展建筑模式（美国会展业相对成熟，单项展览规模较大），呈现为集展览、会议、配套功能内置式的单一体量，这对闭展期的多功能转换利用极为不利。正视和重新思考会展建筑的空间类型演变，是会展建筑设计亟待解决的问题。

3. 会展建设规模与过多的行政干预

近年会展建筑建设规模有不断扩大的趋势。但据中国贸易促进会所发布的《中国展览经济发展报告2016》数据，我国有76%的会展场馆使用率不足10%。会展业与城市经济发展关系重大，很多城市因为对自身的经济潜力和在国家区位经济中的定位估计不足而草率开发，以及过大的规模定位，不仅难以达到预期的兴旺前景，其有限的收入也难以填补前期开发建设中的巨大投入和日常维护运营的不菲支出。

一般来说，国家的社会制度设计和操作形式决定行政干预的形式，而行政干预形式也要适应国家的社会体制。[①]我国一些地方兴建会展中心时，并未根据自身的情况进行规模、类型、选址等方面的深入研究，在评标过程中，看似合理的评选程序实则以决策者的视野、喜好而定。从实际效果来看，行政干预更注重外在的建筑形式和完成建造的时间，一些违背科学常理的“政绩工程”往往会给城市建设的健康发展带来不少的危害。例如深圳在福田会展中心建成之前曾举办过一次深圳国际会展中心国际竞赛，由墨菲·扬设计公司中标，该方案获得了业内的高度赞扬，后因其方案将会展建筑设计得像“厂房”而最终废标，造成了资金和建设周期上的巨大损失。

第三节　关于会展建筑改进方向的探讨

综合来看，我国会展建筑目前存在宏观层面的选址、交通、城市触媒发展方面的问题，也有微观层面的会展适应性、建筑设计与城市互动方面的问题。因此会展建筑未来的改进动力更多来自城市发展的关联性和我们对会展建筑使用方式的认知，这两种动力可转化为未来会展建筑发展所需要的属性。

一、开放性

开放性指的是会展建筑的部分空间系统面向城市开放。按照罗西的城市建筑学理论，城市是一个“大建筑”，建筑是一个“小城市”。会展建筑规模大、功能复杂，亦应该被看作一个“城市”来进行设计，而不是被作为一个孤立的建筑进行设计，即会展建筑与会展区融为一体呈现出城市的状态。面向城市开放，一方面是与城市交通体系结合，即不再以会展建筑作为单一体与城市交通体系进行对接，而是以会展区的整体道路交通系统与城市交通的多种联系方式，与城市产生积极的互动。如深圳新国际会展中心中标方案（见图7-4），以多条城市道路直接贯穿整个会展建筑群，可以分解展期的交通压力，也将会展区的多种功能区域有效联系起来。另一方面是会展建

① 王建国.城市设计［M］. 南京：东南大学出版社，2011：45.

图7-4　深圳新国际会展中心中标方案

筑的公共服务功能空间应面向周边城市空间开放，与城市产生多元的交流。开展时，公共服务功能可转为对内服务，闭展时则对外（城市）开放，这样可极大地提高服务的时效性，让会展建筑的公共服务区真正与城市产生积极的互动。如贵阳国际会议博览中心（见图7-5），展厅建筑群中心的十字道路对外开放并通向周边的各个服务功能模块，使会展成为城市的一部分。这种模式一般适合大型、特大型会展建筑的设计。

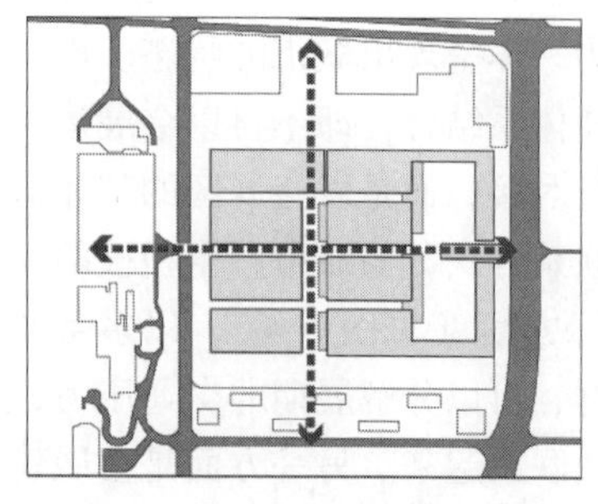

图7-5　贵阳国际会议博览中心平面图

二、多元性

多元性是指某一事物的构成要素，是由三种或三种以上不同类型的要素共同组成的。在这里既可以指会展建筑与其他功能的组合，也可以指展厅本身的多种活动场景与多种服务功能的融合。多种活动场景是指应该在策划和设计时考虑全产业下会展业的建筑功能需求，丰富会展业的多功能形式。另外，会展建筑的展厅、广场、会议厅、宴会厅等功能模块，在闭展期间供非展览的活动使用，如演出、体育运动、节日活动、商业活动等。

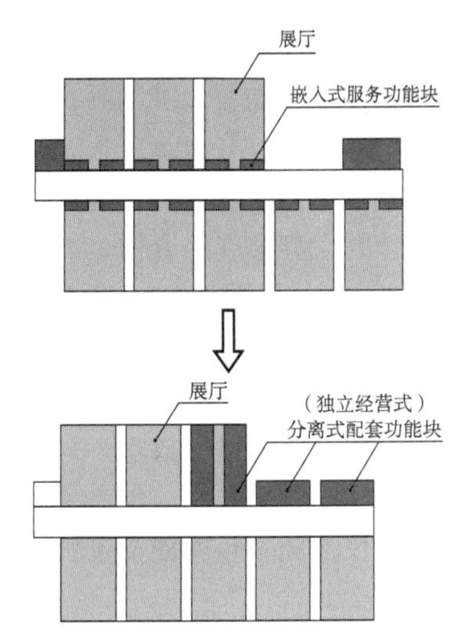

图7-6 服务功能块分离示意图

①根据会展建筑的选址和发展定位，合理规划，增加相关的配套功能模块，例如酒店、公寓、办公、餐饮、旅游、娱乐等，并与会展建筑展厅、会议功能分离开来（见图7-6），相对独立经营，提供一个全方位的服务体系。如北京国家会议中心就是一个成功案例，其拥有4.5万平方米的串联式展厅、6万平方米的会议中心、两座五星级酒店、两座甲级办公楼及服务设施，为会展业提供多元化的配套服务（见图7-7）。据统计，该中心展览厅及会议厅每年出租率高达90%，在会展旺季更是应接不暇。多元化的服务和良好的选址是其成功的关键。

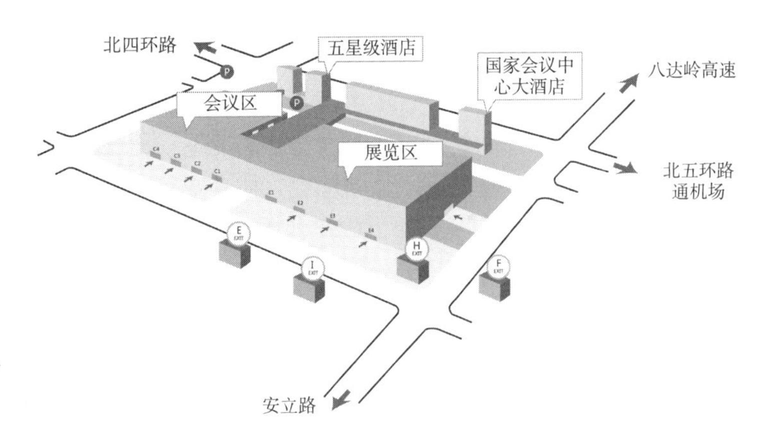

图7-7 北京国家会议中心示意图
（图片来源：北京国家会议中心官网 http://www.cnccchina.com）

②会展建筑和多种非会展但与会展相关的功能相结合，形成多功能的城市综合体。这种策略与我国以往的会展建筑不同点在于展览功能不再作为单一的使用核心，而是如何最大化地为会展所带动的人流提供全方位的服务，形成会展功能综合体。

综合体一般是指三种或三种以上的功能空间组合的单一建筑或集群建筑，这里指的是会展功能与周边形成相互依存共生的关系，而不是以会展作为独立、优先的功能。这种综合体式的布局类型更适合中小型会展建筑的设计，使得会展功能模块与其他服务功能模块形成你中有我、我中有你的共生关系。如韩国 COEX 会展综合体、新加坡金沙国际会展中心，分别对应了不同城市选址和定位下的会展综合体。新加坡金沙国际会展中心坐落在金沙湾新区，作为金沙湾地区的首个建筑项目，建设目标就是以核心综合体来规划。它是集会议、展览、商业、旅游、休闲娱乐、文化等功能于一体的大型会展综合体，并且项目在建设阶段就是各个部分同步进行的（见图7–8）。整个项目规模巨大，建筑分成几个功能模块，彼此通过公共空间、商业空间作为过渡将整个区域联系在一起，形成了区域化的建筑群，构成了金沙湾地区鲜明的城市形象。该项目完成后，完善的服务体系吸引了大量的游客，其成功的触媒作用，促进了整个金沙湾地区的城市化建设。该项目仅建成一年就使得金沙湾地区吸引的建设投资累计达到250 亿美元[①]。

③考虑展厅的多功能使用，以应对闭展期的会展空间利用。展厅空间属于平台式的大型空间，可塑性强，具有多功能使用的潜力。一般展厅空间楼板具有良好的载重能力，并且具有完善的全覆盖水电系统，在展厅空间适当加装一些设备即可举办各种大型集会活动，如观演、宴会、体育竞技、休闲娱乐等。

如香港会议展览中心选址于香港湾仔，日常的使用不仅包括接待性的展览、会议活动，还承接很多的市民性活动，包括演唱会、体育赛事、节日庆典等，尤其是金紫荆广场更是作为1997 年香港回归的仪式举办地。会展中心内部配备的多种设施能为不同的娱乐表演提供多元化的室内场馆选择，如其中一个场地特设伸缩阶梯座位3200 个，可举行容纳8000 名观众的大型演唱会，亦有其他规模较小的活动场地，可容纳数百至数千人（见图7–9）。

④会展建筑应当具有一定的适应环境的可变性，即会展建筑可以通过改建、加建使其随使用需求变化和周边环境的变化而扩展使用模式。从会展建筑的演变历史来看，整个社会对会展建筑在空间上的需求是随着会展业、城市环境、政治经济水平的发展而改变的。很多不再适应时代需求的会展建筑逐渐被淘汰，也会有很多会展建筑通过不断地改扩建而持续被使用，如德国法兰克福会展中心。要做到可持续发展，有两点应特别重视：一是应保留适当的储备用地，可将用地在先期发展中留

---

① Yap E X Y. The Transnational Assembling of Marina Bay, Singapore [J]. Singapore Journal of Tropical Geography，2013，34（3）：390 - 406.

（a）外景图

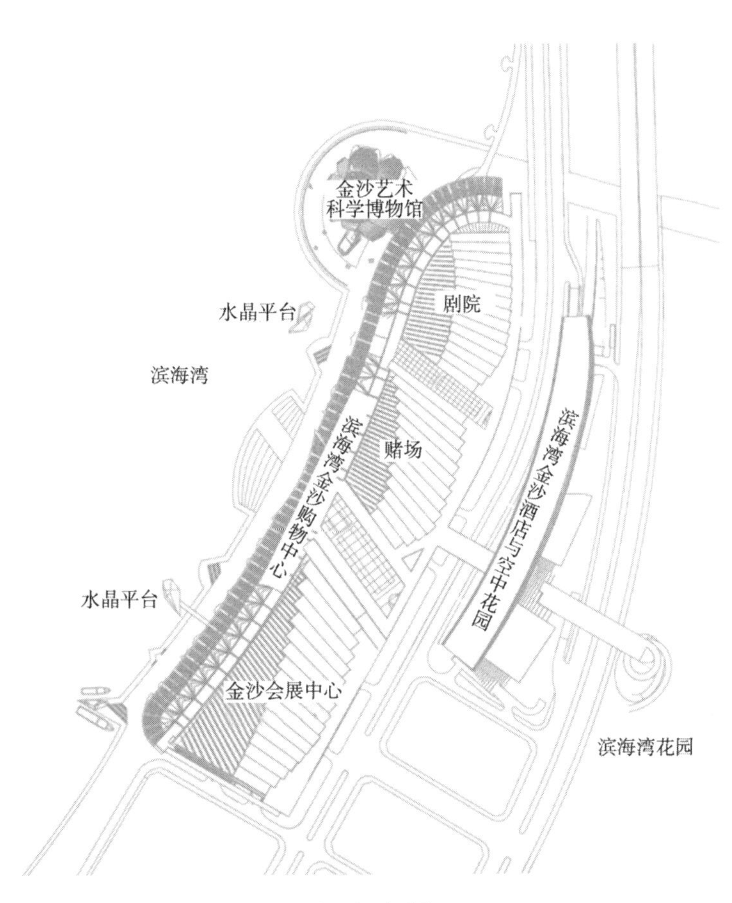

（b）平面图

图7-8　新加坡金沙国际会展中心
（图片来源：金沙国际会展中心官网 https://zh.marinabaysands.com/）

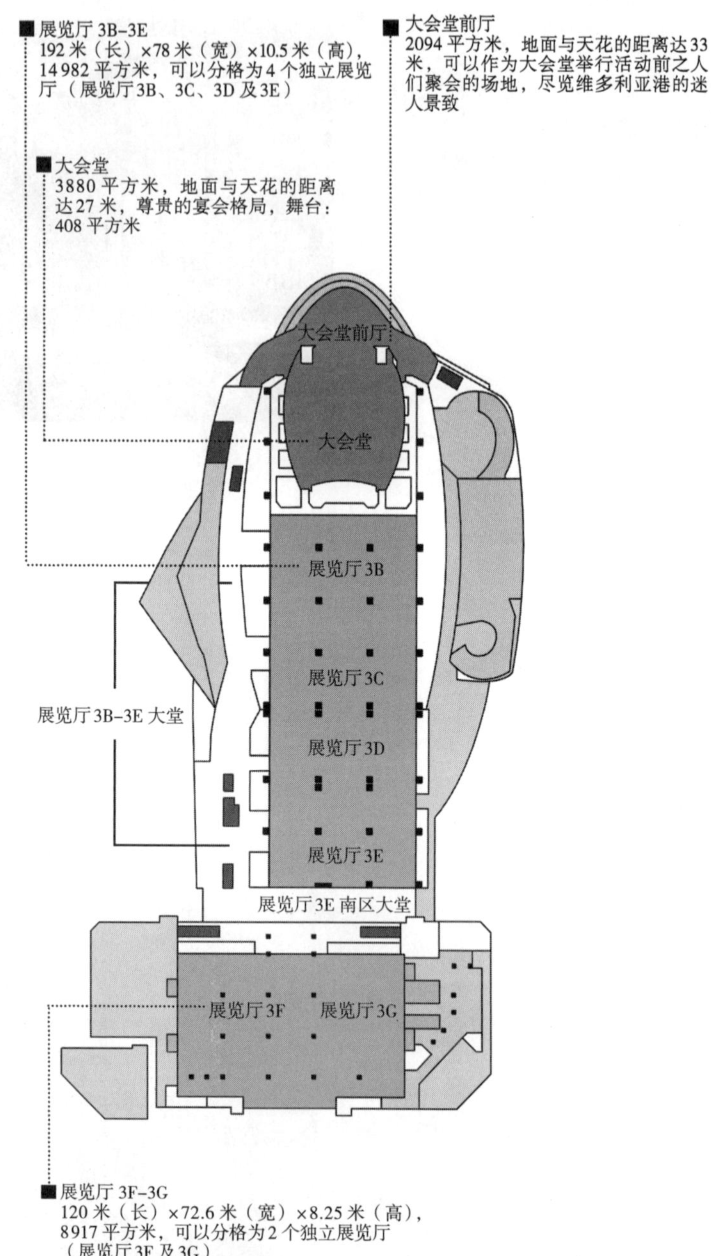
展览厅 3B–3E
192 米（长）×78 米（宽）×10.5 米（高），
14 982 平方米，可以分格为 4 个独立展览
厅（展览厅 3B、3C、3D 及 3E）
大会堂前厅
2094 平方米，地面与天花的距离达 33
米，可以作为大会堂举行活动前之人
们聚会的场地，尽览维多利亚港的迷
人景致
大会堂
3880 平方米，地面与天花的距离
达 27 米，尊贵的宴会格局，舞台：
408 平方米
大会堂前厅
大会堂
展览厅 3B
展览厅 3C
展览厅 3B–3E 大堂
展览厅 3D
展览厅 3E
展览厅 3E 南区大堂
展览厅 3F
展览厅 3G
展览厅 3F–3G
120 米（长）×72.6 米（宽）×8.25 米（高），
8917 平方米，可以分格为 2 个独立展览厅
（展览厅 3F 及 3G）

图 7–9　香港会议展览中心平面图

（图片来源：香港会议展览中心官网 http://www.hkcec.com/）

作城市公园、体育场地或停车场使用；二是规划好公共交通，特别是地下轨道交通，让地上、地下交通有持续建设的可能，以满足会展建筑的不断发展的需要。

德国法兰克福会展中心自 1909 年首个展厅建成以后，历

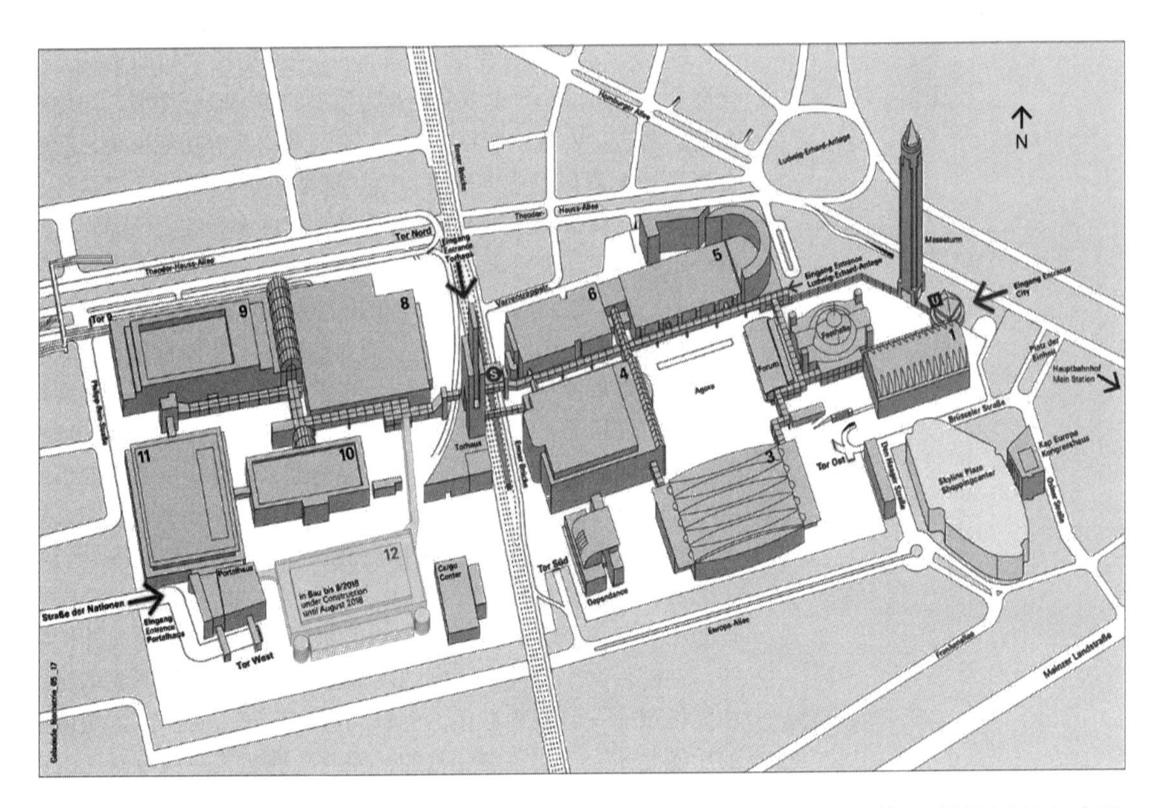

图7-10　法兰克福会展中心

（图片来源：法兰克福会展中心官网 http://www.messefrankfurt.com/frankfurt/en.html.）

经一百多年发展，现已拥有11座展厅，第12号展厅仍在建设当中。法兰克福会展中心的展厅一直随着会展业阶段水平、建筑的建造技术水平、社会发展水平变化而持续建设。虽然展厅在功能、形式上各不相同，但整体采用了分散式的布局，使得建筑之间并没有产生冲突。随着持续扩大建设，会展中心增设了新的入口大厅和高架桥来分解交通压力，在内部场地逐步增设了空中廊道连通各种规格的展厅。持续性的改造和建设使得法兰克福会展中心成为德国最重要的会展中心之一（见图7-10）。

三、拓展性

拓展性指的是会展建筑的触媒效应对周边区域产生的多层次影响。会展建筑是城市中重要的触媒点，可以激活、带动周边区域的发展。根据触媒反应的机制，会展建筑所带动的整个片区能够成为一个新的大触媒点，即“会展城”。会展城能在功能、业态及交通等多层面，以城市的层级对其周围的城市产生进一步的拓展影响。

这种 “会展城” 发展模式可分成三个阶段：初期阶段，在会展中心周边优先建设以会展业为前提的相关服务功能，如总部办公、酒店、公寓、金融、广告、交通和物流等功能模块，形成会展周边配套区；中期阶段，会展产业集群的建设已经具有一定规模，会展综合服务体系在空间和功能的多元性上已经开始具有一定的城市环境特征，可通过在周边增加一些新展馆而形成展外展的模式，达到触媒多点叠加的效果；后期阶段，完善居住与生活相关功能的建设，如住宅、商业购物、文化体育和公园等功能模块，形成商住区。“会展城” 的建设因而具有完整可持续发展的城市性特征。此外，会展建筑应参考萌芽时期的展会选址经验，宜与城市公园或大型城市绿地结合起来设计。一是方便市民的交通和出行；二是公园用地可以降低局部的城市人口密度，减少开展时的交通密度；三是可以提供较为充裕的土地储备。

在 “会展城” 建设过程中，会展的触媒效应是以会展建筑为中心区（可能由多个会展中心组成），分阶段地向外扩散的。在前后两个阶段以不同的功能目标建设，因此形成多层的功能区域——会展中心区、会展周边配套区、商住区。城市性的功能是依靠逐层拓展完善的，因此会展建筑在城市新区的选址，其周边必须具有一定的空间扩展度（见图7–11）。

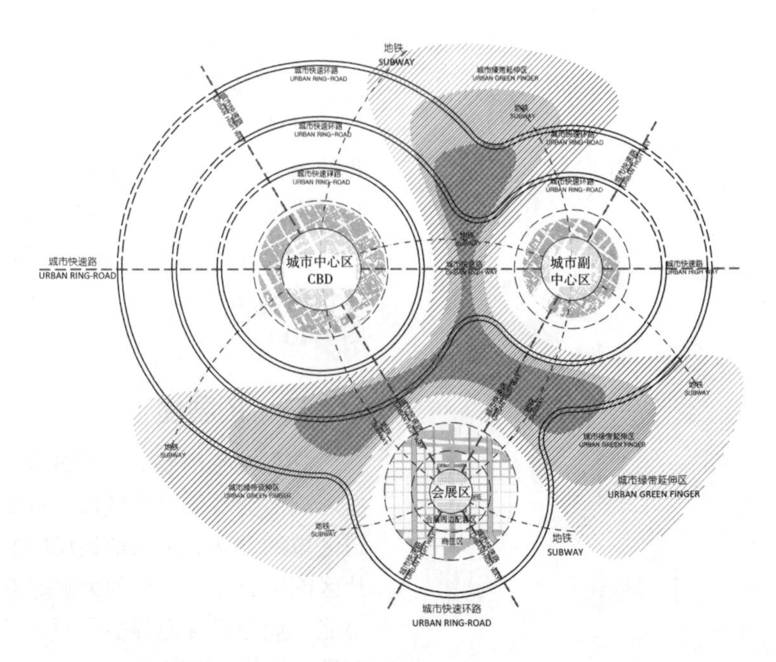

图7–11　会展城空间扩展示意图

会展城需匹配的是多层次的交通体系，所以在会展建筑选址的区域，交通建设的目标也应该以未来的城市环境需求作为基础。在宏观上，新区的交通应该配备基本的城市交通系统，如地铁、城市快速路、环城交通线、高速路等，从整体上构架起“会展城”与城市其他区域、周边城市、机场、大型交通站点的连接。在微观上，“会展城”内部要合理规划道路与车辆停放系统，形成区域“微循环”系统。一来可以服务于会展活动参观人员，便于快速疏散人流；二来尽可能借用“会展城”的交通体系作为会展建筑与城市互动的缓冲区，配合酒店、餐饮、办公、休闲娱乐等功能，使更多的参展人员驻留在“会展城”，减少开闭展时潮汐式车流直接给城市造成的交通压力。

开放性、多元性和拓展性是本书针对当前会展建筑的发展与城市的互动关系进行梳理后提出的三种属性。这不仅仅是针对建筑本身，也是根据会展建筑在城市中的触媒效应对城市做出的回应。开放性是面向城市及周围环境，通过交通体系的融合与连接，使人流、物流、服务、信息更便利地在会展区域与城市其他区域之间顺畅地流动。多元性是丰富会展建筑的服务配套，使之具有更多的城市化环境形态和功能特征，增强自身的活力，真正成为城市中的一部分。拓展性则是会展建筑和会展城对整个城市发展的触媒效应，使会展建筑可以持续带动周边城市的发展和进步。三者可以协同促进会展建筑与城市的互动发展。

第四节　类型转译——会展建筑的新概念模型

根据本书对会展建筑选址和建筑本身的类型的梳理来看，每种会展建筑类型均有其适用的范围。笔者在对现有会展建筑进行类型梳理的基础上，结合当前会展建筑存在的普遍性问题以及未来城市发展的展望，提出了“街区式”和“综合体式”这两种未来会展建筑发展的新类型。

一、街区式

街区式是当会展建筑规模较大时，用类似城市的思想对其进行设计，将会展建筑的内部交通与城市道路建立直接联系，将大型会展中心划分成多个具有相似结构的会展展馆单元，每个单元各自形成城市街区，然后共同构成一个大型街区式会展中心，使建筑与城市实现一体化共享的一种会展新类型（见图7-12）。从生成逻辑的层面分析，就单个会展单元来看，会

图7-12　街区式会展建筑理想模型

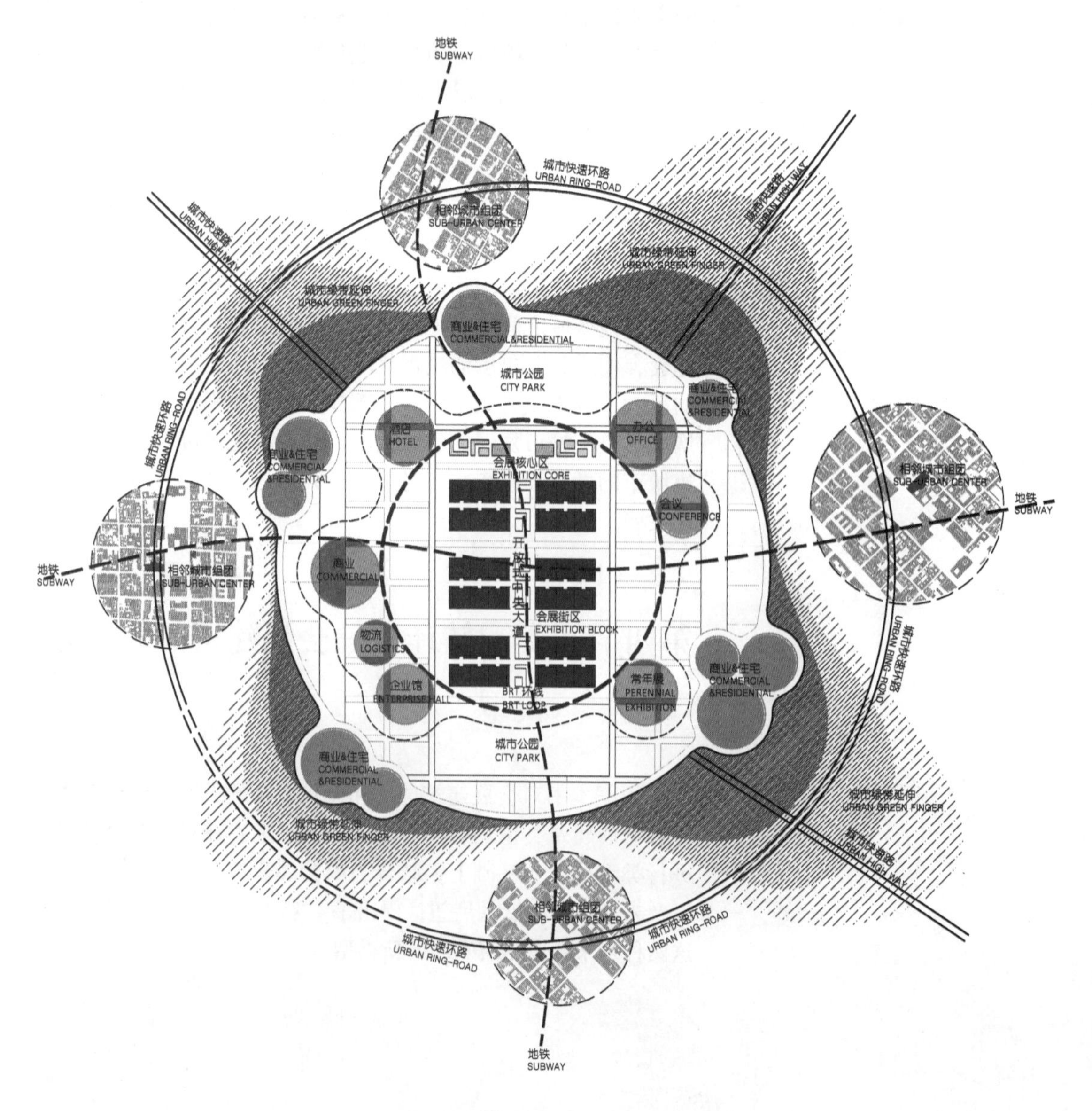

展仍可以采用串联式或并联式布局。（建议每个街区的会展规模在30 000平方米左右，如此可以满足近80%的中小型会展活动）。从整体来看，街区式会展建筑与城市是一体的：各街区由一条连通城市的中央大道连接在一起，大道中间均为与会展相关的配套和辅助的开放街区，其两侧为各会展街区。街区式会展建筑的整体区域和周边城市区域共同由会展轴线或城市轴线等统筹支撑，各街区会展单元可以通过二层的空中步道相连。在举办中小型会展时，可将其中某个街区封闭管理，其他会展街区可以呈开放状态；在举办大型会展期间可以封闭会展所在的几个街区，满足大型会展在组织和管理上的需求。在闭展期间，会展街区呈开放状态，会展建筑中的餐饮、服务、停车、物流等配套资源向城市社区开放。由此，会展建筑与城市将产生积极的互动。由于会展建筑被分在不同街区建设，有利于采用分期开发建设的模式以适应市场环境、政策环境的变化，为会展体系的动态调整和不断完善提供可能性，用技术手段消解对会展建筑大体量、快速建造的诉求。

从场所因素来看，街区式会展中心就是一个小城市。它通过单个会展街区的场所因素而延续人们对当代会展建筑的认知形象，又通过城市街区化的开放式处理使得当代会展建筑与城市大众渐行渐远的距离感得以消解。对于城市人群而言，街区式会展中心既是城市中一个特殊的场所，营造着当代会展的典型氛围，同时也是城市中一个自然的场所，拥有着开放、综合、多元交叠的城市氛围（见图7-13）。

从活动模式来看，街区式会展中心具有多元、综合、灵活的特点。开展期间，会展街区和配套街区内的活动模式与串联式和并联式会展建筑较为类似，且这样的街区式划分可以解决在展会规模更大时，串联式与并联式会展建筑中出现的展厅通达性上的问题：参展活动和布展活动等在各街区之间独立进行，互不干扰；参观者自主选择场馆时所需行经的路线更为便捷；展厅街区灵活开闭，管理活动更为高效。由于增多了交通集散道路数量，还可利用循环接驳巴士快速将参观人群分送进入会展街区，消解城市交通压力。闭展期间，配套街区会直接融入城市并真正成为城市生活中的一部分。此外，会展街区也会发生功能置换，被城市活动蔓延：体育赛事、宴会、演唱会等各种活动都可以在闭展期的展览街区内举行，整个会展区域

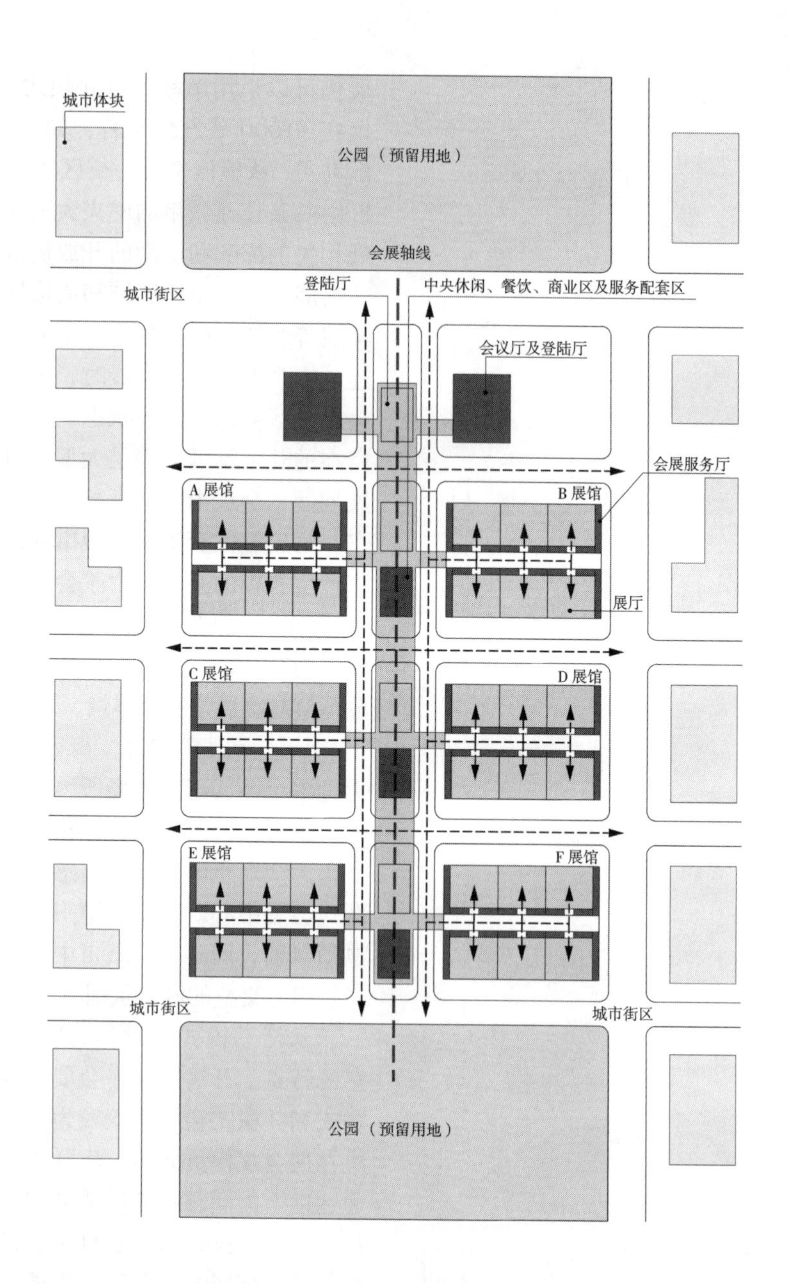

图7–13 街区式会展中心示意图

完全成为丰富多元、灵活多样的城市活动空间。关于其他因素，串并联式、分散式会展建筑所具有的节地节材、消防便利、采光通风、分期建设等优势，都可以在街区式会展中心中得到很好的保持，其灵活的开闭展管理和城市资源共享性极大地提高了展馆的使用效率。

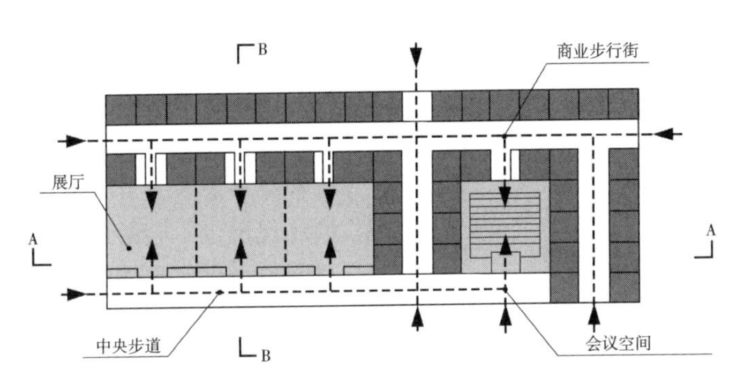

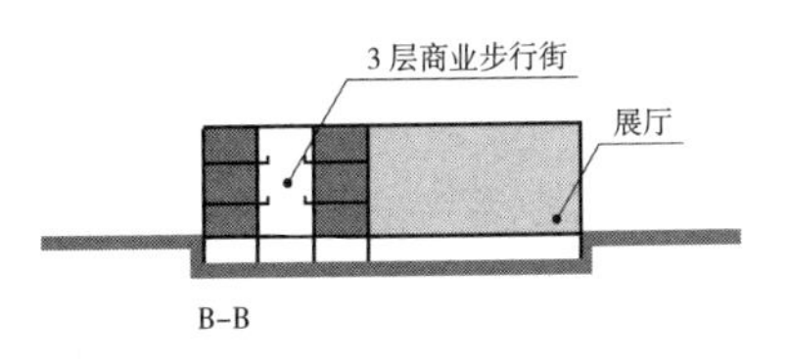

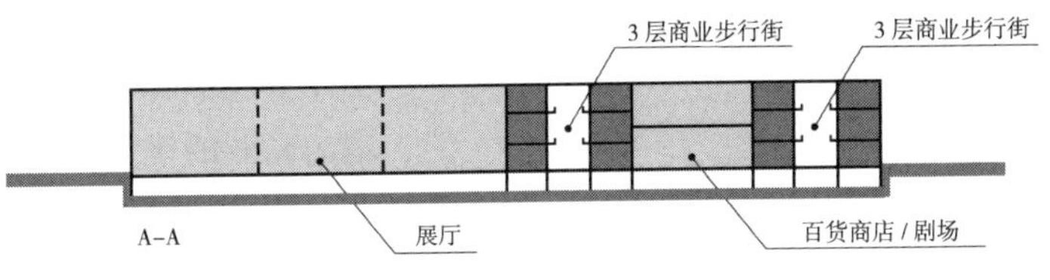

图 7–14　综合体式会展中心示意图

二、综合体式

综合体式是指当会展建筑规模较小时，可将其置入商业或其他综合体内部的一种集约式会展建筑类型。其中，会议厅、展厅可作为带动综合体商业的一个触媒点，而综合体的商业和相关配套功能可间接作为会展的配套功能使用，两者互相带动，实现一体化的共享。这种模式具有节地、集约、高效的特点，适合选址在市中心的会展业开发（见图 7–14）。

综合体式会展中心特别适用于那些需要会展兴市却又无须开发大型会展中心的中小城市。从其场所属性来看，它兼有商业综合体和集中式会展的场所氛围，且两者相互融合，会展增加商业的特色与活力，商业带动会展自然亲和地进入大众的日常生活之中。与街区式类似，一方面，综合体式会展中心先在更微观的层面即综合体内部作为触媒，激活带动其周围的业态；再与之成为一个综合体，共同激活带动周边城市发展；另一方面，综合体商业整体的带动能改善当代会展脱离大众的现状。这些集约高效的互助共享，使得综合体式会展中心能更好地适应未来自由开放、多元综合的城市氛围。再者，由于城市无须专门为会展中心划拨土地进行建设，会展综合体不但节地，还可以为城市省下大笔的建设费用和运作成本。

从活动模式分析，综合体式会展中心最大的特色在于会展活动与商业活动的交替与融合。会展活动的时间多为工作日的白天，而商业活动多为夜晚或周末，这样的交替活动模式使得综合体式会展建筑整体实现高效集约的资源配置，两种活动的交织也能互相带动。在这样的商业与会展活动中，商业消费人群和会展参观人群是交织混合的，具有更大的灵活性，且中小型的规模也不会给城市带来过大的交通压力。闭展期间，会展空间也可以实现功能置换，触发体育、宴会等多种活动，商业人流的持续性得以保障。诚然，会展空间完全置入综合体后，给布展物流活动带来了一定的不便，但可以通过垂直交通、坡道等技术手段加以解决。

关于兼顾的其他因素，综合体式同样具有节地、节材、节能、集约高效的优势，且整体投入相对较小。由于综合体式体型较大，消防问题也需要重视，设计上可以利用商业中庭走廊作为“准消防通道”，或在首层利用商场的剖面高差进行疏散。

表7-4更为直观地将街区式和综合体式的会展建筑新类型进行了对比、分析。

表7-4 新的会展建筑类型对比分析

类型		图示	特征	相近案例
复合型	街区式	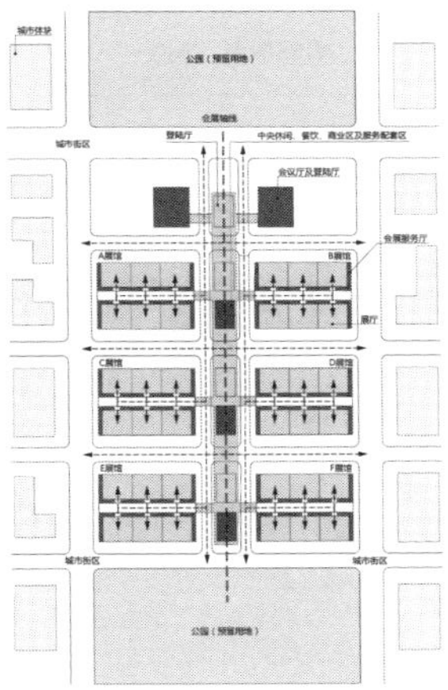 特征指向图 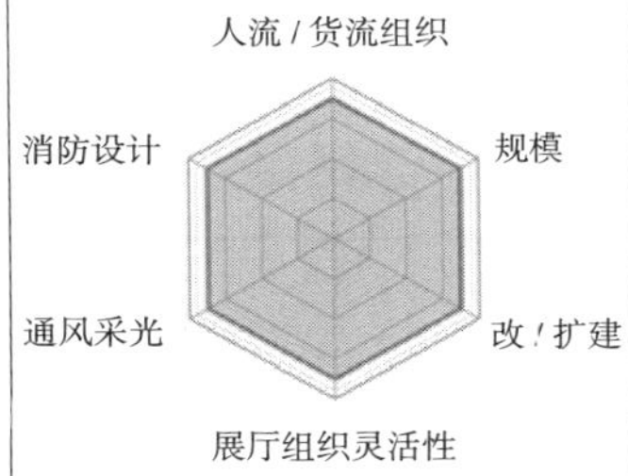 人流 / 货流组织 规模 改 / 扩建 展厅组织灵活性 通风采光 消防设计	①会展中心分成若干个展馆，各展馆由一条中央大道连接在一起，中央大道中间均为相关服务配套功能；各街区展馆可由二层连廊连接，展馆、配套服务、会议中心均可独立使用，亦可联合使用； ②会展建筑群面向城市开放，城市道路穿过会展建筑群，将其分成若干个街区，街区可根据展览的规模进行合理的管控，可将部分街区封闭，独立办展；举办超大型展览时，可按需要将若干街区对外封闭，中央大街对内服务，通过合理的控制，最大限度地减少会展的城市“孤岛”现象； ③打破开展、闭展的时间限制，各个展馆均可独立运营管理；将配套部分公共化，提高利用率； ④由于分成几个展馆，如果各个展馆各自办展，则人流、车流可独立运行，互不干扰且参观者可以更便利地到达目标展馆；展馆之间可通过二层连廊进行对接，使所有展馆连成整体； ⑤各展馆可兼有并联式或串联式类型的优点； ⑥有利于分期建设	深圳新国际会展中心 

（续上表）

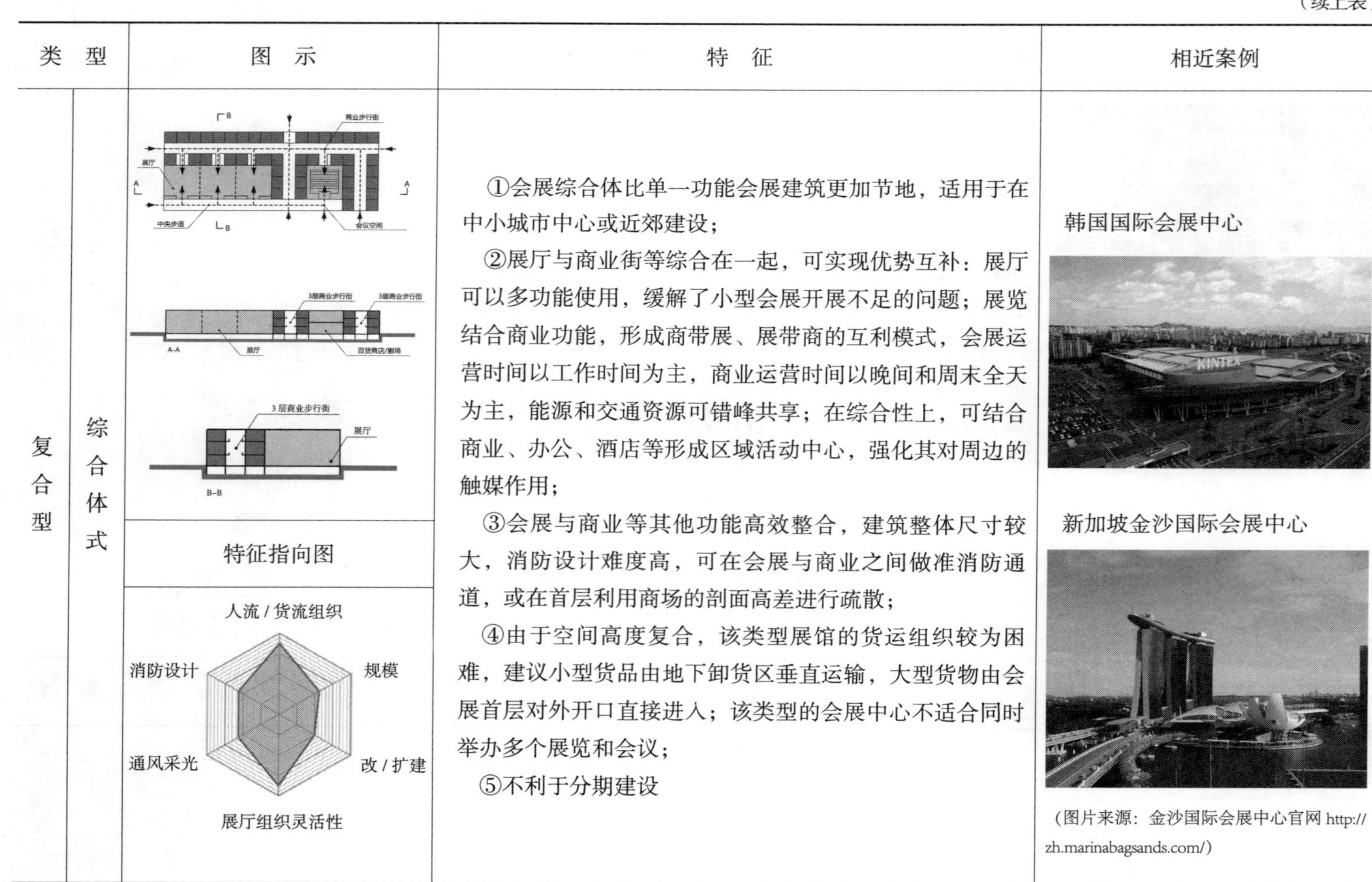

类型		图示	特征	相近案例
复合型	综合体式	 特征指向图 	①会展综合体比单一功能会展建筑更加节地，适用于在中小城市中心或近郊建设； ②展厅与商业街等综合在一起，可实现优势互补：展厅可以多功能使用，缓解了小型会展开展不足的问题；展览结合商业功能，形成商带展、展带商的互利模式，会展运营时间以工作时间为主，商业运营时间以晚间和周末全天为主，能源和交通资源可错峰共享；在综合性上，可结合商业、办公、酒店等形成区域活动中心，强化其对周边的触媒作用； ③会展与商业等其他功能高效整合，建筑整体尺寸较大，消防设计难度高，可在会展与商业之间做准消防通道，或在首层利用商场的剖面高差进行疏散； ④由于空间高度复合，该类型展馆的货运组织较为困难，建议小型货品由地下卸货区垂直运输，大型货物由会展首层对外开口直接进入；该类型的会展中心不适合同时举办多个展览和会议； ⑤不利于分期建设	韩国国际会展中心 新加坡金沙国际会展中心 （图片来源：金沙国际会展中心官网 http://zh.marinabagsands.com/）

第五节　会展建筑案例与探讨

本节列举了5个会展中心案例，其中4个是正在设计或正在建设的中国案例，1个是美国的会展建筑更新改造案例，用以佐证在类型转译中提出的“街区式”“综合体式”会展建筑的新概念模型。虽然所举案例在开放性、多元性和可拓展性方面与概念模型不尽相同，但其内部的生成逻辑是一致的，这也反映了面向城市发展的中国会展类型和国际近期的会展发展正朝这两个方向的演变。

一、城市共享化的综合会展建筑——佛山（潭洲）会展中心

广东佛山（潭洲）会展中心位于佛山市顺德区的北滘上僚，东邻广州南站、西接佛山新城核心区、北靠佛山中心城区、南连顺德城区，是广佛一体化的重要联系通道和广佛同城发展的关键节点（见图7-15）。该项目的开发对于整合并促进佛山产业发展，提升城市综合职能，展示城市形象均具有十分重要的意义。

图7-15　佛山（潭洲）会展中心整体效果图

（图片来源：华南理工大学建筑设计研究院有限公司）

方案通过一条贯穿南北的景观轴线将三个地块有机联系起来，用开放连续的中央生态走廊将城市的会展商务空间一直延伸到潭洲水道的滨水景观带（见图7-16）。流动的脉络将会展各个功能组块连接在一起，让生态绿色与会展商务、城市活动交织，将岭南水乡的文化重新吸收，激活城市中轴空间的活力，成为会展中心的主轴。

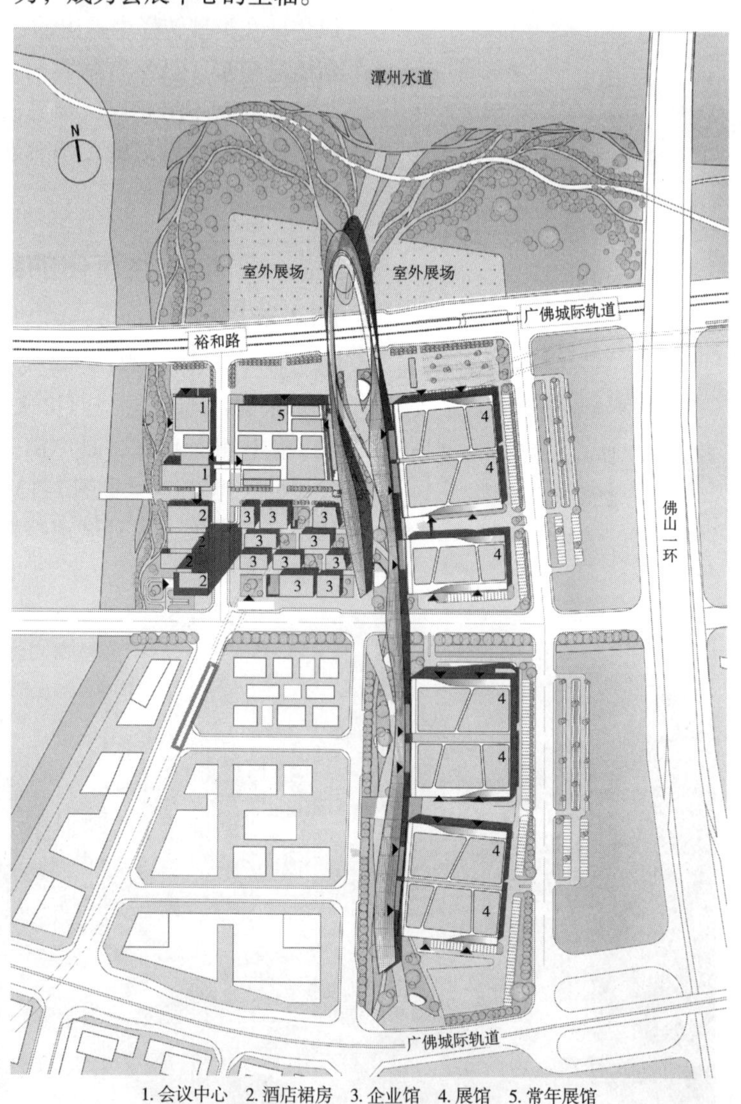

1. 会议中心 2. 酒店裙房 3. 企业馆 4. 展馆 5. 常年展馆

图7-16 佛山（潭洲）会展中心方案总平面图

（图片来源：华南理工大学建筑设计研究院有限公司）

1. 功能布局设计

总平面在主轴东侧布置7个标准展厅单元，展厅采用双拼的复合式布局，总面积约为 7 万平方米。由于采用复合式布局，标准展厅的组合可以更加多样，以适应不同展览规模的需要。货运沿佛山一环高架路一侧道路布置，每组展厅均设有卸货场地。主轴西侧布置常年展厅和散落的企业馆，面积分别为 2.4 万平方米和 1.2 万平方米，在其间还设置了一条东西向的商业次轴，以相对亲和的尺度应对城市空间。商业轴与会展主轴垂直布置，从东侧会展主轴一直延伸至西侧新从河道对岸，使东西向功能地块紧密相连（见图 7–17a）。商业轴南北两侧布置了四大功能部分：常年展厅、企业馆、会议中心及酒店。此区域不仅作为标准展厅的功能补充和使用配套设施与展厅区紧密结合，同时也是一个可相对独立运营的模块，包含了企业产品展览及销售、会议商务、商业购物、餐饮、休闲娱乐等使用功能。

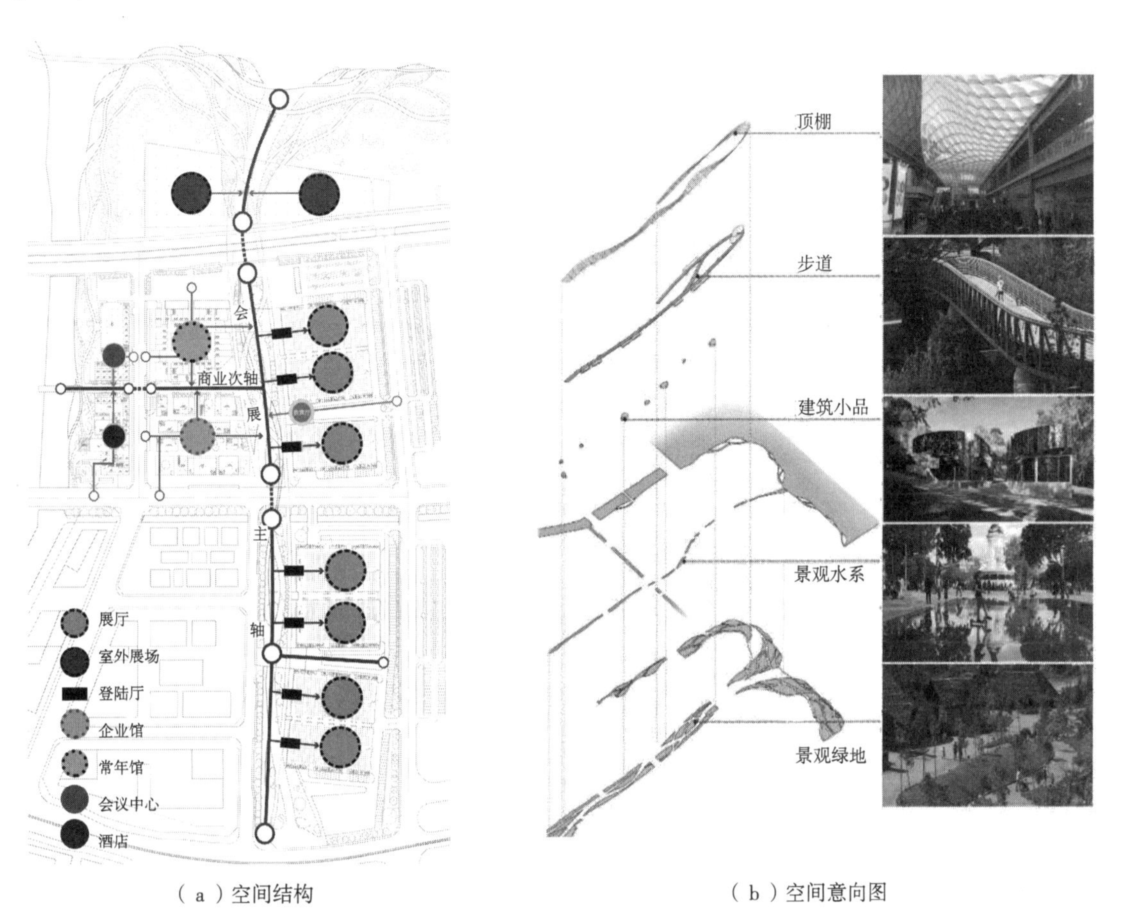

（a）空间结构

（b）空间意向图

图7–17　佛山（潭洲）会展中心方案空间图

（图片来源：华南理工大学建筑设计研究院有限公司）

2. 开放式主轴与城市互动关系

会展主轴的大型生态中央走廊采用开放式的设计，它并非传统意义的一个只有会展期才开放的单一交通功能的主轴，而是一条具有开放性和大众参与性的步道。中央走廊的景观由浅水面、景观步道及绿化植物构成，充分体现了建筑与自然相融合的设计理念。生态走廊的南北两端完全开放，北端连接滨水景观带，使城市空间完全渗透到自然景观中（见图7-17b）。在闭展期间，生态走廊就是城市空间的一部分，类似于一个城市绿带，可以定义为城市与建筑的共享空间。主轴北端连接了一个广场，它兼具建筑功能和城市功能，在会展时期可以作为室外展场使用，非会展时期可作为公共集会广场或室外停车场使用。

会展中心除了展览以外还考虑了多种使用功能，在闭展期间也能成为市民活动和商业交流的新平台。常年展厅部分不受展览淡季影响，全年都可以成为展示地方企业文化与实力的理想平台。标准展厅开展或闭展期间，均可以为参展观展人员、旅游人士、本地市民等提供丰富的城市活动空间，焕发持久的城市活力。

3. 开放空间的地域气候适应性设计

佛山属于亚热带季风气候，夏热冬暖，夏季湿热。主轴设计为生态中廊，采用半开放式而非能耗较大的封闭式设计，充分利用遮阳屋架和覆膜等节能措施减少中廊的热辐射。

考虑到当地的主导风向，在规划布局时很好地利用建筑布局引导风流，使会展主轴同时成为自然通风的“风廊”，从而达到会展主轴乃至会展展厅可有效通风排热的效果，再配合主轴上的遮阳屋架、太阳能薄膜光伏板、水雾降温等措施，基本可以在不使用空调设备的情况下达到舒适要求，大大减少了碳排放对环境的污染[①]。

二、开放式的多功能会展建筑——保利世贸中心

1. 项目概述

保利世界贸易中心为广州市保利国贸投资有限公司投资兴建的一个重点项目，位于广州市琶洲会展区南侧，北面和西面分别为广州琶洲国际会议展览中心二期和三期，其东侧为中洲

---

① 侯晓，倪阳．基于“环境共生思想”的会展综合体创作探索——以佛山（潭洲）会展综合体设计为例［J］．武汉：华中建筑，2017（3）：39–45.

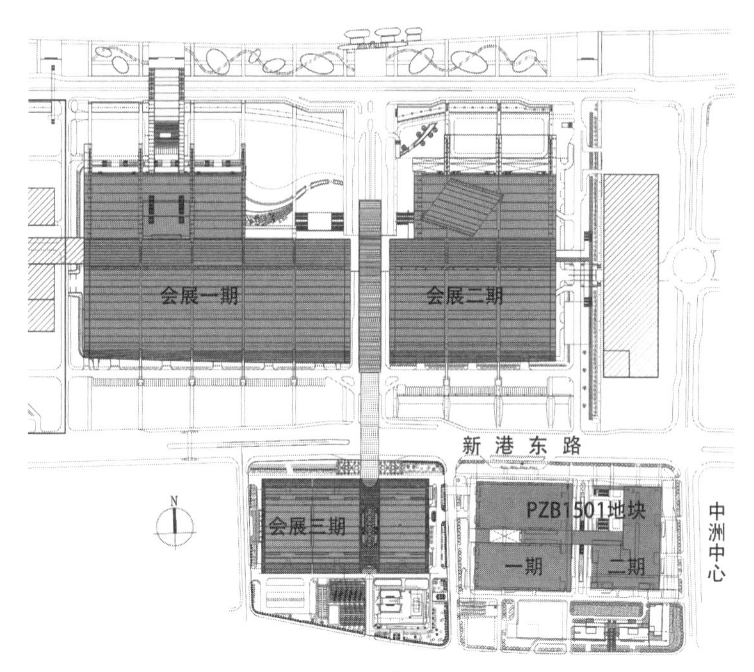

（a）广州琶洲国际会议展览中心与保利世贸中心总平面位置示意图

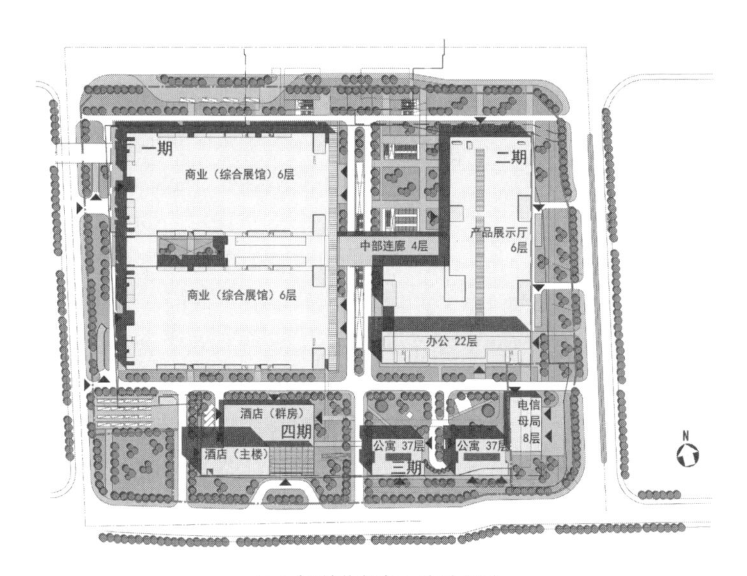

（b）保利世贸中心总平面图

图7-18　保利世贸中心

（图片来源：华南理工大学建筑设计研究院有限公司）

中心（见图7-18）。该项目是琶洲地区具有国际先进水平的展览中心。项目分为四期实施，一期为标准会展展馆，二期为产品展示馆（常年展）及办公塔楼，三期为公寓，四期为写字楼。在项目开发设计过程中，充分考虑了其优越的地理位置，

图7-19 保利世贸中心东南侧实景图

（图片来源：华南理工大学建筑设计研究院有限公司）

在功能组合布局、与城市空间契合、开发模式等方面深化设计，力求打造一座开放且可持续发展的综合性会展建筑。

2. 内部功能的联动共生

与常见的单一会展功能的会展建筑不同，保利世贸中心是一个集会展、品牌展示馆（常年展）、商业、餐饮、写字楼、公寓等多种业态的会展综合体，其定位不同于与其一路之隔的以会展为主导的特大型会展中心——广州琶洲国际会议展览中心。保利世贸中心是广州琶洲会展区功能组合最为齐全的会展综合体之一。

保利世贸中心一期工程共三层，有6个标准展馆，采用并联式布局，每个展厅约11 000平方米，可容纳640个国际标准展位，总展位数3 862个，其国际标准的现代化展览设施能满足举办各类大型展览的要求。二期为6层的产品常年展示厅及22层的办公塔楼，地上建筑面积共约13.8万平方米，常年产品展示厅现为吉盛伟邦家具展销中心。三期为两栋37层的酒店式公寓，四期为高档写字楼（见图7-19）。

保利世贸中心是多种功能空间复合共生的建筑，会展功能通过与其他主要功能结合发挥联动作用。首先，会展功能与零售型商业进行联动，设计上有意在一期、二期之间的地下一层设计了一条下沉式的商业步行街，并将步行街与地铁出入口很好地结合在一起。同时，一定规模的零售型商业和常年展可以带来长期且较为固定的人流，配合相关产品定期的会展展览活动，不但能带动零售型商业活动，同时也对会展的使用率有显著的提升。同时，二期和四期的超甲级展贸式写字楼拥有“办公 + 展贸”双效合一的优势，加上与展馆的近距离对接，参展商可随时将客户从会展现场带入写字楼进行深入洽谈。该中心再配合三期独立运营的公寓住宿功能，既能满足商务人士的中长期居住需求，也可以满足会展时期的高峰住宿需求，从公寓到展馆和办公区域仅数分钟步行距离，缩短了客户参展行程。

保利世贸中心中各功能的联动共生不但能使会展建筑中会展功能与其他功能相互借用实现整体的长效使用，而且通过功能联动使其内部联系更加紧密、更富有竞争力。

3. 保利世贸中心与城市街区开放

保利世贸中心不同于常见的封闭式会展建筑，完全开放的布局积极与城市空间沟通，通过入口架空柱廊及建筑物的有序

图7–20　保利世贸中心入口实景
（图片来源：华南理工大学建筑设计研究院有限公司）

组合，创造壮观的城市广场空间（见图7–20）。该广场与广展中心东入口相对应，为整个保利世贸中心的人流集散地，巨型的混凝土门架与建筑物浑然一体，结合巨型广告营造出充满活力的城市空间，形成亮丽的城市客厅。该“门廊”构筑物界定出城市的外部空间与综合体的内部空间，并将城市空间引入场地，实现城市空间和综合体空间的相互渗透。内部广场空间立体而有序，广场两侧分别是两个标准矩形展馆与反L形的常年展示馆，通过35米宽的架空连廊连接，T形的交通空间以通透的玻璃盒形态与实体交融形成强烈的虚实对比。通过架空连廊可到达中部休闲区域，此区域中的下沉广场中有餐饮、零售商业等功能，而其后又是一进的内广场。门廊、广场、下沉广场和架空连廊的空间组合序列完成了内外空间和城市空间与不同功能空间的转换和定义，将人流引入建筑内部，为人的活动创造了多种可能性。

保利世贸中心北面地下通道与广展中心二期相连，西行接驳其三期，与周边各会展项目形成“田”字形循环采购圈。人流、车流、物流各有明晰的线路，以南北中轴线结合城市广场作为人流主要集散地，以东西两侧较隐蔽的区域作为货场，以确保入口广场明快整洁，通过地下通道和人行天桥并配合公交和地铁接驳将人流引入，成为琶洲展览建筑群中最活跃的综合性展览建筑。

保利世贸中心完全开放式布局的优势在于：①建筑作为一个“小型城市”，其建筑体量和交通组织均可以与周边城市设计融合为一体，使之变为城市的有机体。②其外部公共空间影响力不仅体现在空间本身，而且使周边的配套设施、会展综合体的多种功能成为公共空间的一部分，使其能满足使用者的一些基本需求，具有便利性。③会展综合体的外部空间由于兼具疏散需求通常有比较大的广场，为举行各种商业或非商业活动提供平台，加之多种功能的配合带来的足够人流，使其能够作为城市触媒点并增强空间的影响力。

4. 保利世贸中心的渐进式开发模式

通常会展建筑都是采用一次成型的开发建设模式，这种开发方式虽然周期较短，但过于强调建设速度容易造成对未来变化适应性准备不足的问题，同时也制约了进一步发展的可能性。因此，保利世贸中心摒弃了“一次成型化”的开发模式，转而寻求更加具有弹性和适应性的“渐进式”分期建设方式。为了确保经过几期的建设后，整个会展综合体能够成为一个有机的整体，保利世贸中心每一期的建设都为后期的建设留有余地和连接部位，事先设计好独立的出入口和交通体系，保证在之后几期的施工过程中，不影响前期建筑的独立运营。

这种“渐进式”的开发模式使得保利世贸中心能够适应市场环境、政策环境等共生环境的变化，为整个会展综合体的动态化调整和不断完善提供可能性。随着保利世贸中心第四期建设完成，整个系统也构建完成。从第一期开发到第四期建设完成，经历了近十年的时间。在此期间，随着琶洲会展区逐步发展成熟，保利世贸中心每次进行下一期的建设前都会根据当前共生环境进行预判和适度调整，使其不断完善。比如，最初定位第四期作为五星级酒店，而经历了多年的开发后，综合考虑区域环境需求和内部共生效果，第四期最终确定为写字楼并建设完成。

三、开放式的综合体会展建筑——保利海棠湾会展中心

1. 项目概述

保利海棠湾会展中心（见图7-21）位于海南三亚东部海棠湾的林旺片区，距离三亚市区28千米，距离三亚凤凰国际机场40千米，项目所在地海棠湾与亚龙湾、大东海湾、三亚湾、崖州湾并称三亚五大名湾。场地西北面距离解放军301医院海南分院约800米，东面距离海边约2000米，北面紧邻林旺南安置区。根据规划要求，场地分成两个契合的L形部分，西南侧会展用地面积约为8万平方米，限高30米。东北面商业、公寓、酒店用地约为7.5万平方米，限高80米。通过前期策划协调，计划将该体块作为社区中心整体打造成会展城市综合体。

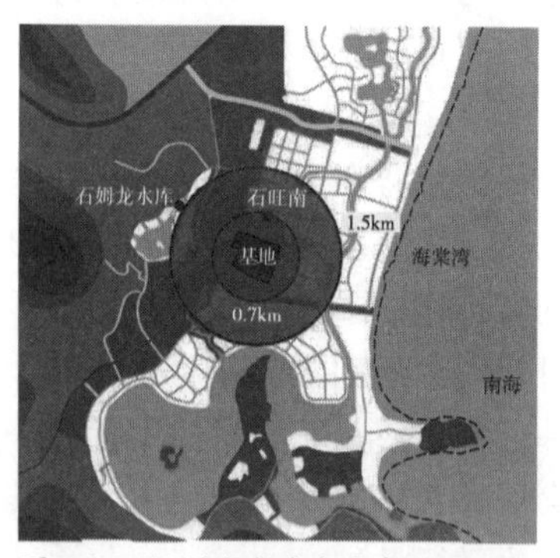

图7-21　保利海棠湾会展中心区位图

（图片来源：MJP与华南理工大学建筑设计研究院有限公司联合体）

2. 总平面布局设计

保利海棠湾会展中心项目属于中小规模的会展中心，选址于住宅和度假酒店聚集的区域。该项目定位为旅游资源导向的综合服务型会展综合体，属于综合式会展建筑类型，所不同的是它是开放式的。该项目包括会展区、综合休闲服务区两大部分。会展区包含展厅、会议厅，综合休闲服务区包含商场、酒店、公寓（见图7-22）。

在方案总平面布局上，一条承接城市轴线关系的中央景观

图7-22　保利海棠湾会展中心

（图片来源：MJP 与华南理工大学建筑设计研究院有限公司联合体）

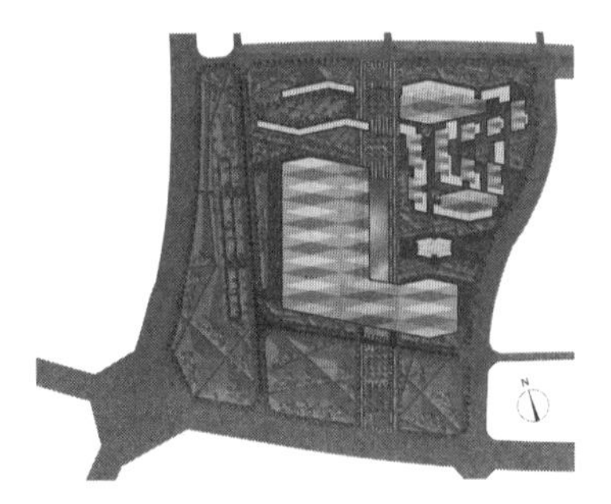

（a）总平面图

（b）鸟瞰图

主轴将整个地块分为东西两部分。在南面会展用地区中，会议中心和会展中心分别布置于中央主轴的东西两侧，周边毗邻城市绿地公园；北面的综合休闲服务区主要布置了退台式公寓和聚落式的点式商业（因场地周边已有大型商业中心），考虑到功能联动作用，酒店布置于公寓、商业中心与会议中心之间，紧邻中央主轴线，与会展中心对望（见图7-23）。中间既是热

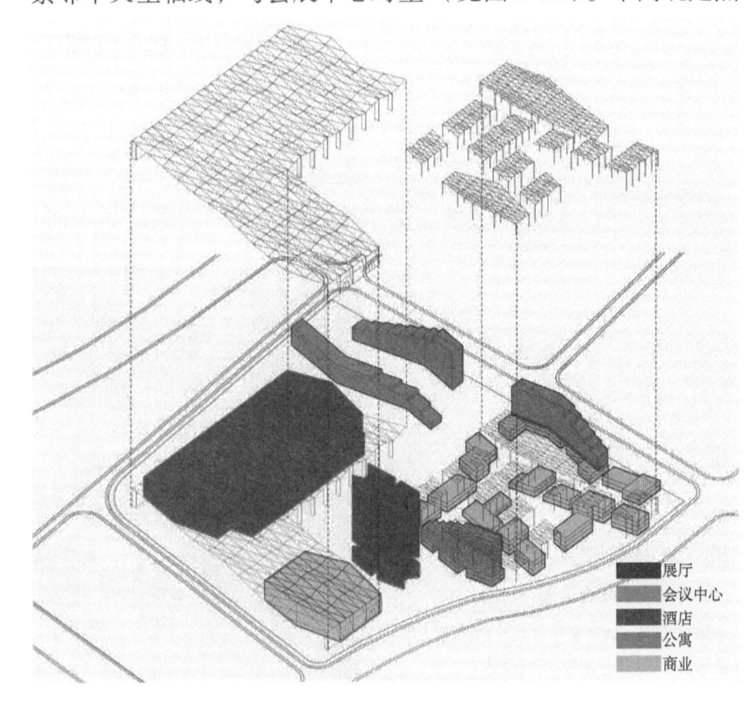

图7-23　保利海棠湾会展中心功能布局

（图片来源：MJP 事务所与华南理工大学建筑设计研究院有限公司联合体）

带景观轴线，又是两个功能区之间的仪式性广场，同时也兼作室外展览场地。

3. 保利海棠湾会展中心多元化的功能组合

保利海棠湾会展中心是一个以会展展厅、会议中心、酒店、公寓、商业组合而成的多元化会展中心。其中，展厅为场地中最大体量的建筑，最大跨度80米，高度20米，主体空间为一层，后勤等服务空间局部2层。由于展厅面积不大，故采用了串联式的布局手法。串联式展厅布展面积1.6万平方米。会议中心高度为20米，分为两层，包括12个中型会议室、18个小型会议室、1个阶梯报告厅、1个宴会厅。场地中的高层塔楼为酒店，高度达到80米，标准层高3.5米，每层容纳大约30个房间。公寓为逐层退台的板式单廊建筑，层高3米，可提供50平方米、100平方米的主要户型。商业功能主要设置在2至3层，并以点式空间的形式存在，部分公寓的底层也有商业功能。

在经营上，一方面，会展活动可以配合与旅游相关的商业、娱乐活动，实现共赢；另一方面，在会展活动和商业娱乐活动分开时，会展区可独立运营，综合休闲服务区的商业、酒店功能也可以服务于周边社区的日常需求。另外，整个会展中心向公众开放，尤其是中央生态步道为城市提供了优良的城市休闲空间。

4. 保利海棠湾会展中心对城市的开放

保利海棠湾会展中心对于城市的开放主要体现在两个方面。首先，项目整体上有一条顺应城市轴线走向的中央公共生态主轴（见图7–24），该主轴采用全开放式设计，它不仅是周边各种功能的集散广场，而且是城市的共享休闲空间。中央主

图7–24　保利海棠湾会展中心主轴空间效果图

（图片来源：MJP事务所与华南理工大学建筑设计研究院有限公司联合体）

轴承接了城市轴线，并在主轴两端设计了两个入口形象广场，中部主体部分为中央艺展广场，平时为市民日常休闲广场，也是会展中心的室外展览场地。

其次，大尺度线性主轴空间周边的各功能区都有独立的小型广场或休闲绿地，各广场和绿地空间在与主轴产生连体的同时，也兼具了与场地之外的联系，是场地内外联系的桥梁（见图7–25）。会展中心开放的设计不仅促进了场地中各功能分区的联动与共享，也为城市周边区域提供了丰富的活动空间，使城市因开放的设计而充满活力。

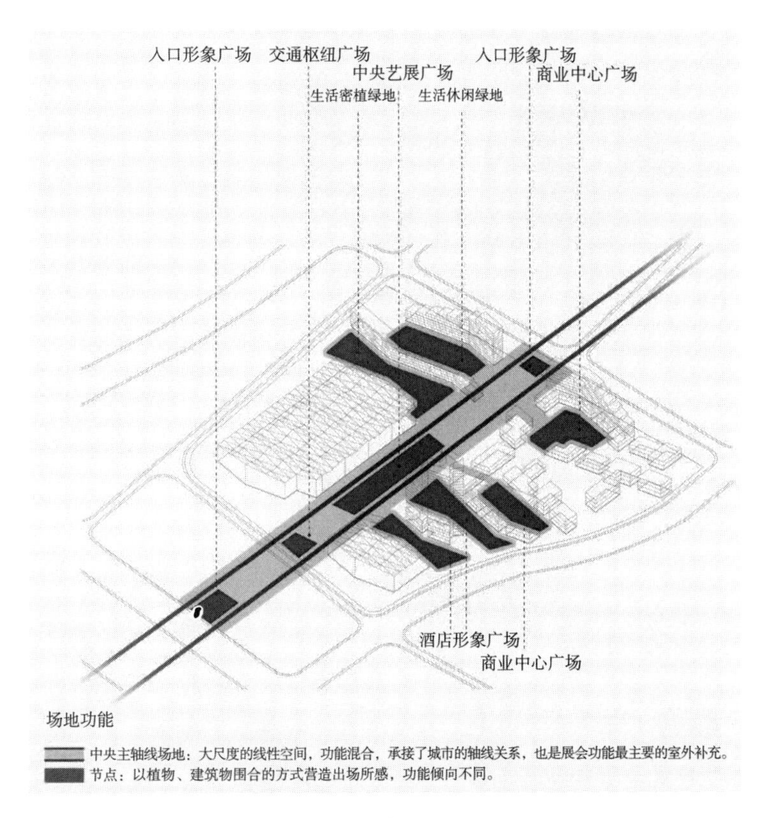

图7–25　保利海棠湾会展中心开放空间布局图

（图片来源：MJP事务所与华南理工大学建筑设计研究院有限公司联合体）

保利海棠湾会展中心设计是对开放式综合体式会展建筑类型的一种尝试。首先，在设计上将会展建筑所需的餐饮等商业服务功能剥离开来，并将之与综合体休闲服务区整合在一起，形成一个向社会开放的服务空间，使该部分功能不会因为会展的闭展而影响其使用效率。其次，以会展中心作为引擎，结合服务配套，打造一个集会议、展览、酒店、公寓、商业、娱乐、休闲为一体的开放式城市综合体，为周边区域提供一个功能丰富的会展、旅游、休闲商圈。最后，通过两大区之间的空间咬合，形成一个开放而有热带风情的城市广场，不仅具有室外展场的功能，还是一个大型的城市 “客厅”，一个城市的表演舞台（见图7–26）。

图7–26　保利海棠湾会展中心主入口空间效果图

（图片来源：MJP事务所与华南理工大学建筑设计研究院有限公司联合体）

四、渐进式发展的会展建筑——香港会议展览中心

香港会议展览中心位于香港特别行政区香港岛湾仔区的北部，面临维多利亚港。从1988年首期工程开始，便以会展综合体的形式出现，大约过10年就有一次大规模的扩建，属于先综合后扩展的渐进式开发模式（见图7–27）。

图7–27　香港会议展览中心两次扩建过程示意图

扩建部分

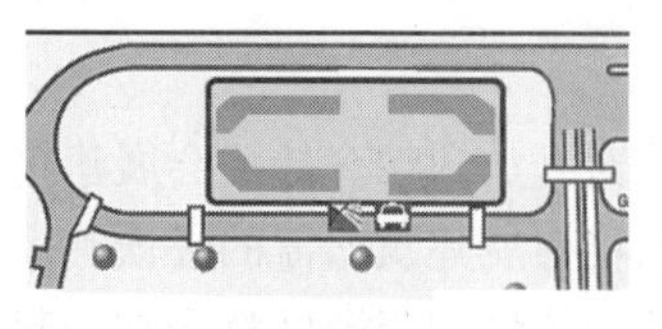

（a）1988年首期工程

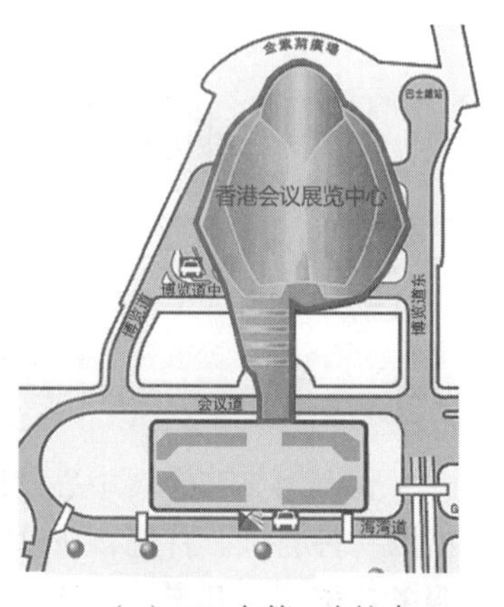

（b）1997年第一次扩建

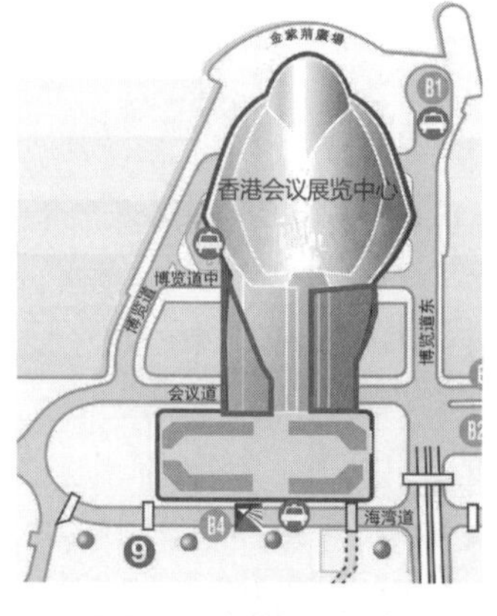

（c）2009年第二次扩建

1. 1988年首期建设

1988年11月25日，香港会议展览中心开业，建筑面积9.3万平方米。尽管现在看起来属于小规模的会展中心，但在会展

图7-28　1998年的香港会议展览中心外景图

（图片来源：香港会议展览中心官网 http://www.hkcec.com）

业还不发达的当时，已经是亚洲最大规模的会议展览场地（见图7-28）。其总体布局呈矩形，高51米的裙楼平台上有两栋酒店，还有办公楼及酒店式公寓各一栋。裙楼的主要功能是展览、会议以及宴会，各自设施完备且功能极度综合化。

1988年开业之初已经有250项大型会议和展览活动预定，预定日期一直到1992年。香港强劲的市场环境需求是推动其启动扩建工程的动力。

2. 1993—1997年第一次扩建

1993年在会展新翼的国际竞标中，美国芝加哥的SOM公司和香港的王欧阳事务所赢得了扩建项目。由于会展中心位于拥挤的城市中心地带，地面已没有扩展余地，因此扩建部分最终选定在维多利亚湾填海而成的人工岛上，通过连廊与一期相连（见图7-29）。扩展后的会展面积大大增加，达到了24.8万平方米。香港会议展览中心在1996年11月被确定为举行香港回归仪式场所，这也使得其被赋予了人文历史的纪念意义，成为香港的新地标。

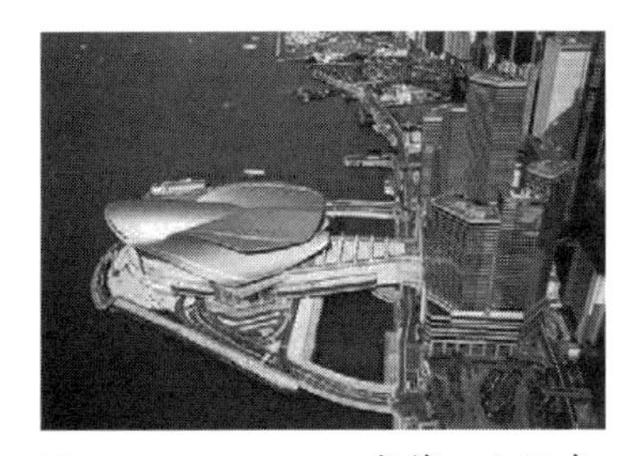

图7-29　1993-1997年第一次扩建的展览中心外景图

（图片来源：香港会议展览中心官网 http://www.hkcec.com）

香港会议展览中心凭借完善的设施和优越的地理位置，承办了许多高级别的会展活动，在业界赢得了不少声誉，这也使得会展场地常年供不应求。同时，在香港周边的珠三角地区多个大城市的大型会展中心相继落成，也从侧面加速了会展中心的第二次扩建。

3. 2006—2009年第二次扩建

图7-30为2006—2009年香港会议展览中心第二次扩建的外景图。在香港终审法院否决了填海计划，还要不影响展览中

图7-30　2006-2009年第二次扩建的展览中心外景图

（图片来源：香港会议展览中心官网 http://www.hkcec.com）

心具有纪念意义的外观、不影响区域交通等诸多限制条件下，第二次扩建计划重建一、二期的连廊，将其扩展为两层的大型展馆，又增加了9.1万平方米的展厅面积。

4. 未来更新计划

市场瞬息万变，随着中国内地珠三角区域超大型会展逐步发展成熟，再加上澳门多个超大型酒店综合体落成且具备承办高端会展的能力，香港酒店业主联会与香港展览会议协会组成联盟，向香港特别行政区政府提交策划，筹备香港会议展览中心的下一次更新。

尽管未来进一步的优化更新方案还没有确定，但纵观香港会议展览中心几十年的更新历程，市场环境成为推动其更新的主要动力，中间也存在文化环境的共同推动，使其在保持和周边城市环境的和谐共生的前提下多次通过增加部分功能以持续高效产生共生利益。

五、与城市环境共生的会展建筑——旧金山Moscone会展中心

1. 项目概况

旧金山Moscone会展中心位于美国西海岸第二大城市旧金山，繁华的城市中心区Howard街与第四街交会的十字路口处，是一个完全开放并分散融入城市街区的综合性会展中心（见图7–31）。Moscone会展中心建于1981年，是旧金山经济引擎的重要组成部分，占该市旅游业的21%。Moscone所在地区拥有旧金山市优秀的文化机构，如旧金山现代艺术博物馆、Yerba Buena中心，并且周边的酒店、商业区和住宅密布。如今的Moscone会展中心由三个部分组成，南厅、北厅和西厅，Howard街从南北厅之间穿过，第四街从西厅和北厅之间穿过（见图7–32）。

从Moscone会展中心的发展历程来看，在过去的30年里几乎是每11年经历一次较大的改扩建。南厅于1981年最先建造完成，之后Esplanade宴会厅和北厅分别于1991年和1992年完成。第三次大规模扩建的是西厅，于2003年开始运营。如今的Moscone会展中心是旧金山最重要的会议和展览设施，创造了一个生机勃勃的市中心区的核心，也是旧金山城市旅游产业至

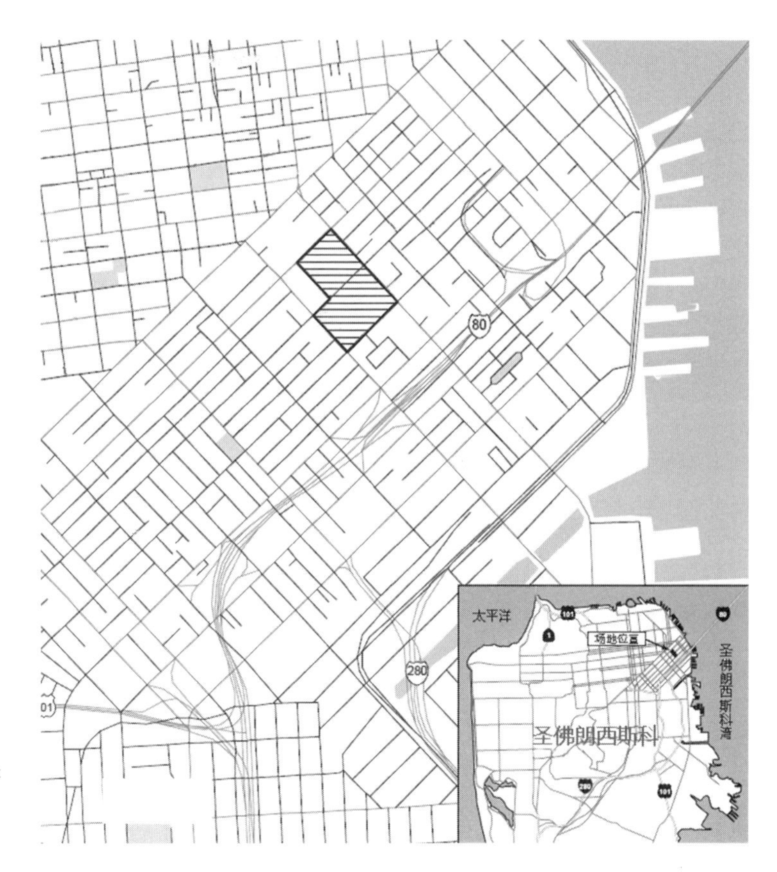

图7-31　旧金山Moscone会展中心区位图

(图片来源：Moscone Center Expansion Project Planning Department Case No.2013.0154E，SOM事务所)

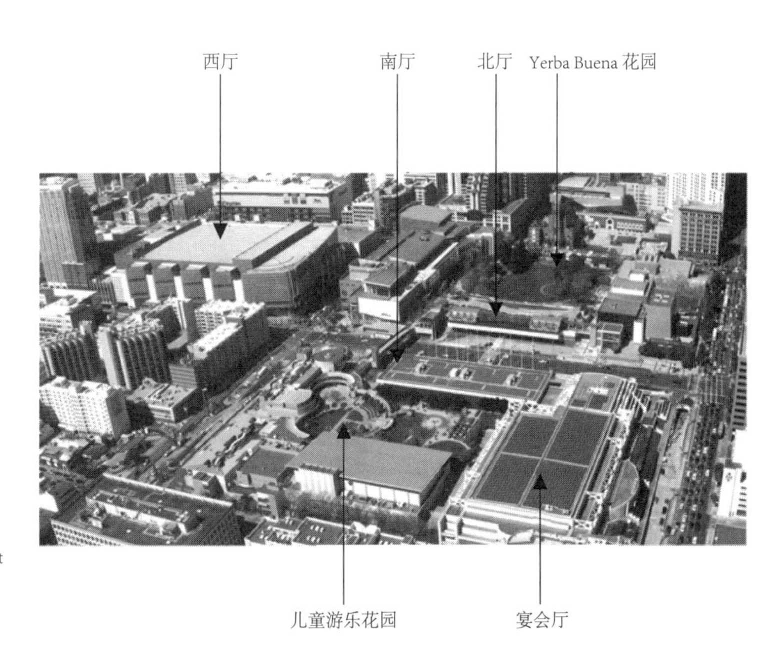

图7-32　Moscone会展中心场地及周边环境

(图片来源：Moscone Center Expansion Project Planning Department Case No．2013.0154E，SOM事务所)

关重要的保障。Moscone 会展中心有超过 185 806 平方米的建筑面积，包括超过 5032 平方米的展览空间，以及 106 间会议室和近 11 427 平方米的大厅。

2. Moscone 会展中心扩建过程

通过对美国各大会展中心的考察发现，Moscone 会展中心比全美 12 个被认为最具竞争力的会议中心都要小，特别是在展览空间方面。同时，在每平方米的会议空间中，Moscone 的可使用会议面积只有竞争对手的一半，因此导致 Moscone 会展中心业务的大量流失。

SOM 事务所（Skidmore，Owings & Merrill LLP）在研究了 Moscone 会展中心面临的困境之后与 Mark Cavagnero Associates 共同提出了新的改造扩建方案，并付诸实施，于 2018 年 6 月完工。Moscone 会展中心扩建项目的范围主要是 Howard 街两侧地块的南北厅及其周边位于第三街和第四街之间的城市空间。项目总占地面积约 76 923 平方米。该项目的改造将为 Moscone 会展中心增加更多且更为连续的展览空间，以应对各种规模的会展活动，使其在全美范围内保持竞争力。新扩建的空间增加了 27 870 平方米的功能区域，包括展览厅、会议厅、宴会厅及其辅助功能区，以及一系列的城市设计和街道景观改造，旨在改善 Moscone 会展中心与 Yerba Buena 社区的联系，并为周边居民和企业提供大量的自行车、行人活动空间，并改进城市设计（见图 7–33）。

图 7–33 Moscone 会展中心改造完成效果图

（图片来源：Moscone Center Expansion Project Planning Department Case No．2013.0154E，SOM 事务所）

表7–5 为 Moscone 会展中心扩建前后功能指标对比情况。

表7–5　Moscone 会展中心扩建前后功能指标对比

楼　层	现　状		扩建后	
	功能①	面积 / 平方米	功能①	面积 / 平方米
负一层	展览	40887	展览	53883.7
	—	7432	—	—
北厅负一夹层	—	—	—	—
南厅负一夹层	会议	1765	会议	650
北厅首层	大堂	1440	大堂	2295
南厅首层②	大堂 / 交通	2025	大堂 / 交通 / 多功能厅	4822
南厅夹层②	大堂 / 前厅 / 宴会	4580	大堂 / 交通空间 / 宴会厅 / 会议	6475
北厅二层	—	—	前厅	827
南厅二层②③	—	—	前厅 / 宴会厅 / 会议	7060
南厅三层②	—	—	前厅 / 会议 / 平台	6511
配套用房		54367		58379
总计	—	112487	—	140904

注：（1）①各层面积都包含配套空间，交通面积不包含在功能空间面积内；

②包含 Moscone 南厅和步行道；

③包含步行天桥。

（2）数据来源于 SOM 事务所。

3. 建筑的扩展与城市空间界面的共生

改造方案将 Moscone 北厅和南厅向 Howard 街延伸，垂直于沿街步行道（见图7–34）。Moscone 的北厅扩建在沿 Howard 街的大堂增加一层，总高度约为 16.5 米，使得这座建筑的高度比现有的 Moscone 北厅和餐厅体量大约高 3 米（见图7–35）。

Moscone 的南厅扩建将在沿 Howard 街的大厅增加两层，总高度约为 29 米。Moscone 的南厅向 Howard 街马路边缘步行道的界面扩展，这一措施将扩大大堂面积，顶层界面离 Howard 街的北边界约 10.7 米处作为屋顶平台使用。

在立面上，在 Howard 街和第三街地面层将使用玻璃幕墙作为与街道的界面。上层的外立面将被金属板、玻璃幕墙和石

图 7-34　Moscone 会展中心南北厅及周边改造后剖面图

（图片来源：Moscone Center Expansion Project Planning Department Case No.2013.0154E，SOM 事务所）

图 7-35　Moscone 会展中心北楼 Howard 街沿街立面

（图片来源：Moscone Center Expansion Project Planning Department Case No.2013.0154E，SOM 事务所）

材所覆盖。建筑总体呈现一种现代设计风格，旨在与周围现有结构完美协调。同时，设计师也在寻求一种标志性的感觉，以提高 Moscone 的公众形象。通过引入连廊和过街步道来拉近南北厅以及与市民的距离。该项目设计了两座步行桥，其中一座是在 Howard 街现有步行天桥的基础上进行升级改造，另一座连接了 Moscone 南北厅的高层部分。两座天桥将为 Moscone 的参会者提供更为通畅的交通路线，并大大减少街道拥堵的问题，同时也保留并优化了 Howard 街上从 Yerba Buena 花园到对面公共文化设施的公众通道。

4. 与城市空间的互动——城市共享空间的优化

Yerba Buena 社区公共空间总体规划设计之初 CMG 景观建筑事务所便有参与，如今又参与到会展中心扩建项目的景观设计改造中。CMG 认为 Moscone 会展中心在设计时就是以一个融合在城市街区、完全开放式的状态存在，南厅和北厅周边两个开放的广场形成了良好的城市共享空间。在过去的很多年一直以一个较为融洽的关系与城市及周边街区共处，但 Moscone 会展中心目前还没有充分发挥其作为社区繁荣中心的潜力。因此，CMG 的关注点是改进 Moscone 会展中心周边的城市公共共享区域。

CMG 的设计包括优化街道生活功能、改善公共花园以及儿童游乐园，通过 Howard 街的人行道更好地与城市步行系统连接，改善与 Yerba Buena 花园连接的新步行天桥以及建造更加安全、舒适的人行道。在诸多优化方向上，最核心的挑战是如何将这些分散开来的空间合理地联系在一起，创建一个连续的空间，给人以连续的空间体验感。

项目将连接 Howard 街两侧的开放式步行天桥进行改造。原先的步行天桥路线单一枯燥，同时下桥的路径过于曲折，因此使用率一直不高。经改造后，新的天桥桥面为充满活力的室外花园，作为南北两个花园在 Howard 街上空的延续（见图 7–36、图 7–37）。南厅后面的城市共享空间的改造包括改善儿童游乐园、提升公共座位区，重新配置现有的草坪、卫生间和花园存储以及沿 Esplanade 宴会厅的公共广场。

项目还通过重新配置公共和会议中心的公共通道，Moscone 南厅附近的拟开放的空间将从 9290 平方米增加到 10 963 平方米（不包括人行道，但包括内部人行路径）。儿童游乐园使用的部分将从 3595 平方米增加到 3633 平方米（见图 7–38）。总的来说，该改造方案增加了 Howard 街以南约 1626 平方米的公共开放空间，同时还保留了儿童游乐园的空间。

SOM 团队通过设计不但优化了原街区式展馆的动线关系，增加了 3 万多平方米的使用面积，同时激活了周边的城市空间和社区活动。

图 7–36　Howard 街上空步行天桥景观

（图片来源：Moscone Center Expansion Project Planning Department Case No. 2013.0154E，SOM 事务所）

改造前

改造后

图7-37　原有步行天桥与改造后的步行天桥

（图片来源：Moscone Center Expansion Project Planning Department Case No．2013.0154E，SOM 事务所）

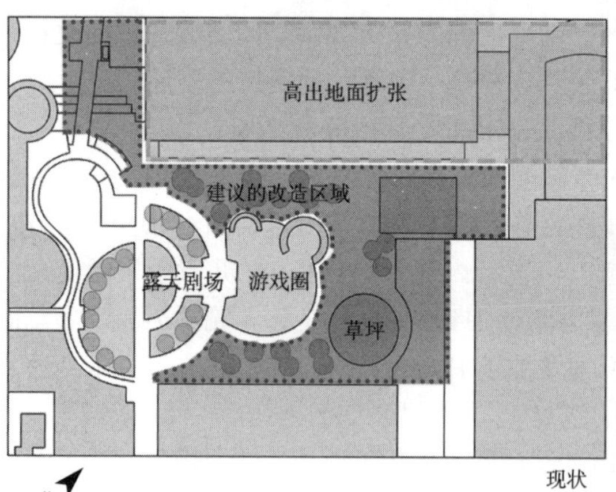

现状

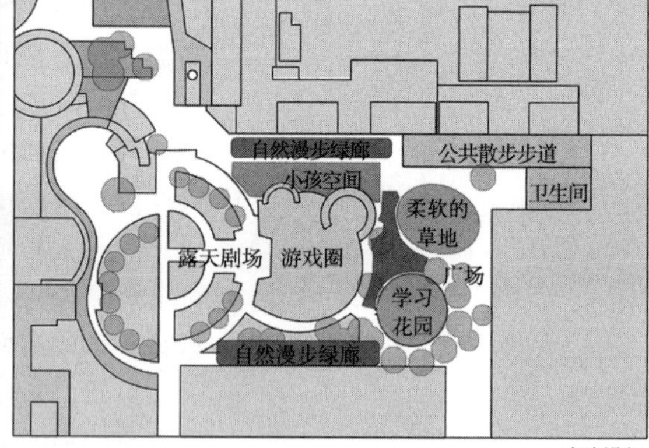

改造设想

图7-38　儿童游乐园改造前后对比图

（图片来源：Moscone Center Expansion Project Planning Department Case No．2013.0154E，SOM 事务所）

第八章 结语

中国会展业不断发展，已成为推动社会经济增长的新动力。根据商务部发布的数据，2016 年我国会展业直接经济产值已经达到5283 亿元，并创造了巨大的间接经济价值。会展业的快速发展直接推动了其上游基础设施——会展建筑的快速发展。

现代会展业发源于欧洲，中国的会展业及会展建筑的发展经历了从外引到内生的过程。近一百多年来，中国会展业及会展建筑类型发生了四次大规模的引入，每一次的引入都深刻地影响了当时会展业的发展。第一次是在清末民初，第二次是在中华人民共和国成立初期，第三次是改革开放时期，第四次是在2000 年前后。最后一次的引进极大地缩短了中国会展建筑与发达国家的差距，也缩短了设计理念上的距离，并为今后国内会展建筑的发展和演变奠定了坚实的基础。每一次的引进都推动了会展建设的快速发展，但也暴露出一些问题，如会展建筑的选址与城市互动问题、会展建筑的类型选择与所在地会展经济的匹配问题、开展时潮汐式的交通压力问题、展馆闭展时期的使用率问题和会展的城市触媒效应问题等，这些都让会展业、会展建筑与城市之间难以达到应有的平衡。

目前，全国又掀起了新一轮的会展建筑建设热潮，例如刚完成不久的上海虹桥国家会展中心、深圳（宝安）国际会展中心，正在建设的天津国家会展中心、三亚海棠湾会展中心、晋江国际会展中心等，这些新的会展建筑的建成并投入使用必将影响到我国会展业的发展和其所在城市的经济和城市结构。

一、思考与结论

本书采用以类型学为主的研究方法，以城市发展和会展业发展为背景，将中国近现代各个时期的会展建筑按时序进行了细致的梳理和建筑类型提取，借以总结出其演变的脉络，同时归纳总结了各个时期的会展建筑的选址特点以及其与所在城市的互动关系和触媒效应。在此基础上，根据目前所面临的问题以及会展业出现的新趋势，为今后会展建筑与城市的互动发展提出一些具有建设性的策略以及适合我国城市发展的会展建筑新概念模型。

1. 会展建筑的选址应重视会展业的触媒效应

会展业是现代服务业的重要组成部分，是连接生产与消费的桥梁和纽带。它不仅能够促进供需对接、拓宽流通渠道，对城市产业及周边经济发展产生巨大的带动作用和放大效应，还能形成互促的良性关系，具有“以一带九”的联动优势[①]。

会展活动是非物质性的触媒，会展建筑是物质性的触媒，两者互为依托，协同作用，引起其周边区域业态相互增益干涉叠加，产生强化效应，从而推动城市的发展。由于触媒效应有链式反应和逐级递减的特点，所以在会展选址的时候应特别注意周边城市空间（街区）的连续性和用地的可拓展性，不应选址在周边缺少土地储备，或被江河、铁路、高速路等城市屏障物阻隔的地区。

在中国近现代会展建筑历史中，有多个成功的选址案例，其中广交会流花展馆就是一个典型的触媒案例。该馆周边由于当时有充裕的用地资源，再加上空间的连续性，使得该区域迅速发展成为以广交会为龙头，集批发、交通、酒店、办公、零售为一体的商贸中心，其影响辐射全国。广州琶洲国际会议展览中心由于用地周边受快速路、珠江河道及自然保护区的限制，储备用地较少且与城市周边的连续性受阻，经过15年的发展，仍未能形成联动优势，触媒效应得不到有效的释放。2016年深圳（宝安）国际会展中心在选址上又出现了类似的问题——用地被入海河道、高架桥隔离成“孤岛”，这必将对其今后会展的带动作用产生负面影响。

2. 加强会展与城市互动关系的研究

会展活动是重大的城市事件，它有人货流量大、潮汐式、持续时间长等特征，对城市基础设施是一个巨大的挑战。

纵观中国会展建筑发展历史，均反映出选址与当时交通方式紧密相连的特征。清末民初时的展览活动受限于当时的交通工具，一般选址在城市中心的公园或码头附近；1949年后，由于火车成为当时的主要运输工具，我国四座中苏友好大厦

① 即会展业本身的产值小，利用其产业关联效应能直接带动交通、旅游、酒店、金融、房地产、物流货运、零售等行业的发展。

均选在与火车站为邻的片区；改革开放后，由于高速公路的发展，会展选址开始与高速路、城市环线结合在一起；当今，会展建筑的选址有向机场交通枢纽发展的趋势。由于会展活动有人流、货流量大，即时性强的特征，一般认为应有三种以上交通模式才能平衡其在交通上给城市带来的压力问题。在这一方面，上海为全国树立了榜样——上海新国际博览中心在布局时除了开通6车道市政道路外，还分别在附近设置了3条地铁线、1条磁悬浮线及1条内环高速路，4种交通模式较好地解决了开展时的交通压力问题。新落成的上海虹桥国家会展中心同样采用了多种交通模式，虽然在开展之初因临近虹桥交通枢纽出现过较为严重的交通问题，但在调整后已得到明显的改善，目前已成为我国特大型会展中心在交通疏导方面的典型案例之一。

除了会展建筑与城市的交通联系外，还应注意会展与其周边区域的交通互动。一是利用会展的辐射功能，在其周边规划与会展业联动发展的配套服务功能区[①]，让本地参展企业及外来参展人员尽可能地驻留在展场周围，以减缓开展时潮汐式的巨大人流压力。二是利用周边地区的交通设施（BRT、公交、地铁等）将人群快速疏散到周边“缓冲”地区，然后再进行二次接驳，以缓解即时性人流和车辆的拥堵问题。

针对上述问题，本书提出了街区式的会展建筑模型，其方法是将大型会展建筑分切成若干个小型展馆并分布在各自街区中，与城市街区产生良好互动的同时也可大大改善进出会展建筑的道路数量和候车道路的有效长度，以改善和平衡会展交通压力。

3. 在建设会展场馆时应注重对会展建筑类型的分析和选取

罗西在《城市建筑学》中定义类型是某种先于形式且构成形式的逻辑原则，是一种与特定活动模式相对应的生成逻辑。通过对我国会展建筑演变过程进行分析可知，每个时期都有其特定的、相对应的会展建筑类型。即使在同一时期，也会因会展业的规模和展览模式的不同而出现不同会展建筑类型的选择和组合。现代会展建筑除了分散式、嵌套式，普遍采用的布局有串联式、并联式和复合式三种。串联式有较高的空间灵活性，更符合2万～3万平方米中小型展览对一体式展厅的要求；

---

① 办公、企业管理、酒店、公寓、服务业等。

并联式更适合大型会展对公平性的诉求；复合式兼有上述两种类型的特征，且更加节省用地，现已越来越多地出现在大型和特大型会展建筑中。

根据所承办会展活动的规模及模式选择适应的建筑类型，对会展建筑的有效运作至关重要。例如广州琶洲国际会议展览中心除了举办一年两届的超大型会展之外，还举办大、中、小型展览，所以在设计时有意在首层采用了串联式的布局，在二层采用了并联式的布局，以满足多种展览的需要。反观只采用了并联式布局的中国国际展览中心新馆，其布局模式未能适应北京地区展览数量巨大但展会规模偏小的客观情况，加之交通不便和周边配套设施不完善，使其开馆至今仍未达到预期效果。中国会展业发展迅速并朝着专业化、规模化、品牌化和国际化的方向发展，但在短时间内仍会以中小规模的展览为主。因此，每个城市应根据自身的情况选择最合适的建筑类型。

针对当前“互联网+”共享的发展趋势，以及对国内会展建筑现存问题的分析，本书提出了两个适合国情的新会展建筑模型——街区式和综合体式。前者适合大型或超大型城市的会展布局模式，其宗旨是将会展建筑拆分成若干个小型展馆（2万～3万平方米），让每一个小型展馆能更好地融入城市街区之中，再利用二层空中步行道将各展馆进行连接，使各展馆可分可合，以适用于不同的展出模式和规模。在实际案例中，广州保利世贸中心、深圳新国际会展中心已显示出街区式会展设计的趋向。综合体式则适合于会展业发展并不完善的中小城市会展建筑，在这类城市中由于会展建筑利用率较低，可将会展展馆与城市中心商业街结合成一个大型的会展商业综合体，使两者产生较强的联动作用而带动周边城市的发展，这种做法已经开始在国外出现并取得了良好的效果。

4. 会展建筑规模应兼顾经济发展和周边可持续发展

会展建筑规模应符合城市区位及经济发展的需求，同时兼顾选址周边的可持续发展。近些年国内会展建筑建设规模不断扩大，导致一些城市和地区对自身的经济潜力和在国家区位经济中的定位估计不足而草率开发。根据中国贸易促进会发布的《中国展览经济发展报告2016》，目前有76%的会展中心（主要在中西部、东北地区）场馆使用率不足10%，其有限的收入难以填补前期开发建设时的巨大投入并造成日常运营维护上的巨大负担。

从另一方面看，我国会展业发展良好的北京、上海、广州、深圳等一线城市，由于发展势头迅猛导致会展展出面积与市场需求脱节。由于前期规划时并没有预留用地进行可持续发展，造成其不断移址，新建场馆。移址虽然对带动新区经济有一定帮助，但会展业是一个覆盖面极大的服务性行业，会展建筑对其周边的配套业态均有着联动的效应，可谓牵一发而动全身。在这方面，国外会展选址的成功经验值得借鉴。如德国的法兰克福会展中心在1909年建成了世界第一座专业化展馆，由于对选址做了战略性规划，在往后的一百年里会展中心仍能不断扩建，加之其周围良好、稳定的配套功能，使之成为全球最成功的展场之一。由此可以看出，选址时应作出长远的战略性规划，首先要在场馆及其周边均留出适当的缓冲用地（可先作为城市绿地、停车场和体育设施等），其次应规划可与之相配套的交通体系（可分期实施），使场馆建设与周边城市均可持续发展。

二、展望

当下，我国会展业又进入一个快速发展的阶段，随着会展业实力的不断增强，会展正朝着专业化、规模化、品牌化和国际化的方向发展。与此同时，共享经济的“互联网+”模式也开始引入到会展业之中，“展览+洽商+线上销售”将会成为会展业新的展览模式——即普通参观者可以在参观展会的同时通过扫描二维码等方式直接下单采购。新的展览模式也将使普通市民重新回到会展活动中来，而这一趋势也将导致会展建筑类型上的演变：一是为配合普遍的市民参观者，会展建筑的部分空间将向城市开放；二是为满足共享的概念，会展建筑向多功能、多场景的方向转变。可以展望，在不久的将来，会展将不再是一个独立于城市之外的、只限于会展功能的场所，而是一个现代会展精神的延伸与城市触媒点——一个大型城市活动中心、一个城市休闲聚会之地、一个社区的商业中心，当然更是一个活力四射的舞台。

参考文献

[1][意]阿尔多·罗西. 城市建筑学[M]. 黄士钧,译. 北京:中国建筑工业出版社,2006.

[2]中共中央马克思恩格斯列宁斯大林著作编译局. 马克思恩格斯选集(第一卷)[M]. 北京:人民出版社,1972.

[3]潘家华. 中国城市发展报告[M]. 北京:社会科学文献出版社,2010.

[4]罗荣渠. 现代化新论[M]. 北京:北京大学出版社,1993.

[5][美]施坚雅. 中华帝国晚期的城市[M]. 叶光庭,等译. 北京:中华书局,2000.

[6]章开沅,罗福惠. 比较中的审视——中国早期现代化研究[M]. 杭州:浙江人民出版社,1993.

[7]罗小未. 外国近现代建筑史[M]. 北京:中国建筑工业出版社,2003.

[8]Frampton K. Modern Architecture: A Critical History[M]. 4ed. Lodon: Thames and Hudson, 2007.

[9]韦恩·奥图,唐·洛干. 美国都市建筑——城市设计的触媒[M]. 台北:创兴出版社,1983.

[10]汪丽君. 建筑类型学[M]. 天津:天津大学出版社,2005.

[11]中共中央马克思恩格斯列宁斯大林著作编译局. 马克思恩格斯选集(第三卷)[M]. 北京:人民出版社,1972.

[12]Laugier M A. A Essay on Architecture[M]. Los Angeles: Hennessey & Ingalls, 1977.

[13]让·皮亚杰. 发生认识论原理[M]. 王宪钿,等译. 北京:商务印书馆,1981.

[14]过聚荣. 会展经济蓝皮书:2013中国会展经济发展报告[M]. 北京:社会科学文献出版社,2013.

[15]刘伟. 中国经济增长报告2016——中国经济面临新的机遇和挑战[M]. 北京:北京大学出版社,2016.

[16]王建国. 城市设计[M]. 北京:中国建筑工业出版社,2009.

[17]陶松龄,张尚武. 现代城市功能与结构[M]. 北京:中国建筑工业出版社,2014.

[18][英]柯林·罗,弗瑞德·科特. 拼贴城市[M]. 童明,译. 北京:中国建筑工业出版社,2014.

[19][英]Ulrich C. PrograMs and Manifestoes on 20th-century architecture[M]. Lund HuMphr-ies, 1970.

[20] [美] Steen E R. Experiencing Architecture [M]. Boston: The MIT Press, 1964.
[21] [美] Lewis M. The City in History [M]. California Harcourt Inc., 1989.
[22] [日] 原研哉. 设计中的设计 [M]. 朱锷，译. 济南：山东人民出版社，2006.
[23] [日] 伊东丰雄. 衍生的秩序 [M]. 谢宗哲，译. 台北：田园城市出版社，2008.
[24] [加] 马尔科姆・格拉德威尔. 引爆点 [M]. 钱清，覃爱冬，译. 北京：中信出版社，2009.
[25] [日] 加藤周一. 日本文化中的时间与空间 [M]. 彭曦，译. 南京：南京大学出版社，2010.
[26] [美] 斯蒂芬・杰・古尔德. 自达尔文以来 [M]. 田洺，译. 北京：生活・读书・新知三联出版社，2003.
[27] 吴良镛. 广义建筑学 [M]. 北京：清华大学出版社，1989.
[28] 过聚荣. 会展导论 [M]. 上海：上海交通大学出版社，2000.
[29] 张义，杨顺勇. 会展导论 [M]. 上海：复旦大学出版社，2009.
[30] 刘大可，王起静. 会展活动概论 [M]. 北京：清华大学出版社，2008.
[31] 刘晓广. 会展概论 [M]. 北京：化学工业出版社，2009.
[32] 陈剑飞，梅洪元. 会展建筑 [M]. 北京：中国建筑工业出版社，2008.
[33] 周彬. 会展概论 [M]. 上海：立信会计出版社，2004.
[34] 刘大可. 中国会展业——理论、现状与政策 [M]. 北京：中国商务出版社，2004.
[35] 张驭寰. 中国城池史 [M]. 天津：百花文艺出版社，2003.
[36] 石海安. 岭南近现代优秀建筑・1949—1990 卷 [M]. 北京：中国建筑工业出版社，2010.
[37] [德] 克莱门斯・库施. 会展建筑设计与建造手册 [M]. 卞秉义，译. 武汉：华中科技大学出版社，2014.
[38]《建筑设计资料集》编委会. 建筑设计资料集 [M]. 3 版. 北京：中国建筑工业出版社. 2017.
[39] 金辉. 会展概论 [M]. 上海：上海人民出版社，2004.
[40] 侯晓. 会展建筑多功能适应性设计研究 [D]. 广州：华南理工大学，2013.
[41] 周振宇. 当代会展建筑发展趋势暨我国会展建筑发展探索 [D]. 上海：同济大学，2008.
[42] 吴梅. 过去与未来的连接：关于建筑类型学的研究 [D]. 重庆：重庆建筑大学，1994.
[43] 费文明. 1929 年西湖博览会设计研究 [D]. 南京：南京艺术学院，2007.
[44] 薛坤. 近代中国博览事业的起步与发展（1851—1937）[D]. 苏州：苏州大学，2011.

[45] 许海娜. 1901—1928年间天津展览会研究 [D]. 石家庄：河北师范大学，2013.
[46] 林瀚. 广州会展史研究 [D]. 广州：广州大学，2007.
[47] 张伟. 北京会展建筑发展状况研究 [D]. 广州：华南理工大学，2009.
[48] 林静君. 上海会展建筑发展状况研究 [D]. 广州：华南理工大学，2010.
[49] 江军. 我国会展业发展的现状和环境因素研究 [D]. 合肥：中国科学技术大学，2009.
[50] 汪欢. 上海会展场馆经营模式研究 [D]. 上海：上海工程技术大学，2016.
[51] 田珂. 深圳会展建筑发展状况研究 [D]. 广州：华南理工大学，2011.
[52] 赵亮星. 香港会展建筑发展研究 [D]. 广州：华南理工大学，2011.
[53] 张伟. 北京会展建筑发展状况研究 [D]. 广州：华南理工大学，2009.
[54] 杨毅. 特大型会展建筑分析研究 [D]. 广州：华南理工大学，2012.
[55] 林莉梅. 中国境内国际性展览会的拓展和运营策略研究 [D]. 上海：复旦大学，2009.
[56] 董姗姗. 中国会展业的产业聚集和产业竞争力研究 [D]. 北京：北京工业大学，2005.
[57] 曹学丽. 会展的网络营销传播研究 [D]. 上海：上海师范大学，2016.
[58] 刘嘉汉. 统筹城乡背景下的新型城市化发展研究 [D]. 成都：西南财经大学，2011.
[59] 何传启. 中国现代化报告2016——服务业现代化研究 [D]. 北京：北京大学，2016.
[60] 黎少华. 会展建筑交通设计 [D]. 广州：华南理工大学，2007.
[61] 张晓牧. 城市语境下的武汉会展建筑 [D]. 广州：华南理工大学，2012.
[62] 周绮云. 会展建筑设计研究初探 [D]. 天津：天津大学，2008.
[63] 王心公. 会展中心——一种现代都市建筑综合体 [D]. 天津：天津大学，2000.
[64] 陈松. 大型展览建筑研究 [D]. 北京：清华大学，1999.
[65] 许吉航. 会展中心规划的研究 [D]. 广州：华南理工大学，2000.
[66] 李强. 会展建筑空间复合化设计研究 [D]. 哈尔滨：哈尔滨工业大学，2008.
[67] 郑旸. 中国现代会展中心标准展厅的建筑设计研究 [D]. 广州：华南理工大学，2008.
[68] 欧阳锐坚. 会展中心会议空间的建筑设计研究 [D]. 广州：华南理工大学，2010.
[69] 陈川. 现代会展展厅节能设计若干策略的研究 [D]. 广州：华南理工大学，2008.
[70] 傅婕芳. 大型会展场馆及其与周边配套设施空间关系研究 [D]. 上海：上海师范大学，2007.

[71] 丁春梅. 城市大型会展区的安全规划研究 [D]. 上海：同济大学，2006.
[72] 武晓芳. 浦东新区展览业直接经济效应实证研究 [D]. 上海：华东师范大学，2000.
[73] 陈佳琪. 广州会展建筑发展状况研究 [D]. 广州：华南理工大学，2009.
[74] 张纪周. 我国会展业发展研究 [D]. 吉林：吉林大学，2008.
[75] 何一民. 从政治中心优先发展到经济中心优先发展：农业时代到工业时代中国城市发展动机机制的转变 [J]. 西南民族大学学报（人文社科版），2004（1）：79-89.
[76] 黎仕明. 政治·经济·文化：中国城市发展动力的三重变奏 [J]. 现代城市研究，2006（6）：23-29.
[77] 郭正宗. 唐宋城市类型与新型经济都市：镇市 [J]. 天津社会科学，1986（2）：52-58.
[78] 罗秋菊，卢仕智. 会展中心对城市房地产的触媒效应研究：以广州国际会展中心为例 [J]. 人文地理，2010，2（4）：45-49.
[79] 方振宁. 一座建筑激活一座城市 [J]. 跨界，2010（15）：142-145.
[80] 魏春雨. 建筑类型学研究 [J]. 华中建筑，1900（2）：81-96.
[81] 乔兆红. 论晚清商品博览会与中国早期现代化 [J]. 人文杂志，2005（5）：129-134.
[82] 蔡梅良. 探析中国早期会展活动的历史价值 [J]. 船山学刊，2008（3）：192-194.
[83] 马敏，洪振强. 民国时期国货展览会研究：1910—1930 [J]. 华中师范大学学报（人文社会科学版），2009（4）：69-83.
[84] 魏爱文. 清末商品赛会述评 [J]. 贵州文史丛刊，2002（3）：24-28.
[85] 洪振强. 1928年中华国货展览会述论 [J]. 华中师范大学学报（人文社科版），2006（6）：83-88.
[86] 何立波. 20世纪50年代的中国展览会 [J]. 党史博览，2009（11）：17-21.
[87] 夏松涛. 传承与嬗变：建国初期展览会的发展演进 [J]. 湖北大学学报（哲学社会科学版），2013（6）：99-104.
[88] 张智海. 武汉中苏友好宫建拆始末 [J]. 中华建设，2005（2）：45-47.
[89] 林克明. 广州中苏友好大厦的设计与施工 [J]. 建筑学报，1956（3）：58-67.
[90] 张在元. 废墟的觉醒：写在武汉展览馆被拆除之际 [J]. 城市规划，1995（5）：3.
[91] 王树勤. 2000年以来我国经济发展阶段分析及“十三五”时期主要经济指标预测 [J]. 当代农村财经，2016（2）：7-10.
[92] 汪鸣. 国家三大战略与物流业发展机遇 [J]. 中国流通经济，2015（7）：5-9.

[93] 杨立峰，谢辉．国家会展中心（上海）交通保障方案研究［J］．交通与运输，2014（5）：4–6.
[94] 倪阳，林琳，金蕾．西安曲江国际会展中心新展馆建筑设计［J］．南方建筑，2010（1）：48–51.
[95] 倪阳，邓孟仁．珠江边吹来的和煦之风：中国出口商品交易会琶洲展馆一、二期［J］．建筑创作，2012（12）：84–91.
[96] 倪阳，邓孟仁．会展场馆精品称雄亚洲杰作：记新落成的广州国际会展中心［J］．建筑创作，2003（1）：20–23.
[97] 周玲娟．国家会展中心(上海)的多元建筑空间设计策略［J］．城市建筑，2016（16）：106–113.
[98] 关园．全面理解中国经济新常态［J］．人大建设，2015（7）：50–51.
[99] 国家发展改革委，外交部，商务部．推动共建丝绸之路经济带和21世纪海上丝绸之路的愿景与行动［J］．城市规划通讯，2015（7）：1–2.
[100] 叶舒阳．试论“互联网+”时代我国文化产业发展方式的转变［J］．改革与开放，2017（3）：17–18.
[101] 侯晓，倪阳．基于“环境共生思想”的会展综合体创作探索：以佛山（潭洲）会展综合体设计为例［J］．华中建筑，2017（3）：39–45.
[102] 商务部与中国会展经济研究会．2016年我国会展行业市场现状和发展趋势分析［DB/OL］．中国产业信息网.
[103] 陈佳贵，李扬．中国经济形势分析与预测：2011年秋季报告［R］．北京：中国社会科学院，2011.
[104] 中华人民共和国国家统计局2014年国民经济和社会发展统计发展公报［R］．北京：中华人民共和国国家统计局，2015.
[105] 智研咨询集团．2016—2022年中国展会展览（会展）市场研究及投资前景预测报告［R］．智研咨询集团，2016.
[106] 商务部服务贸易与商贸服务业司．2014中国会展行业发展报告［R］．上海：上海国家会展中心，2014.
[107] 新华社．十八届五中全会公报［R］．北京：十八届五中全会，2015.
[108] 中研智库．2017—2021年中国文化产业投资热点分析及前景预测报告［R］．北京：中研智业股份有限公司，2017.